JN273831

北極をめぐる
気候変動の政治学
―反所有的コモンズ論の試み―

片山博文 著

文眞堂

目　次

序　論 …………………………………………………………………………… 1

第 1 章　積極的適応戦略 …………………………………………………… 19
第 1 節　気候変動戦略の諸類型 ……………………………………… 20
第 2 節　ロシアの気候ドクトリンと積極的適応戦略 ……………… 23
第 3 節　EU の適応戦略とデンマークの自律的適応 ……………… 31
第 4 節　適応問題への国際的取組みの経緯 ………………………… 37
結　論　新自由主義的適応戦略の形成 ……………………………… 41

第 2 章　北極評議会 …………………………………………………………… 45
第 1 節　北極評議会の構成と変遷 …………………………………… 46
第 2 節　各国北極戦略における開発の論理 ………………………… 55
第 3 節　北極評議会体制と南極条約体制の比較分析 ……………… 62
第 4 節　北極評議会と気候変動 ……………………………………… 68
結　論　積極的適応体制としての北極評議会 ……………………… 71

第 3 章　北極開発と先住民 ………………………………………………… 74
第 1 節　天然資源に対する先住民の権利 …………………………… 75
第 2 節　アラスカ法人モデル ………………………………………… 82
第 3 節　連邦国家型統治方式─デンマーク・カナダ ……………… 90
第 4 節　単一国家型統治方式─ノルウェー・ロシア …………… 100
結　論　開発体制に組み込まれる先住民 ………………………… 118

第 4 章　気候変動下における先住民の適応過程 ……………………… 122
第 1 節　生態系とレジリアンスの概念 …………………………… 123

第 2 節　社会生態系レジリアンスと適応的持続可能性 ………………129
　　第 3 節　海洋狩猟型生業における適応過程 ………………………………139
　　第 4 節　トナカイ牧畜型生業における適応過程 …………………………147
　　結　論　2 つの資源世界に引き裂かれた生 ………………………………155

第 5 章　主権＝所有権レジーム ………………………………………160

　　第 1 節　近代国家形成期における主権と領土の概念 ……………………162
　　第 2 節　労働主権から文明主権へ …………………………………………168
　　第 3 節　資源主権 ……………………………………………………………175
　　結　論　北極評議会体制の寄生性と収奪性 ………………………………181

第 6 章　積極的適応の対抗戦略 …………………………………………185

　　第 1 節　国連海洋法条約の構造と問題点 …………………………………186
　　第 2 節　反所有原理としてのスチュワードシップ ………………………194
　　第 3 節　スチュワード戦略と生態的サブシステンス権 …………………201
　　結　論　北極の環境再生へ向けて …………………………………………211

第 7 章　純粋コモンズの理論 ……………………………………………214

　　第 1 節　近代化と所有的コモンズ論の二類型 ……………………………215
　　第 2 節　反所有的コモンズ論としての純粋コモンズ ……………………222
　　第 3 節　純粋コモンズによる持続可能性理念の再構築 …………………229
　　結　論　宇宙論的コモンズ論の可能性 ……………………………………237

参考文献 …………………………………………………………………………241
あとがき …………………………………………………………………………254
索引 ………………………………………………………………………………256

序　論

市場原理とコモンズ原理

　自然－人間関係，そして自然をめぐる人間－人間関係を組織する社会的原理として存在する2つの原理である「市場原理」と「コモンズ原理」の対立は，現代世界における最も根本的な対立である。市場原理とは，私的所有を基盤とし，商品交換さらには資本主義という競争と利潤原理のシステムによって経済社会を組織化しようとする原理である。これに対して，コモンズ原理とは，資源の共有を基盤とし，贈与や再分配，平等といった共同体的ないし連帯的な理念とシステムによって経済社会を組織化しようとする原理である。言うまでもなく近代は，市場原理によるコモンズ原理の破壊・駆逐の歴史であった。しかし，20世紀後半に人類が獲得するに至った地球の有限性の認識，そして気候変動問題の発生により，市場原理とコモンズ原理の相克は新しい段階を迎えた。地球の有限性をも突破して拡大を続けようとする市場原理を抑制し，これを制御可能なものにするために，コモンズ原理の復活が求められている。本書は，コモンズ原理の復活をめざすそのような試みの1つである。

　私は前著『自由市場とコモンズ』において，この2つの社会的原理の対立を，環境政策論における2つの環境主義，「自由市場環境主義」（free market environmentalism）と「コモンズ環境主義」（commons environmentalism）の対立として考察した。自由市場環境主義とは，環境破壊の原因を自然に対する所有権と市場の欠如に求め，自然資源に対する私的所有権の設定とその売買を通じて，望ましい資源管理を行おうとする立場のことである。一方，コモンズ環境主義は，環境の公共財ないしコモンズとしての性格を認め，環境財政の積極的な活用を通じて，失われたコモンズを現代に復権させようと試みる。この2つの環境主義の対立には，ポスト冷戦と地球環境問題の到来という，時代の転換期における環境保全のあり方をめぐるビジョンの対立がある。そして前著では，自由市場環境主義を支える経済・社会理論であるハイエク自

生的秩序論やオーストリア学派の外部性理論，また自由市場環境主義の社会的現象形態の1つである「所有権社会」の理論的分析を通じて，自由市場環境主義が持続可能性概念を効率性の概念に置き換えようとする「効率性アプローチ」に属するものであること，そしてその思想的本質を，「反成長主義としての持続可能性の理念を拒否し，環境問題をあくまでも成長主義・生産力主義の枠内で処理しようとする」点に求めた（片山 2008a:197）。そして，持続可能性と共有の論理をつなぐものとしてコモンズ環境主義を位置づけたのであった。本書は，『自由市場とコモンズ』の続編をなすものである。

積極的適応戦略

市場原理とコモンズ原理の相克は，現実の経済社会，およびその理論的対象化である社会科学のあらゆる部面において現れる。前著『自由市場とコモンズ』では，主に財政における両原理の相克を分析した。本書で私が闘争の主戦場として選択するのは，気候変動における「適応」である。一般に，気候変動に対処するための方策には，「緩和」と「適応」の2つがある。「緩和」（mitigation）とは，温室効果ガスの排出量を削減し，気候変動を抑制するためにとられる措置のことをいい，「適応」（adaptation）とは，すでに起こってしまった気候条件の変化に対処するための措置のことをいう。その関連を図示すれば図0-1のようになる。図に示されているように，簡単に言えば緩和は気候変動の原因に対する対処であり，適応は気候変動の結果に対する対処である。これまで気候変動枠組条約体制下における気候変動問題への取組みは，京都議定書体制に代表されるように，緩和を中心に行われてきた。しかし，気候変動の影響が顕在化し始め，またポスト京都をめぐる国際体制の構築が国益の対立により迷走する中で，現在，私が「積極的適応戦略」と呼ぶ新しい気候変動戦略が台頭しつつある。それは緩和から適応へ政策のウェイトを移すとともに，適応に積極的な意味を付与し，気候変動がもたらすメリットを積極的に活用していこうとする戦略である。

積極的適応戦略は，市場原理に依拠する新しい環境主義である。これまでに出現した市場主義的環境主義には幾つかのヴァリエーションがあるが，代表的なものとして，上記の自由市場環境主義のほかに，「エコロジー的近代化」

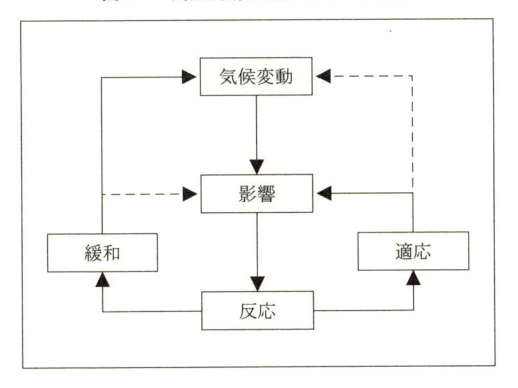

図0-1　気候変動に対する2つの方策

出所：Schipper et al. (2009:18).

(ecological modernization) の理論を挙げることができる。エコロジー的近代化理論は，1980年代からの欧州における環境税制改革や排出量取引，電力買取制度その他の再生可能エネルギー政策といった一連の環境政策のバックボーンをなしてきた理論である。同理論の淵源をなすのは，ベックやギデンズら欧州の社会学者が唱えてきた「再帰的近代化」(reflexive modernity) の概念であるが，その本質を一言で言えば，環境破壊という近代がもたらした問題を，反近代ではなく，近代を徹底させることによって解決しようとするものである。具体的には，持続可能性の問題を効率性の問題に読み替え，環境政策と経済政策を統合し，技術革新と市場制度の積極的活用による環境効率性（資源生産性）の向上によってエコロジー危機を乗り越えようとする[1]。積極的適応戦略は，これらの先行する市場主義的環境主義を取り込みながら，気候変動の防止＝緩和を前提に組み立てられた持続可能性概念を解体し，それを市場主義的に再編することによって，さらなる経済成長を追求しようとする。その意味において，積極的適応戦略は，気候変動問題に対して新しく登場した市場主義的アプローチである。そして，積極的適応戦略の現在における焦点が，ロシアであり，北極なのである。

　国土に広大な寒冷地帯を有するロシアでは，以前から，人為的な気候変動の存在は疑わしいとする温暖化懐疑論とともに，温暖化を自国の国益にかなうと考える温暖化容認論が国内において強い影響力をおよぼしていた。ロシアの適

応戦略は温暖化容認論の発展型と言うべき内容を有しており，以下本文でみるように，ロシアが2009年に打ち出した気候変動戦略「ロシア連邦気候ドクトリン」は，積極的適応戦略の考え方が最も露骨に表現された戦略構想の1つとなっている。また北極では，周知のように，温暖化の進行により極氷の融解が進み，これまで氷で覆われていた膨大な石油・ガス資源の開発や北極海航路の利用が現実のものとなりつつある。こうした中で，現在，北極海の開発に直接の権益を有する北極海沿岸5ヵ国（ロシア，ノルウェー，デンマーク，カナダ，アメリカ）は，他の北極圏諸国3ヵ国（スウェーデン，フィンランド，アイスランド）とともに「北極評議会」を組織し，北極のグローバルな保全と管理を求める国際社会の動きを排除しつつ，国連海洋法に基づいて国家主権による北極海の分割を進めている。それはまさに積極的適応戦略に基づく地域的な国際体制であり，「積極的適応体制」と呼ぶにふさわしいものである。本書は，気候変動の国際政治に現れたこれらの新しい潮流を分析対象とする。

　本書の目的は，以下の3点である。

　(1)　ロシアおよび他の北極圏諸国の気候変動戦略ないし適応戦略，および適応に関する環境学の理論的動向を分析することによって，積極的適応戦略の市場主義的環境主義としての特徴を明らかにすること（第1・4章）。

　(2)　北極評議会体制において，北極圏諸国がどのように北極圏の統治と開発を行おうとしているかを明らかにするとともに，国家主権による北極海の領土的（領海的）分割の根拠性・正当性を検証すること（第2～5章）。

　(3)　北極評議会体制に対抗するために現在打ち出されている北極保全のための戦略や運動の有効性を検証し，積極的適応戦略とその市場主義的環境主義をコモンズ原理によって克服するための方途をさぐること（第6・7章）。

本書では，これらの問題を考察するため，市場原理－コモンズ原理という基本的な分析枠組に加えて，主に3つの補助的な分析枠組となる概念を用いている。それは，資源空間，新自由主義的統治性，主権＝所有権レジームである。

資源空間

　気候変動問題が，石油・ガスなどの化石燃料を中心とする枯渇性資源によってもたらされている問題である以上，気候変動をめぐる市場原理とコモンズ原

理の相克は，それぞれの原理が，枯渇性資源とどのような関係にあるのか，という問題をはらまざるをえない。そこで，この問題を考察するために，「資源空間」という概念を導入したい。これは，社会経済空間を，枯渇性資源・再生可能資源をベースとし，経済つまり生産力・生産関係のいわゆる下部構造から，政治・法律・宗教・イデオロギーなどの上部構造までを含むブロック的な空間としてとらえたものである。そこでは，枯渇性資源・再生可能資源の物的特徴と生産技術その他の技術の性格が，所有制度をはじめとする経済システムを媒介として上部構造とくにイデオロギー的構造に影響を与え，その結果新しく形成されたイデオロギー構造が政治・法律など他の上部構造を再編成し，それら上部構造が今度は逆に経済過程に影響を与える，という一連の運動が行われる。

　枯渇性資源・再生可能資源を社会経済やイデオロギーを含めたブロック構造の中でとらえるということは，両資源を，社会経済構造から中立的な単なる物理的なモノではなく，社会経済構造の編成に何らかの影響を与える構成的原理，あるいは一種の社会経済的な「強制力」としてとらえることを意味する。そこから，資源の性格に応じた特性を有する社会経済空間が形成される。すなわち，枯渇性資源を主要な資源とする「枯渇資源空間」，そして再生可能資源を主要な資源とする「再生資源空間」という2つの社会経済空間である。社会経済をそこで用いられている資源との関係で特徴づけようとする試みは，これまでも行われてきた。両資源をそれぞれ集権型社会・分権型社会と関連づけたエイモリー・ロビンズの「ソフト・エネルギー・パス」（ロビンズ 1977）は，その先駆的な試みである。ロビンズが資源の性質と社会の編成規模の問題に主な焦点を当てたのに対して，本書における資源空間は，両資源と市場原理・コモンズ原理との関連に理論的関心がある。また，枯渇資源空間－再生資源空間の区別は，玉野井芳郎のいわゆる「非生命系」および「生命系」の分類とかなり重なるものであるが（玉野井 1978），玉野井の概念はそれぞれ農業・農村，工業・都市という産業・場所に関して対象に固定された性格を有しており，それゆえ「生命系」への復帰という玉野井の理念的・理論的主張が，現実世界における工業・都市の廃棄と農業・農村社会への復帰として直ちに認識されるきらいがあった。これに対して，資源空間は産業・場所に関してより中立的な概

念である．とくに，資源空間がもっぱらエネルギー空間を表す場合には，その枯渇性・再生性は農業・農村と工業・都市の双方に当てはまる．

これらの概念と，市場・コモンズという経済社会の編成原理を組み合わせることによって，図0-2のような座標空間を形成することができる．

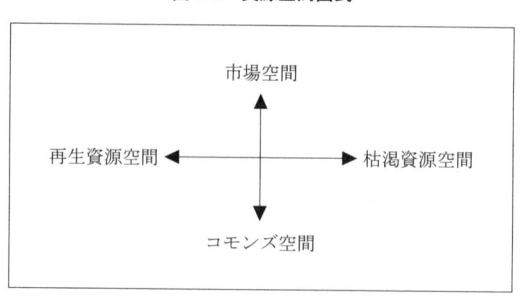

図 0-2 資源空間図式

```
              市場空間
                ↑
                │
再生資源空間 ←───┼───→ 枯渇資源空間
                │
                ↓
              コモンズ空間
```

この座標空間を本書では「資源空間図式」と呼ぶことにする．資源空間図式は，枯渇性資源－再生可能資源という素材面と，市場－コモンズという体制面の2つの次元によって構成される．ここには市場＝枯渇資源空間，市場＝再生資源空間，コモンズ＝枯渇資源空間，コモンズ＝再生資源空間という4種類の社会経済空間が形成されている．各空間にはそれぞれ独自の特徴があり，その内容についてはおいおい見ていくことにするが，ここではさしあたり指摘しておきたいのは，各座標軸の親和性の問題である．

一般に，市場原理は枯渇性資源との親和性が高く，逆に，コモンズ原理は再生可能資源との親和性が高い．それは，何よりもまず両資源の「商品化」のしやすさに関連している．自然の商品化とは，一言で言えば，モノが人間とその環境から外化され抽象性を獲得する過程である[2]．一般に枯渇性資源は商品化力が高く，その典型例が貴金属と化石燃料である．貴金属，とくに金は「商品の中の商品」として各個別商品の価値量を測定し表現する貨幣へと生成し，化石燃料の消費によって排出される二酸化炭素は，各化石燃料をその炭素含有量によって測定し表現する一種のエネルギー貨幣として排出量市場において取引される．一方，再生可能資源は個別資源は商品化が可能であるが，「生態系サービス」のように資源の総合性・相互関連性のレベルが上がるとその商品化

は著しく困難となる。それゆえ，上記4つの空間のうち，資源と原理の親和性の高い「市場＝枯渇資源空間」と「コモンズ＝再生資源空間」が中心的な空間として現れる。各空間において，枯渇性資源・再生可能資源は経済システムやイデオロギーを含むブロック全体を支える土台となり，両空間は，資源空間の典型として資源空間全体に影響を与えることになる。すなわち，社会経済空間は，市場＝枯渇資源空間とコモンズ＝再生資源空間のヘゲモニーを賭けたイデオロギー闘争の場として現れるのである。おそらく，それぞれの空間を究極的に殲滅することは不可能であろうが，どちらの空間がヘゲモニーを握るかによって，社会経済空間全体のあり方が大きく異なってくる。

このことをみるために，例として「持続可能性」(sustainability) という概念の構造を資源空間の観点から検討してみよう。

(1) Dixon and Fallen (1989) は，「持続可能性」という言葉の使用法には以下の3つの型が認められると指摘している。① ある1つの資源のための純粋に物的な概念：ここでは，持続可能性の視野は個別的に考察された特定の再生可能資源に限定され，持続可能性は，当該資源をその物的ストックの減少をともなわずに年間増加量を越えない範囲で用いることを意味する。「最大持続可能生産量」(maximum sustainable yield) や「最大持続可能伐採量」(maximum sustainable cut) の概念などがこのアプローチの事例である。② ある資源グループ，ないし生態系にとっての物的概念：この用法では，生態系の異なる側面に明示的な注意が向けられる。例えば，森林伐採が最大持続可能伐採量の範囲内にあっても，それが土壌侵食や水系・野生生物の生息環境・種の多様性への否定的影響をもたらすならば，それは持続不可能なものとなる。③ 社会経済的・物的概念：ここでの目標は，ある生態系の物的ストックや物的生産の持続可能な水準ではなく，社会的・個人的福利の水準の持続可能な上昇である (Dixon and Fallen 1989:74)。以上のうち，最も厳密な意味での持続可能性は①の型であるが，このアプローチの下では，石油やガスなど枯渇性資源の開発は定義からして持続不可能となる。つまり，本来，枯渇資源空間においては持続可能性を定義できないのである。持続可能性の定義不可能性は，枯渇資源空間の根本的な特徴の1つである。このような状況を克服するために，枯渇資源空間は，持続可能性概念の拡張を図る。その結果が③

の型である。この用法では，石油やガスなどの枯渇性資源は，その資源自体が有する物理的な持続不可能性にも関わらず，持続可能な生産と消費が可能となる。

(2) 現在，持続可能性の標準的な定義は，1987年に世界環境開発委員会（通称ブルントラント委員会）の報告書『われら共有の未来』で示された，「持続可能な開発」（sustainable development）の定義である。そこでは，「持続可能な開発とは，将来世代が自らの必要を満たす能力を損ねることなく，現代世代の必要を満たすような開発」であると述べられている。この持続可能性概念の用法は，概念の出発点を生態系の限界ではなく人々のニーズに求めている点において，明らかに上記③の型に基づいている。それゆえ，ブルントラント委員会による「持続可能な開発」の概念は，これまで人間中心主義的・開発主義的な概念として多くの批判を浴びてきた。この概念がそうした性格を有するに至った原因の1つには，化石燃料の大量生産・大量消費によって成り立つ現代経済への配慮があったものと考えられる。つまり，枯渇資源空間の存在が「持続可能性」の概念を開発主義的な方向に歪めているのである。

(3) しかし，ひとたび枯渇資源空間のヘゲモニーの下に持続可能性概念が形成されると，その概念の論理が，枯渇資源空間における石油・ガス資源の生産・消費を正当化するばかりでなく，再生資源空間を含めた資源空間全体を支配する論理として機能することになる。例えば，アマゾンの森林を切り開いて農地を開拓するような行為は，森林ストックの減少をもたらすため①や②の型の定義の下では持続可能ではないが，③の定義では持続可能なものとして是認される。

(4) そこで，枯渇資源空間の開発主義的暴走を抑制するための原理として導入されたのが，世代間倫理（intergenerational ethics）や世代内倫理（intragenerational ethics）というコモンズ原理に基づく道徳原則である。また，京都議定書体制では，「規模」（scale）の概念，すなわち温室効果ガスの総量規制方式が導入された。デイリー（1996）が明らかにしたように，市場空間の理論的構築物である新古典派経済学には，そもそも規模という概念が存在しえない。経済空間への規模の概念の導入は，コモンズ原理に基づいて初めて可能となる。つまり「持続可能な開発」の概念は，同概念の開発主義かつ市

場主義的なバイアスに，コモンズ原理的な道徳原則や追加的な政策目標を「たが」としてはめることによって，その修正を図るという論理構造になっている。

以上は，「持続可能な開発」という概念が，市場＝枯渇資源空間とコモンズ＝再生資源空間のイデオロギー闘争の結果としていかに形成されてきたかを示したものである。持続可能性概念の多義性は，これまで多くの論者を悩ませ，その意味を確定しようとする多くの試みが行われてきた。しかしそこには，持続可能性という概念が有する性格について1つの誤解があったように思われる。概念の中には，純粋に科学的な概念としてその意味が一義的に決定される概念もあるが，概念の意味が様々な原理や利害から影響を受け，そのために意味が絶えず揺れ動き，再定義を繰り返している概念もある。それは科学的概念ではなく「政治的概念」ないし「ヘゲモニー的概念」と呼ぶべきものであり，つまりその中で諸原理・諸利害がヘゲモニーの獲得をめざして闘っている動的な概念である[3]。だからそのような概念は使えない・科学的に意味がない，と考えるのではなく，概念をイデオロギー闘争の場としてとらえ，そこに闘争者として加わらなければならない。持続可能性概念はそうしたヘゲモニー的概念の1つであり，市場原理とコモンズ原理，枯渇性資源原理と再生可能資源原理という敵対する原理が交差する場なのである。

新自由主義的統治性

現代世界における市場原理は，もっぱら「新自由主義」（neo-liberalism）の形をとって現れる。その点は積極的適応戦略も例外ではなく，その環境主義は新自由主義の影響を受けている。そこで，新自由主義とは何か，その定義ないし性格規定が問題となるが，古典的な自由主義とは異なる新自由主義の独自の特徴を明らかにしたのは，フーコー（2004）による「統治性」（govern-mentality）の理論である。彼の議論は多岐にわたるが，いま，古典的自由主義との相違に留意しつつ，新自由主義の特徴として本論との関係で重要なものを挙げるならば，それは以下の3点に集約される。

第1に，市場が交換ではなく競争を原理としているということである。古典的自由主義における市場は交換を原理とし，市場は公正価格によって等価交換

が行われる「正義の場所」であった。それに対して新自由主義では，市場の原理が交換から競争にずらされる。新自由主義者にとって市場の本質は競争であり，それゆえ等価性ではなく逆に不平等が本質的となる。そして競争と独占が，価値と等価性よりもはるかに重要な市場理論の枠組みを形成するようになる（フーコー 2004:38, 145-146）。

　第2に，新自由主義においては，経済成長が体制維持にとって本質的な役割を果たすようになる。それは，古典的自由主義の矛盾の中から生まれてきた社会政策に対する，新自由主義の根本的な懐疑ないしとらえ直しに根ざしている。新自由主義者は，一人一人の消費財への接近における平等化を求める「社会主義的社会政策」を否定し，個人保険や相互保険，そして私的所有を通じた「個人的社会政策」を対置する。新自由主義は，社会保障によって個々人をリスクから守ることではなく，個々人に一定の経済空間を割当て，その内部において個々人がリスクを引き受けそれに立ち向かうことができるようにすることをめざす。この「社会政策の個人化」を，根本から支えるのが経済成長である。経済成長こそが，個人の一定レベルの所得，個人保険や私的所有への接近，それらを通じた個々人のリスクの解消を可能にする。その意味で，「真の根本的な社会政策はただ一つ，経済成長のみである」という結論が導かれる（フーコー 2004:175-178）。

　第3に，市場と国家の関係が本質的に変化する。古典的自由主義は，市場と国家をもっぱら対立・矛盾するものとしてとらえていた。古典的自由主義において国家の問題とは，国家と経済の境界線を画定する問題であり，国家の経済的介入を制限し，国家の内部に経済的自由の場を確保する問題であった。これに対して，新自由主義においては，市場の本質をなす競争をいかに国家が産出するのか，ということが問題とされる。競争は，原始的で自然的な所与では全くなく，「種々の形式的属性を備えた一つの構造」であり，それゆえ新自由主義においては，そうした競争の構造が作用可能となるような具体的な現実空間を実際に整備することが問題となる。そのための介入を行うのが国家である。ただし，国家は市場そのものに介入するのではなく，それを成り立たしめている制度へ介入する。「最小限の経済介入主義と，最大限の法的介入主義」が国家による経済の一般的調整の原理となる。つまり，新自由主義においては，市場と

国家は矛盾し対立するものではなく，国家が市場と競争を創出するために「能動的統治」を行う「積極的自由主義」ないし「介入する自由主義」として現れるのである（フーコー 2004:104, 149, 169, 206）。

　新自由主義に関する上述の諸特徴，とくにその第3の論点を認識することは，われわれが環境主義の諸問題を考察する際にも決定的に重要である。新自由主義的統治における国家の不可欠性の認識は，さしあたり，以下のような分析指針をわれわれに与える。

　第1に，フーコーの新自由主義的統治性は，市場主義的環境主義を，国家と対立するのではなく，国家と共存可能かつ補完的なものとしてとらえることを可能とする。これが私の前著『自由市場とコモンズ』には決定的に欠けていた観点であった。財政における市場原理・コモンズ原理の相克を「自由市場環境主義」と「コモンズ環境主義」の対立として分析した前著において，私は両環境主義がポスト冷戦時代の環境主義として「反国家主義」への志向性ないしエートスを共有していると述べた（片山 2008a:9）。そして，私自身も反国家主義の立場から，自由市場環境主義の理念が有するハイエク流の自生的秩序的・反功利主義的な権利論アプローチとしての特徴を高く評価したのであった。しかし，フーコーの新自由主義論においては，そうした市場原理と国家の矛盾性・相反性が改めて疑われ，再検証されなければならないのである。

　もちろん，市場原理と国家原理は本来的に親和的なものではない。それが矛盾し相反する側面を有する異質な原理であることは確かである。そこでフーコーが，両者をつなぐものとして提示しているのが「戦略の論理」である。彼は，互いに異質で矛盾する諸項を等質化する論理を「弁証法の論理」と呼び，それに「戦略の論理」を対置して次のように述べている。「戦略の論理とは，互いに矛盾した諸項を，矛盾が一つの統一性のうちに解消することを約束するような等質的なものの領界のなかで価値づけるものではありません。そうではなくて，戦略の論理は，不調和な諸項，不調和にとどまるような諸項のあいだに，いかなる結合が可能であるかを明確に示すことをその役割とします。戦略の論理，それは異質なものの結合の論理であり，矛盾するものの等質化の論理ではないということです」（フーコー 2004:53）。この観点からすれば，積極的適応戦略とは，自由市場環境主義やエコロジー的近代化といった環境問題への

市場主義的アプローチと国家とを組み合わせることによって，気候変動の制約を越えて経済成長を実現しようとするプロジェクトであると定義される。本書で私が「適応中心主義」や「積極的適応主義」という言葉を用いず，「適応中心戦略」や「積極的適応戦略」という言葉を主に用いているのは，これらがフーコーの言う「戦略の論理」を内包していることを表現するのがその大きな理由の1つである。

第2に，積極的適応戦略の概念をこのようにとらえることによって，北極圏諸国とくに北極海沿岸5ヵ国を，同一の土俵で論ずることが可能となる。北極圏諸国は，自由市場資本主義の典型と言える米国から国家資本主義の典型であるロシアまで，多様な資本主義国により構成されている。とくにその中でも，ロシアはかなり異質な存在であると言えるだろう。しかし積極的適応戦略の概念は，各国の気候変動戦略を，市場原理と国家との結合を共通のベースとしながら，その結合のあり方に相違があるものとして，比較可能な形で分析することを可能とする。

第3に，フーコーによる新自由主義的統治性の理論は，先にわれわれがみた資源空間における市場＝枯渇資源空間とコモンズ＝再生資源空間のヘゲモニー闘争が，国家による統治性の問題として論じられなければならないことを示している。ただし，この点を明確にするためには，統治性の概念をとらえ直すことが必要となる。

近年，フーコーの「統治性」の概念を「環境統治性」（eco-governmentality）という概念に拡張し，環境問題の分析に適用しようとする試みが行われている[4]。これらの研究は，生権力・生政治，規律権力，パノプティコン，主体の形成，自己のテクノロジーといったフーコー統治性理論における一連の概念装置を，環境問題の分析とくに権力分析に応用しようとしているのであるが，それらの研究には示唆的な内容も少なくないとはいえ，総じて方法論的にやや無理があるように思われる。というのは，いまかりに国家権力をその領域における物とくに土地に対する支配権であるドミニウム（dominium）と，領域内に存在する人間に対する支配権であるイムペリウム（imperium）に区分したとすると，生前にフーコーが取り組んだのはそのほとんどがイムペリウムに関する研究であって，彼自身の統治性理論や上述の諸概念は，ドミニウムで

はなくイムペリウム分析の中から生み出されたものだからである。言いかえれば，人間－人間関係に関する理論を，人間－自然関係に直接に当てはめようとすることの無理があると思われるのである。そのために，環境統治性に関する研究には，単に環境分野におけるフーコー的権力関係をなぞっただけに終わる印象を受けてしまう研究が多いのである。

したがって，環境統治性の分析のためには，フーコーの視点や発想を活かしつつ，彼自身の概念装置を直接当てはめるのではなく，ドミニウム分析のための出発点となる新たな概念装置を独自に設定しなければならない。そこで，本書における分析の出発点として私が用いているのが「主権＝所有権レジーム」という概念である。

主権＝所有権レジームと主権価値論

人間が自然を所有するという行為は，国家主権および各経済主体の所有権（とくに，私的所有権）によって制度的・法的・イデオロギー的に構成される。この国家主権と所有権に基づく自然所有の構成体を，本書では「主権＝所有権レジーム」と呼ぶことにする。この概念は，人間－自然関係の根本にある機構が所有であり，この所有という社会構造をあるいは生み出し，あるいは支えることが，ドミニウムとしての国家主権の第1の役割であるという認識に基づいている。

主権＝所有権レジームは，主権および所有権の自然を所有するという側面に焦点を当てた概念である。一般に，主権とは国際社会において国家が有する独立かつ最高の統治権であり，他のいかなる国家からも支配・命令を受けず，その領域内のすべての人，物，行為に対して排他的な支配を行うことができる。前者の対外的側面を対外主権または独立権といい，後者の対内的側面を対内主権または領域主権という。領域は，領土・領海・領空から構成されるが，その基本となるのは領土である。領域主権は，国家がその領域を客体として利用し処分する権利であるドミニウムと，国家がその領域において自由な統治を行うイムペリウムにより構成される（松井他 2002:96,114）。ドミニウムは領域主権の所有権的な側面を表し，イムペリウムは領域主権の統治権的な側面を表す。主権＝所有権レジームにおける主権とは，主にこのドミニウムに関するも

のである。一方，所有権とは一般に物を使用・収益・処分する権利であるとされ，所有権の対象は動産・不動産から知的所有権まで多岐にわたるが，主権＝所有権レジームにおける所有権は，土地をはじめとする自然資源を主な所有対象とするものである。主権＝所有権レジームは，人間が自然を所有するという行為が，これら主権・所有権によって重層的に構成されているととらえる。

　主権と私的所有権を自然所有のための一つの構成体とみなすことは，とくに国家と私的所有を対立的にとらえるリバタリアニズムの立場からすれば，いささか逆説的にみえるかも知れない。また，主権は国際法の対象であり，国と国との関係を律するための概念である。一方，所有権は通常国内私法における経済主体間の関係を律するための概念である。それゆえ，両者の機能するレベルや役割は異なっている。歴史的にみると，封建的土地所有を基礎とする家産国家にあっては，国王の領土に対する支配権と私的所有権がいまだ未分化の状態にあった。それが近代国家の形成過程において両者が分離し，ドミニウムとしての主権は，私有とも国有とも異なる，領土（領域）に対する国家の管轄権として確立することになる。これがドイツ国法学のいわゆる「領土高権」(Gebietshoheit) である。しかし，一方でドミニウムは，所有権的主権として私的所有権と共通する一連の性格をも有している。第1に，両者ともに「排他性」をその本質的特徴としている。ある経済主体の私的所有権がその権利のおよぶ物に対する他の経済主体のアクセスを排除するのと同様に，ある国家のドミニウムは，その領域に対する他の国家の介入や干渉を排除する。第2に，私的所有権が何らかの公的な観点から規制や付随条件に服することがあるのと同様に，国家主権も，国際的ないしグローバルな公共性の観点から制約を受けることがある。このように，諸国民の法（Law of Nations）における主権の領土に対する関係と，私法における私的所有権の物に対する関係は，ある面では同様の構造を有している。主権＝所有権レジームは，この親和性の上に成り立つ1つの重層的構成体として，地球上における自然区画の所有＝排他的支配を実現するのである。

　主権と私的所有権は，所有権としての親和性を有しているだけではなく，相互に補完的な役割をも果たす。つまり，主権による領域の設定がその領域内における自然の私的所有を可能にするという側面と，自然の私的所有が，その自

然区画を含む一定の自然区画を主権が領域として囲い込むことを可能にするという側面がある。北極圏諸国による北極海の主権を通じた領海的分割の根拠性・正当性を検証しようとする際には，主権と私的所有権の相互補完性のうち後者の側面，つまり主権の私的所有権による根拠づけという側面に焦点が当てられる。主権＝所有権レジームにおける「主権の根拠づけ」ということで私が論じようとしていることは，いわゆる主権の権原論とはその意味合いにおいて若干異なる。周知のように，伝統的国際法では領域取得の「権原」(title) として割譲，併合，征服，先占，時効，添付の6つが認められてきた(5)。主権の権原論に関するこうしたアプローチは，国家が領域権限をどのように取得し喪失するかという得喪の「様式」(mode) をあらかじめ定めることによって領域変動を規律しようとすることから，「様式論」(doctrine of mode of acquisition) と呼ばれる（許 2012:27）。しかし，例えば以上の権原の中心をなす先占をとってみても，いかなる要件をもって先占としての領土取得が認められるのかという点に関して，国際法では時代によって考え方が変化してきた。つまり上述の主権の権原論の背後に，さらに主権による自然支配としての領域支配を正当化する論理が必要とされるのである。本書では，この意味での「主権の根拠づけ」の論理を通常の主権の権原論と区別して，主権＝所有権レジームにおける「主権価値論」と呼ぶことにする。主権価値は，これまで歴史的にドミニウムとしての主権がどのように価値論的に基礎づけられてきたのかを明らかにする分析的概念であると同時に，主権の正当性を評価するための評価体系として導入される規範的概念でもある。また主権の価値論的基礎づけは，時代によって，対象が領土であるか領海であるかによって，そして資源空間が枯渇資源空間か再生資源空間であるかによって異なってくる。主に国際法および法学分野における主権論の考察を通じて主権＝所有権レジームの全体像を概観し，さらに同レジームに基づく環境統治性の特徴を石油・ガス開発と先住民の問題を対象に分析することを通じて，北極圏諸国の積極的適応体制が有する意味を批判的に考察するのが第2〜5章の課題である。

純粋コモンズ

　市場原理に基づく積極的適応戦略を主権＝所有権レジームとしてとらえるこ

とは，市場原理の対極をなすコモンズ原理についても，その所有論的な再検討をうながす。いいかえれば，コモンズ原理の「共有の論理」そのものが，所有権レジームの1つの形として批判的にとらえ返されなければならないのである。その上で，コモンズ原理を反主権かつ反所有権的なレジームとして再構成することが要請される。本書の最後に試論的に提示される，反主権＝反所有権レジームとして再構成された新たなコモンズ原理が「純粋コモンズ」の理論である。

　純粋コモンズとは，通常の自然の共有制度としてのコモンズから，所有の概念を取り去った時に現れてくる何ものかである。それは人間というミクロコスモスと，宇宙というマクロコスモスをつなぐコスモス的原理である。もちろん，市場＝枯渇資源空間が支配的な現代世界において，純粋コモンズを直ちに実現することは困難でありまた空想的でもあろう。それゆえ現時点において純粋コモンズは，市場原理の強い浸食力に対抗するため，現実世界における自然の共有制度としてのコモンズ理念を背後から支える一種の「メタ理念」として機能する。その意味では，純粋コモンズはリアリティを欠く概念と受け止められるかも知れない。しかし私の考えでは，市場原理の強力な生産力主義の影響力を跳ね返すためには，「人間は自然を所有できる」という近代に特有の思想を根底から否定する，純粋コモンズの理論が不可欠なのである。

　かくして本書は，前著『自由市場とコモンズ』の続編ではあるが，市場原理およびコモンズ原理のとらえ方は，前著とは大きく異なっている。前著においては，市場原理は自然の私的所有を，コモンズ原理は自然の共有を意味していた。また両原理とも，反国家主義としての志向性を共有していた。つまり，「私有か共有か」が前著のテーマであった。しかし本書では，市場原理を国家主権の論理を内包する新自由主義的所有的原理としてとらえる一方，真のコモンズ原理を反国家主義はもちろんのこと，自然の私有のみならず共有をも否定する，自然の所有そのものを否定する反所有的なコスモス的原理として提示する。問われるべきは，「私有か共有か」ではなく，「所有かコスモスか」なのである。

序論　注
（1）エコロジー的近代化理論の代表的な論者の1人であるモルは，エコロジー的近代化の特徴を以

下の5点にまとめている。① 環境劣化における科学技術の役割の変化。科学技術が，環境問題の原因としてだけではなく，それの解決や予防能力によって評価されるようになる。また伝統的な対症療法が，技術的・組織的イノベーションの設計段階から環境への配慮を盛り込んだ予防的な社会・技術的アプローチによって置き換わるようになる。② 経済的・市場的ダイナミクスと経済エージェントの重要性の増大。生産者，顧客，消費者，信用制度，保険会社，公益事業，経済団体がエコロジー的なリストラクチュアリング，イノベーションや改革の社会的担い手となる。③ 環境改革における国民国家の伝統的な中心的役割に関する様々な変化。トップダウン的・ヒエラルキー的な指令統制型の規制から，分権的で柔軟なコンセンサス型の国内ガバナンスへ移行する。また，NGO などの非国家的アクターの参加が進み，国際的・超国家的機関が出現して環境改革における国民国家の伝統的役割を掘り崩すようになる。④ エコロジー的移行のプロセスにおける社会運動の地位・役割・イデオロギーの変容。環境運動が，国家や市場における中心的な意思決定にますます関与するようになる。⑤ 政治・社会領域における新しいイデオロギーの出現。環境への配慮を全く無視することは，もはや正当的立場として受け入れられない。世代間倫理が中核的な共通原則として現れる (Mol 2001:61-62)。しかし私には，モルのこのような特徴づけは，エコロジー的近代化理論の本来の内容である市場的・科学技術的要素と，同理論にとって補完的な要素（予防原則，環境運動，世代間倫理など）とを混同し同一のレベルで論じている点で，問題があると思われる。エコロジー的近代化の本質はあくまで市場主義的な効率性アプローチにある。モルの列挙する環境理念や環境運動的要因はエコロジー的近代化の外部から持ち込まれたものであり，エコロジー的近代化が行うのは，市場の外部で生み出された環境理念を市場を通じて制度化し社会全体に伝播することである。言いかえれば，エコロジー的近代化は，これらの非市場的な環境理念そのものを生み出す力は持たないのである。ただモルが次のように言うとき，彼はおそらくこのことに気づいている。「経済メカニズム・制度・ダイナミクスは常に経済のロジックと合理性に従っており，このことは，もしそれらが並行する環境制度と環境運動によって推進力を得ているのでなければ，環境利害を十全に組織化し環境改革を進める上でそれらが常に十分なわけではないことを意味している」(Mol 2001:211)。例えば，気候変動の国際政治は現在のところ京都議定書の総量規制アプローチが頓挫し，単なる環境効率性の競争という状況になっているが，エコロジー的近代化理論はそうした現状に対して批判をなしうる内在的な理論を持っていないのである。私は，近年の環境改革にエコロジー的近代化理論が果たした役割を高く評価するものであるが，同理論が有している上記のような限界を認識しておくことは重要であると考える。

（2） 自然の商品化について論じている Castree (2003) は，商品化の要素として以下の6つの原則を挙げている。① 私有化（privatization）：個人・集団・制度への法的権原の割当て。この権原は，指定された対象の多かれ少なかれ排他的な処分権を権原の所有者に与える。② 譲渡性（alienability）：当該商品をその売り手から物理的・モラル的に分離する能力。私有化は譲渡性を必ずしも意味するものではないことに注意する必要がある（例えば自己の「所有」する臓器の場合など）。③ 個別化（individuation）：ある特定のモノないし単位をその支持的文脈から分離する表象的・物理的行為。④ 抽象化（abstraction）：個別化された質的特性が，プロセスのより広いタイプの量的な均一性に同化されるプロセス。⑤ 評価（valuation）：貨幣化，つまり商品が価格付けされ，それにより財の同じ分類等級だけでなく，異なる分類等級の財とも通約されるプロセス。⑥ 置換（displacement）：生産者と消費者の時空的分離の結果，商品が自己以外のものとして現象的に出現するプロセス。最後の原則が分かりにくいが，ここで言う「置換」とは，マルクスのいわゆる物神性（商品物神）を意味しており，例としては，労働搾取と環境劣化を通じて生産される金が貴金属として現れるという事例が挙げられている。枯渇性資源は，私有化・譲渡・個別化・抽象化・評価が容易であり，またそれらの性質を支えるものとして高い置換

性（疎外性）を有しているため，市場＝枯渇資源空間における問題の処理が可能となっている。
（3） この考え方は，ラクラウ・ムフ（2001）から示唆を得ている。彼らは「ヘゲモニー的実践」が出現する領域について次のように述べる。「関係的アイデンティティーの閉鎖的システムにおいては，各契機の意味は絶対的に固定されるが，そこではヘゲモニー的実践のための場所はいっさい存在しない。浮遊する記号表現をすべて排除した，完全に成功した差異のシステムは，どのような接合も不可能にするであろう。…ヘゲモニーは，社会的なものの不完全で開かれた性質を前提とする」（ラクラウ・ムフ 2001:298-299）。私の言う「ヘゲモニー的概念」とは，ここで彼らが述べている「浮遊する記号表現」に該当するものである。
（4） 例えば以下の文献を参照。Rutherford (2007), Luke (1995), Luke (1999), Malette (2009), Agrawal (2005), Goldman (2001)。
（5） 割譲と併合は，いずれも国家間の合意に基づいて自国の領域を他国に移転することをいうが，領域の一部を移転する場合を割譲，全部を譲り受ける場合を併合という。征服は，国家が実力を用いて他国の領土全部を奪うことである。先占は，国家がいずれの国にも属していない無主地を，領有の意志をもって実効的に占有することにより領域として取得することをいう。時効は，国家が他国の領土を長期にわたり平穏にかつ継続して支配した結果，領域として取得することをいう。添付は，自然現象によって沿岸区域に増加した土地を領土の一部に加えることをいう（松井他 2002:115-116）。

第1章

積極的適応戦略

はじめに

　本章の目的は，ロシアおよびEU諸国における気候変動戦略，とくにその適応戦略から，気候変動における「積極的適応戦略」の理念型を抽出することにある。現在までのところ，積極的適応戦略を，国の中心的な気候変動戦略として明示的に位置づけている国家は存在しない。この現時点における積極的適応戦略の非明示的性格が，各国の気候変動戦略から積極的適応戦略の「理念型を抽出する」という作業が必要となる理由である。ただしその中でも，積極的適応の戦略思想をかなり明瞭な形で提出している国もある。すなわち，積極的適応戦略の「積極面」である地政学的・功利主義的側面を代表する国がロシアであり，同戦略の「消極面」である「自律的適応」の考え方を代表する国がデンマークである。それゆえ，積極的適応戦略の理念型を抽出するという作業においては，この両国の適応戦略の分析が中心となる。

　本章では，まず第1節において気候変動戦略の類型化を行い，積極的適応戦略の概念を導入する。次に第2節でロシアの気候変動戦略，第3節でEUおよびデンマークの適応戦略を検討し，それらの積極的適応戦略としての特徴を分析する。そして最後に第4節では，気候変動枠組条約体制下における適応問題へのこれまでの取組みを適応ファイナンス制度の変遷を中心に概観し，それとの比較を通じて積極的適応戦略の特徴を明らかにする。

第1節　気候変動戦略の諸類型

　これまで述べてきたように，気候変動に対処するための方策には，大きく適応と緩和の2つがある。IPCC（気候変動政府間パネル）は，「適応」を「現在起きている，あるいは予想される気候による刺激もしくはその影響に対して，被害を和らげる，あるいは有利な機会を利用する自然もしくは人間システムの調整」と定義し，また「緩和」を「温室効果ガスの排出源を減らすような，または温室効果ガスの吸収を促進するような人為的干渉」と定義している（IPCC 2001:130，IPCC 2007:139）。そこで，この適応と緩和のあり方をめぐって，気候変動に対処するための戦略を，とくに気候変動戦略全体の中に適応をどのように位置づけるのかという点に留意しつつ整理するならば，次のように類型化することが可能であると思われる。

　第1に，「適応中心戦略－緩和中心戦略」という類型である。これは，緩和と適応の相互関係においてどちらの対応をより重視するかという点から類型化したものであり，「適応中心戦略」は緩和よりも適応に重点を置き，緩和を補完的とする戦略，そして「緩和中心戦略」は，適応よりも緩和に重点を置き，適応を補完的な措置として位置づける戦略である。第2は，「積極的適応戦略－消極的適応戦略」という類型である。これは，「適応」の意味内容の点から類型化したものであり，上記IPCCの定義に従えば，「消極的適応戦略」は気候変動による悪影響の「被害を和らげる」ことを重視するのに対して，「積極的適応戦略」は気候変動によってもたらされる「有利な機会を利用」することを重視するものである。なお，ここでいう「積極的適応－消極的適応」という概念は，「適応中心－緩和中心」という概念とは，位相が異なる点に注意する必要がある。適応中心か緩和中心かというのは，資源配分の観点からは資金をはじめとする資源をどちらに重点をおいて配分するかという問題であり，適応に主要な資源を配分する「適応中心戦略」においても，その資源配分が気候変動の悪影響に対処するための「消極的適応」として行われる場合と，また気候変動の利益を積極的に活かすための投資を中心とする「積極的適応」として

第1節　気候変動戦略の諸類型　21

行われる場合の2つのケースが考えられるからである。逆に，気候変動戦略が総体として「緩和中心戦略」をとっていたとしても，適応への態度には，積極的・消極的のどちらも論理的には可能である。このように2つの座標軸を設定することによって，ある主体の適応に対する態度を，緩和－適応の総体的な戦略的位置づけとは独自に考察することが可能となる。

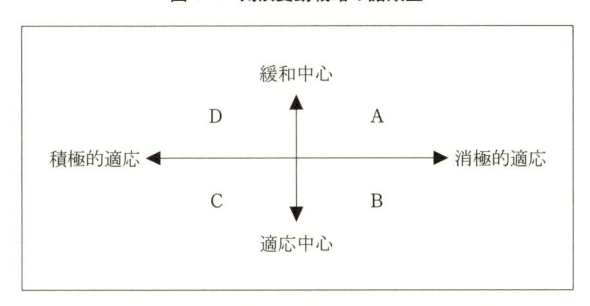

図1-1　気候変動戦略の諸類型

```
              緩和中心
                ↑
       D        │        A
               │
積極的適応 ←────┼────→ 消極的適応
               │
       C        │        B
                ↓
              適応中心
```

　以上，気候変動戦略に関する2種類の類型化をまとめると，図1-1のような4つの象限を有する座標が形成される。各象限は，以下のような気候変動戦略を示している。

　A．緩和中心・消極的適応戦略：気候変動対策の主要な努力を緩和措置に傾注するとともに，そうした緩和努力によっても避けることのできない気候変動の悪影響に対しては，適応措置によって対処するというアプローチである。それゆえ，この戦略は予防原則を重視し，適応措置よりも緩和措置に優先的な資源配分が行われる。また適応措置それ自体に関しても，その「有利な機会を利用する」という側面にはあまり関心がなく，あるいは，関心を持つこと自体が緩和中心主義を掘り崩す要因として忌避され，それゆえ適応はもっぱら「脆弱性」との関連において論じられる。この戦略はEUがこれまで掲げてきた戦略であり，京都議定書体制に代表されるように，現在の国際社会における主要なアプローチとなっている。

　B．適応中心・消極的適応戦略：これは，気候変動の肯定的影響よりも否定的影響を重視するという意味ではAと同じであるが，緩和措置よりも，すでに顕在化している・あるいは顕在化が予想される気候変動の否定的影響への適

応措置を優先的・重点的に実施すべきであるという立場である。ただ，この立場は一般に緩和措置の意義自体を否定しているのではなく，緩和措置に偏重した資金配分を改め，緩和・適応間のよりバランスのとれた（と彼らの考える）資金配分を求めるものである。これは，開発途上国，とくに島嶼国や低地国など脆弱な自然条件・社会経済的条件を有する後発開発途上国がとってきた立場である。現在，緩和中心主義の優勢な国際情勢にあって，気候ファイナンスのおよそ8割が緩和措置に向けられていると言われているが（Persson 2011:4），AとBの戦略的対立は，これまでの国際気候変動政治における主要な対立点の1つであった。

　C．適応中心・積極的適応戦略：この立場は，気候変動のもたらすメリットを積極的に追求する一方で，緩和措置に対して緩和中心主義のようには重きをおかず，逆に適応を重視する戦略である。適応中心主義における緩和は，気候変動における利益の享受を前提とした上で，それがあまり急激な変化とならないようにするための措置として補完的に位置づけられる。それゆえ，この立場は一種の気候変動容認論である。適応を重視し気候変動を容認する論理としては，緩和と適応のメリット・デメリットを功利主義的に比較する費用便益分析の考え方がしばしば用いられる。また，緩和中心主義が掲げる予防原則についても一般に批判的である。批判の論拠としては，費用便益分析の観点から予防原則を非効率的であるとする主張[1]や，予防原則の一面的強調と画一的適用は適応能力を軽視しているといった主張がなされる。

　D．緩和中心・積極的適応戦略：これは緩和措置の重要性を認め，それへのコミットメントを行いつつも，国内において現れる気候変動のメリットは積極的に享受していこうとする立場である。この戦略は，温暖化による恩恵が期待できる北方諸国ないし北極圏諸国にみられる戦略である。この戦略における緩和中心主義には，国益ないし地球益の立場から緩和の重要性を真に認めている場合と，本当はCの立場であるが国際社会の現状から緩和中心主義の仮面をかぶっているに過ぎない「隠れ適応中心主義」の場合がある。また，通常，緩和中心主義が「緩和措置の実施が，消極的適応の負担を低下させる」という意味において緩和と適応の間に関連性を認めているのに対して，意図的にせよ無意識的にせよ，両者の関連付けが最も弱いのが，この戦略の特徴の1つであ

る。「緩和は行うが，それはそれとして積極的適応も追求する」というわけである。

以上が4つの気候変動戦略の概要である。現在，国際社会において国家・非国家のアクターを含めると様々な戦略的立場があり得るが，少なくとも気候変動枠組条約体制下では，基本的には上記A・Bの立場が主流をなしていたということができる。つまり消極的適応を共通の前提としながら，全体としては緩和中心主義の方向に向かいつつ，その中で適応と緩和のバランスをどうとるかという点が補足的・改善的に議論されるというのが，条約体制下における戦略論議の主要なトーンであった。ところが，気候変動の事実が次第に明らかになるにつれて，積極的適応を陰に陽にめざす考え方が台頭してくる。以下はそうした新しい積極的適応の現れをみていくことにする。

第2節　ロシアの気候ドクトリンと積極的適応戦略

気候変動戦略の話に入る前に，ロシア経済社会の性格規定について一言述べておく。本書では，ブレマー（2010）にしたがいロシアを「国家資本主義」と規定する。彼によれば，国家資本主義とは，市場主導型の資本主義を受け入れた権威主義体制である。この体制下では，政府は各種の国営企業や選ばれた私企業を通じて重要資源の管理，高水準の雇用の維持・創造，特定の経済部門の支配などを行う。また国家資本主義は，いわゆる政府系ファンドを用いて余剰資金を投資に回し，国家財政を最大限に潤そうとする。ブレマーは，資本主義を「富を使ってさらなる富を創造すること」と定義し，国家資本主義も「自由市場資本主義」と同様に資本主義の一形態であるとする。ただし，国家資本主義が自由市場資本主義と異なる点は，国家資本主義者は市場を個人に機会をもたらすものとしてではなく，主として国益，あるいは少なくとも支配者層の利益を増進させる手段とみなしていることである（ブレマー　2010:11-12, 37, 69）。

ロシアの気候変動戦略を示す戦略的文書は，2009年12月に当時のメドベージェフ大統領が署名し成立した「ロシア連邦気候ドクトリン」（以下，気候ド

クトリン）である。周知のように，もともとロシアはこれまで国際交渉の場においても，また国内政策においても，気候変動対策に積極的とは言えなかった。国内では，人為的な温暖化の進行は疑わしいとする温暖化懐疑論や，温暖化の進展はロシアの国益に合致するという温暖化容認論が，大きな影響力を持ち続けてきた。現在のところ，少なくとも政府レベルにおいては温暖化懐疑論の影響力は弱まっているようであるが，温暖化の進行はロシアの国益に合致し，気候変動によって受益者となったロシアが国際社会の「勝ち組」として生き残るという温暖化容認論の考え方は，ロシア国内においていまだ大きな影響力を有しているように思われる。気候ドクトリンは，そうした温暖化容認論の一種の発展型として登場したものとみなすことができる。

気候ドクトリンは全部で6章44条からなる文書であり，各章の構成は「Ⅰ．総則」（第1-5条），「Ⅱ．気候分野における政策の目的と原則」（第6-16条），「Ⅲ．気候分野における政策の内容」（第17-25条），「Ⅳ．気候変動問題の解決に際してのロシア連邦の特性」（第26-30条），「Ⅴ．気候分野における政策の実現」（第31-38条），「Ⅵ．気候分野における政策実現の主体」（第39-44条）となっている。以下では，文書の内容を包括的に紹介・言及することはせず，文書の中心をなす第2〜4章の中から，本章のテーマである「積極的適応戦略」との関連において重要と思われる箇所を順次指摘していこう。

(1) 気候政策の目的と原則（第2章）

まず第7条では，気候政策の基本原則として，① 気候変動に関するロシア政府の利害のグローバルな性格，② 気候政策の作成・実現に際しての国益の優先性，③ 気候政策の明瞭性と情報公開，④ 気候変動に関する国際的調査プログラム・プロジェクトにおける，ロシア連邦の国内および完全な権利を有する国際的パートナーシップの枠組み内での行動の必要性の承認，⑤ 気候変動によって起こり得る損失と利益の考慮の全面性，⑥ 気候変動の否定的な結果からの人間・経済・国家の保護を保障する措置の計画・実現に際しての予防性，という6つの原則を挙げている。

次に第8条では，気候変動問題の性格からして，ロシアの気候変動に対する利害がその領土内にとどまらないグローバルな性格のものであること，気候政策を組み立てる際には，気候変動が自然・経済・住民およびその様々な社会集

団に与える直接的な影響だけでなく，間接的・長期的な影響も考慮する必要があることを指摘している。そして，そうした間接的な影響には，食糧資源や水資源を含む「自然資源のグローバルな再配分」，およびロシア内外の各地域における居住の相対的快適性の低下による，住民の移住プロセスが含まれるとしている。

(2) 気候政策の内容（第3章）

第18条では，気候政策の基本課題として，①気候政策の情報的・科学的基盤の強化と発展，②気候変動への適応に関する機動的および長期的措置の作成・実現，③気候への人為的影響の緩和に関する機動的および長期的措置の作成・実現，④問題解決における国際社会のイニシアティブへの参加，の4点を挙げている。

第20-22条は，適応に関する内容である。第20条では，適応が現在・将来における気候変動の損失を減少させ，利益を利用する上で不可欠であると述べ，第21条では，適応措置を策定する際の最重要の要素として，気候変動の否定的影響に対する脆弱性と損失のリスクとともに，気候変動の肯定的影響による利益を受ける可能性その他の評価を指摘している。また第22条では，気候政策における優先項目に「予防的適応」が含まれるとしているが，その意味内容に関する明確な規定はない。

一方，第23条は緩和に関する内容である。そこではロシアが温室効果ガスの排出削減に最大限の努力を傾注することがうたわれ，そのための措置として，①全経済部門におけるエネルギー効率の向上，②再生可能な代替的エネルギー源の利用の発展，③市場のゆがみの縮小と排出削減を刺激する金融財政政策の実施，④温室効果ガスの吸収源の保護と増大および森林経営の合理的実施を挙げている。

(3) 気候変動に関するロシアの特性（第4章）

第26条では，ロシア連邦の領土のほとんどが，気候変動の現在・将来の影響を受けるという認識を示している。第27条では，ロシアにとっての否定的な影響として，①若干の社会集団の健康リスクの増大（罹病率・死亡率の上昇），②旱魃と洪水の頻発性・深刻性・継続性と農業にとって危険な土壌の水分過剰の増大，③森林火災の危険性の増大，④北部地域における永久凍土の

劣化と建物・交通通信網の損失，⑤生物種の変化を含む生態バランスのかく乱，⑥感染症や寄生虫による病気の拡大を挙げている。

　これに対して，第28条では，ロシアにとっての肯定的な影響として，①暖房時期におけるエネルギー支出の削減，②凍結状況の改善とそれによる北極海の貨物輸送条件の改善，北極大陸棚へのアクセスとその開発の保証，③耕種農業の構成の改善と地域の拡大，畜産の効率性の向上，④寒帯林の生産性の向上，を挙げている。

　第29条では，他国と比べたロシアの優位性として国全体の高い適応ポテンシャルを指摘し，そうした適応ポテンシャルを保証するものとして，領土面積の広さ，豊富な水資源の存在，気候変動にとくに脆弱な地域に居住する人口の相対的な少なさ，といった点を指摘している[2]。

　以上が気候ドクトリンの主要内容であるが，その最大の特徴は，気候変動の「緩和」に比して，「適応」にかなりの重点が置かれていることである。ロシアの気候ドクトリンの戦略思想は，その「適応」重視の態度において，「緩和中心・消極的適応戦略」におけるそれとは明らかに異なっている。ロシアの気候変動戦略が適応にかなりのウエイトを置いていることは，今回の気候ドクトリンを含め，現在ロシアの国内気候政策を中心的に策定しているのが，天然資源・環境省の連邦水文気象・環境モニタリング局（ロスギドロメット）であるという事情からもうかがうことができる。水文気象の観測網を有し，気候パラメータの動態評価を主な機能とするロスギドロメットは，産業部門への経済政策的な関与を必要とする緩和政策よりも，適応政策により大きな関心と政策的能力を有しているからである[3]。近年，ロスギドロメットは，適応政策に関する文書を次々と作成・公表してきている。2006年には，『2010年－2015年までの期間におけるロシア連邦の気候変動の戦略的予測とロシアの経済部門に対するその影響』（以下，『戦略的予測』）を作成し，また2008年には，『ロシア連邦の領土における気候変動とその結果に関する評価文書』を作成している。気候ドクトリンは，こうしたロスギドロメットの近年における分析作業の結果として打ち出されたものともいえる。

　そこで，ロシアの「積極的適応」に対する期待と関心のありようをより具体的に検証するため，上記『戦略的予測』の内容をみてみよう。『戦略的予測』

の第 1 章「2010−2015 年の期間における気候変動の予測」では，ロスギドロメットの水文気象観測網のデータから過去 1990−2000 年の間に平均気温が 0.4 度上昇したことを指摘し，同時に，危険な水文気象的現象が増大していることを認めている。とくに 2004 年および 2005 年にはそれぞれ 311 回，361 回と，事実上 1 日に 1 回の割合で発生しており，毎年の増加率は 6.3% である。そして，2015 年までには，2000 年に比べて平均気温がさらに 0.6±0.2 度上昇すると予測している。続いて第 2 章「予想される気候変動が経済部門に与える影響」では，気候変動が 2015 年までに経済に与える肯定的・否定的な影響の双方を分析している。その主要な分析結果を「気候変動の損得対照表」としてまとめたものが表 1-1 である。表をみると，極地の影響に関する評価が気候ドクトリンや一般の認識とは異なる点が首をかしげるが，全般的に，気候変動が経済に与える影響には肯定的な影響とともにかなりの否定的な影響もあること，とくにパイプラインや建設などインフラ関係の被害が大きいこと，また地域差が非常に大きく，気候変動の影響が地域的な性格を有していることがわかる。総じて驚かされるのは，温暖化が自国に与える被害やリスクについてそれなりの認識をもちながら，なおかつ温暖化のメリットに目を向けていこうとする姿勢である。そこには，自国の寒冷性に対するロシアのコンプレックスの大きさをうかがうことができる。ロシア適応政策は，これら気候変動の否定的な影響を除去しながら，肯定的な影響を活かしていくことが求められているわけであるが，それには巨額の投資が必要であることは容易に想像される。ロシアにとって，適応措置の費用と便益を評価した統一的な適応政策の形成は今後の課題であるといえる[4]。

　以上，ロシアの現段階における気候変動戦略を，「ロシア連邦気候ドクトリン」を主たる対象としながら検討してきたが，それは「積極的適応戦略」と呼ぶにふさわしい内容を有している。その特徴として，以下の諸点を指摘できよう。

　第 1 に，気候変動を地政学的見地からとらえていることである。それは，「気候変動とは自然資源のグローバルな再配分である」という，気候ドクトリンの驚くべき言葉に表現されている。この思想が恐ろしいのは，第 1 に，気候変動の脆弱者・脆弱国が，気候変動の被害者ではなく適応競争における敗者と

表1-1 ロシア：予想される気候変動が経済部門に与える影響

	肯定的影響	否定的影響
燃料エネルギー資源	暖房期間がロシア平均で3〜4日縮小し，燃料エネルギー資源が節約される。とくに沿海地方，サハリン州，カムチャツカ州。	
風力	ヨーロッパ部の大部分，トムスク州，ノヴォシビリスク州，ケメロヴォ州，アルタイ地方，沿海地方・ハバロフスク地方西部で強風による送電線や高層建築物への負荷が1.1倍減少。逆に，右の地域では風力発電の発展の条件が形成される。	左の地域では風力発電のポテンシャルが1/2に減少。逆に，北カフカス（チェチェン共和国，ダゲスタン共和国，スタヴロポリ地方），ムルマンスク州，アルハンゲリスク州，レニングラード州，サハ共和国北西部，マガダン州，イルクーツク州，ハンティ-マンシー自治共和国・エヴェンキ自治共和国沿岸地区では風の負荷が1.2倍増大。
水力	河川の流量増加により，貯水池への年平均流入量がヴォルガ-カムスクカスケードでは10-20％，北西連邦管区では5-10％，アンガラ-エニセイ・ヴィリュイ・クリマ・ゼヤ川の貯水池は0-15％増加。	ツィムリャンスク・クラスノダール・ノヴォシビルスク貯水池では年平均流量が5-15％減少。流量増加による居住区の浸水の恐れ。
パイプライン輸送		河川の流量増大により，水中パイプラインの負荷が著しく増大。とくにヴォルガ川上中流域とニジェゴロド州・オレンブルグ州・ペルミ州・サマラ州・サラトフ州・ウリヤノフスク州・バシコルトスタン共和国・マリ-エル共和国・モルドヴァ共和国・タタルスタン共和国・ウドムルト・チュヴァシにあるその支流，南連邦管区の全河川，チュメニ州，クラスノヤルスク地方，ノヴォシビルスク州，オムスク州，トムスク州，イルクーツク州，ハバロフスク地方，サハリン。
建設		ロシアヨーロッパ部・プリモーリエなどで，雪解け陽気と凍結の反復性の増大により建築物の修復までの期間が半分に縮小。永久凍土地区の解氷の深度が増大し，施設に危険な結果をもたらす。最高度に危険なのはチュコト，インジギルカ川・コリマ川上流域，ヤクーチア南東部，西シベリア，カラ海沿岸，ノヴァヤゼムリャ，ヨーロッパ部極北地域。これらの地域にはガス・石油採取コンプレクス，パイプライン，ビリビンスカヤ原子力発電所などのインフラがある。とくに危険なのはノヴァヤゼムリャの放射性廃棄物の保管所とヤマル半島の石油採取予定地。北西連邦管区の中央・沿ヴォルガ・南西部では，河川流量の増大による浸水が発生。アルハンゲリスク州・ヴォロゴド州・レニングラード州や，コストロマ州・ニジェゴロド州の「黄金の環」の価値ある歴史都市が被害。

	肯定的影響	否定的影響
居住の快適性と健康	住民の居住の快適性が改善。とくにコミ共和国, アルハンゲリスク州, ハントィ・マンシー自治共和国, エヴェンキ自治共和国, サハ共和国, イルクーツク州・ハバロフスク地方西部。	ロシア全域で夏季の気温が上昇, 熱波の頻度が1.1-1.5倍増大。発電所の放熱機能の低下と冷房への支出増大。
農業	土壌の最低温度が秋まき作物にとって危険な冬の頻度が中央黒土地区と沿ヴォルガでは8-10%〜18-22%, 北カフカスでは4-10%減少。北カフカス, 沿ヴォルガのステップ地区, ウラル南部, 西シベリアで秋まき作物の適地が拡大。生育期・無霜期が10-20日増大。飼料作物・穀物の収穫が北部地域・北西地域・中央地域・ヴォルガ-ヴャトカ地域・極東で10-15%増加。ヨーロッパ部非黒土地帯で腐植土が増加。北カフカス・下流沿ヴォルガ地方で灌漑が拡大。	主要穀物地区で旱魃の頻度が1.5-2倍増大。穀物の収穫が北カフカスで22%, 沿ヴォルガで13%, ウラルで14%, 西シベリア南部で12%減少。中央黒土地区で飼料作物が7%, 穀物が7.5%減少。これらにより国全体では穀物の収穫が11%減少。
水利	ロシア全体で水資源量が8-10%増大, 一人当り確保水量も12-14%増大。ヨーロッパ北部・北西部, 沿ヴォルガ, 非黒土中心地, ウラル, シベリア・極東の大部分で増大。	黒土中心地(ベルゴロド州, ヴォロネジ州, クルスク州, リペツク州, オルロフ州, タムボフ州), シベリア連邦管区南部(カルムイキア, クラスノダール地方, スタヴロポリ地方, ロストフ州), シベリア連邦管区南西部(アルタイ地方, ケメロヴォ州, ノヴォシビルスク州, オムスク州, トムスク州)で水資源が10-205減少。ベルゴロド州, クルスク州, スタヴロポリ地方, カルムイキアで渇水年が増大。
河川航行	シベリア河川・カマ川で結氷期が15-27日減少, 氷の厚さも20-40%減少。	
北極海航路の航行, 大陸棚活動, 北部領土の経済		北極海航路の全行程を砕氷作業なしで航行できる日にちが現在の2ヵ月から10-15日に縮小。大陸棚における作業の困難化。トナカイ飼育・漁業・林業などには2015年までは影響なし。
カスピ海の水位		水位上昇による浸水などの被害。

出所:Росгидромет (2005)より筆者作成。

して現れるからであり，第2に，他国の不幸を自国の利益によって正当化ないし黙認するその姿勢があらゆる連帯を破壊するからであり，第3に，気候変動を人類のコントロールの及ばぬ地球規模の「大転換」のプロセスとして認識しているからである。ここに表現されているのは，本格的な「地球温暖化時代」の到来をみすえながら，気候変動への積極的適応を通じて，他国と比較したロシアの気候変動に対する「適応ポテンシャルの高さ」を気候変動の国際政治の中で活かしつつ，ロシア国家の宿命ともいえる国土の広大性・寒冷性をプラスに変えようとする戦略構想である[5]。

　第2に，気候変動の影響を「機会の集合」としてとらえていることである。気候変動の国際政治において従来支配的であった「緩和中心・消極的適応」戦略では，いわゆる「脆弱性」との関連において，気候変動の否定的影響に主として焦点を当て，適応をそれらに対処するための一種の必要悪として位置づけている。しかし，ロシアの積極的適応戦略は，気候変動を「損失」だけではなく「利益」をも含めた種々の開発機会・経済機会の集合としてとらえ直し，適応を，そうした種々の機会を積極的に比較考量し気候変動の利益を積極的に取り込む行為として位置づけ直している。このように，ロシアの積極的適応戦略は，環境破壊への対処を被害論ではなく経済機会を軸に構想しようとする点において，新自由主義的な性格を有するものと言うことができる。私が「気候変動の損得対照表」として提示した気候変動の「機会の集合」の一覧表は，積極的適応戦略の気候変動に対する新自由主義的なまなざしを典型的に表現するものである。

　第3に，ロシア積極的適応戦略の特徴として，その功利主義的性格を指摘することができる。ここでの功利主義の定義はロールズ（1999）に従っている。すなわち彼によれば，功利主義とは社会の総効用ないし平均効用の最大化を求める原理，すなわち「社会に帰属するすべての個人の満足を総計した正味残高が最大となるよう」に制度編成を行う原理であり，それはまた「他の人々が享受する相対的利益の総和がより大きくなるという理由だけを持ち出して，ある人の暮らしの見通しが悪くなることを要求する，あるいは容認する原理」でもある（ロールズ 1999:21, 31）。気候変動は様々な肯定的・否定的影響をもたらしうるが，それが社会成員に与える影響はその地理的位置や社会的・経済的地

位，その成員の置かれている自然・社会環境の脆弱性の程度によって差があり，社会の格差を生み出し拡大する方向に，いわゆる「勝ち組」「負け組」の分化として顕在化する可能性が大きい。積極的適応戦略は，そうした社会格差の発生・拡大を社会を俯瞰する立ち位置から経済的な費用・便益の問題としてとらえ直すことによって，気候変動を受容可能なものとしている。その結果，極めて開発主義的な気候変動戦略が形成されているのである[6]。

　気候変動の地政学的把握，被害の機会への転化，功利主義——ロシアの積極的適応戦略が有するこうした特徴に，われわれは，むき出しの「国家理性」を見ることができる。気候変動によりもたらされる「機会」が，「国益」とかなりの程度同一視されている点に，ロシアの国家資本主義的な特徴が現れている。しかしそれは，天然資源という富＝権力を求めて国民の上に君臨する，国家資本主義における単純なエタティズムの現れではない。資源開発のための単なる国益のメカニズムではない。ここにあるのは，現在の国際社会において支配的である「消極的適応」のイデオロギーを，「積極的適応」のそれに転換しようとする国家理性の意志である。しかもそれを，新自由主義的イデオロギーと整合的な形で——あるいは，新自由主義イデオロギーに触発されて，というべきか——行おうとしている点に，市場と国家が融合する「新自由主義的統治性」の特徴をみることができる。

第3節　EUの適応戦略とデンマークの自律的適応

　次に本節では，EU諸国の適応戦略を分析する。気候変動の国際交渉においては，一般に適応は緩和と比較して対応が遅れていたが，とくにEUについては，それが国際政治において緩和中心戦略の強力なイニシアティブをとっていた関係から，適応措置は緩和の努力そのものを掘り崩すものとして，当初は軽視どころかむしろタブー視されていたのが現状であった（Pielke et al.2007）。また適応措置の必要性に関しても，当初は自国の問題ではなく島嶼国や低地国・山岳国など，とくに脆弱な自然環境を有する開発途上国の問題として一般に認識されていた。しかし，IPCCとして初めて気候変動の否定的影響がすで

に発生していることを指摘した『第3次レポート』(2001) をはじめ，気候変動の影響に関する科学的知見が明らかになるにつれ，EU 諸国も国内・域内政策としての適応政策の必要性を次第に認識するようになった。国家レベルで初めて適応のための独自の国家戦略文書を作成したのはフィンランドである (2005年)。以後，フランス・スペイン (2006年)，デンマーク・ドイツ・ハンガリー・オランダ・ノルウェー・イギリス (2008年)，スウェーデン (2009年)，ベルギー・ポルトガル (2010年) と，現在までに12ヵ国が適応国家戦略を作成している (EEA の HP より)。また EU レベルでは，欧州共同体委員会が 2007 年に『緑書　欧州における気候変動への適応—EU 行動のための選択肢』(以下，『EU 適応緑書』) を作成し，2009 年には『白書　気候変動への適応：欧州の行動枠組へ向けて』(以下，『EU 適応白書』) を作成した。また欧州環境庁 (EEA) は，2008 年および 2012 年に，欧州における気候変動の影響を分析した報告書を作成している。

　以下，上記の諸文献を中心に EU の適応戦略を分析するが，その際，以下の 2 つの座標軸から，EU 適応戦略の特徴づけを試みたい。第 1 に，「積極的適応か消極的適応か」という座標軸である。これは前節で述べたように，気候変動のもたらす経済機会の活用を重視するのか，悪影響への対処を重視するのかという問題である。前節におけるもう 1 つの座標軸である「緩和中心か適応中心か」については，緩和中心であることは自明であるからここではとくに検討しない。第 2 は，「自律的適応か計画的適応か」という座標軸である。これは適応を行う主体に関する分類であり，「自律的適応」(autonomous adaptation) とは，個人・家計・私企業によって実施される適応であり，通常はアクターの合理的な自己利益に基づいて行われる。これに対して「計画的適応」(planned adaptation) とは，各レベルの政府によって実施される適応であり，通常は集合的なニーズに向けられる。これは IPCC が「私的適応」(private adaptation) および「公的適応」(public adaptation) と呼んでいる適応類型 (IPCC 2001:glossary) と同じものである。

　まず，積極的適応か消極的適応かという点について。現在までに国家適応戦略を作成している 12 ヵ国の中で，積極的適応に対する関心が最も高いのはフィンランドである。同国の適応戦略である『フィンランド気候変動適応国家

戦略』(2005) は，フィンランド農業・森林省 (MAFF) が作成したものであるが，そこでは，「気候変動は明らかに有害な影響を与えることが予測されるが，若干の部門には，少なくとも短期的には，便益をも与えるかも知れない」(MAFF 2005:9-10) と述べられており，また「気温上昇は…開発途上国に経済損失をもたらすであろうが，そうした気候変動は，これらの不利益とともに，北方に位置する多くの先進国に対して利益をもたらしうる」(MAFF 2005: 63) と述べられている。また同戦略では，農業と食糧生産，林業，漁業，トナカイ飼育，狩猟，水資源，生物多様性，工業，エネルギー，運輸・通信，土地利用と地域計画，建設，保健，観光と自然のレクリエーション利用，保険の各部門に気候変動が与える影響を分析し，保健を除く全分野につき利益・不利益を比較した詳細な対照表を作成している。また，その他の国々の適応戦略においても，気候変動から得られる利益を指摘する事例が散見される。

しかし，上述のフィンランドを含め，全体としては気候変動の有害な影響に関する考察が多くを占めている。欧州の7つの主要環境調査機関が共同で設立した「欧州環境調査パートナーシップ」(PEER) は，2009年に欧州諸国の適応戦略を比較分析したレポートを作成しているが，そこでも「気候変動に関する機会の捕捉は，北方諸国の国家適応戦略において若干目立ってはいるが，全般的には国家適応戦略において比較的重要度の低い課題である」(PEER 2009: 56) と結論づけている。

以上，EUは北欧諸国における積極的適応への志向性をはらみながらも，全体的には消極的適応が適応戦略の中心に据えられているということができる。

そこで次に問題となるのが，消極的適応の性格規定であり，「自律的適応－計画的適応」の座標軸におけるその位置づけである。実は，EUの国家適応戦略の中で，両者のどちらを重視するのか，その優位性やプライオリティを明示的に論じたものは少なく，ほとんどは両者のアプローチを適度に組み合わせたものになっている。その中で，はっきりと「自律的適応」重視の戦略的方針を打ち出しているのはデンマークであり，その適応戦略は詳細な検討に値する。

デンマークの適応政策に関する戦略的文書は，デンマーク政府が2008年に作成した『デンマーク気候変動適応戦略』(以下，『適応戦略』) である。これは序文の他6章からなり，構成は「第1章　要約」「第2章　将来の気候」「第

3章　個別部門における挑戦」「第4章　気候変動適応のためのウェブ・ポータル」「第5章　調査戦略」「第6章　さらなる作業の組織化」となっている (The Danish Government:2008)。以下，戦略の内容を，現状認識，戦略の基本原則，政府の役割，部門別の対応，のそれぞれの項目別にまとめる。

(1) 現状認識：『適応戦略』は冒頭で「気候変動は1つの現実である」と，気候変動の影響が避けがたいものであることを確認している。そして，デンマークの気候に将来的に与える影響として，以下の諸点を挙げている。① 降水量の増加：とくに冬期。地域によっては18％から43％の増加。逆に夏期は減少が予測される。② 暖冬化：長期的には2℃～3℃上昇し，期間も1-2ヵ月長くなる。③ 夏の気温上昇：長期的には1℃～3℃上昇する。④ 海水面の上昇：西部海岸などで0.15～0.75m上昇。シナリオによっては0.45～1.05mになる可能性もある。⑤ 風量の増大：長期的には平均風速が1％～4％上昇。⑥ 極端な天候の増加：熱波，嵐など。極端な豪雨が20％増加。

(2) 戦略の基本原則：『適応戦略』は第1章において，「本戦略で，政府は気候変動の適時の適応の重要性を強調する。政府はできる限りの自律的適応にウエイトを置く。そこでは，公的機関・企業・私的市民は所与の法的・経済的・技術的枠組の中で，自分たち自身のイニシアティブで，適時に気候変動の帰結に反応する」と，自律的適応重視の姿勢を打ち出している。そして，「自律的適応が最適でない場合には，政治的に計画された適応措置を始める必要が出てくるかも知れない」と，計画的適応があくまで補完的な役割にとどまることを確認している。また序文では，自律的適応の性格について次のように述べている。「適応の努力をいかに設計すべきかは，気候変動の帰結，その発生の見込みと防止のコストを考慮した結果となるだろう。この文脈から，注意は個人による自律的適応に払われなければならない。こうして適応努力の基礎は，保険料のコストと被害のリスクが調和する適切な保険を考慮することに比較しうる。」

(3) 政府の役割：第1章では，「本戦略の目的」の節において，気候変動への適応が長期的プロセスであり，気候変動の帰結の内容および顕在化の時期はいまだ不確実であるという認識を述べるとともに，政府の役割について次のように述べている。「それゆえ政府は情報キャンペーンの開始とその分野の組織

化を行うつもりである。その目的は気候変動が計画化と開発に組み込まれ，公的機関・企業・市民が気候変動を考慮に入れるべきか，どのようにいつ入れるのかを考えるための最も可能な基盤を持つようになることである。」そして，「本戦略を構成する措置」として，① 目標別情報キャンペーン：情報センターによって運営されるウェブ・ポータルの設置を含む，② 調査戦略：デンマークの気候調査がより広範囲な適応問題に焦点を当てるのを保証する調整機関の設立を含む，③ 公的機関の間の調整努力を保証する組織的枠組の設定：適応のための水平的調整フォーラムの設立を含む，の3点を挙げている。

(4) 部門別の対応：第3章では，気候変動が重大な影響を及ぼす恐れのある11の部門（海岸管理・堤防・港湾など，建設・インフラ，給水，エネルギー供給，農業・林業，漁業，自然管理，土地利用計画，保健，救助準備，保険要因）について分析しており，今後10年間に達成可能な措置に焦点を当てている。『適応戦略』の記述を概観すると，これらの部門は，おおまかに3つの領域に分けることができるように思われる。① 気候変動のもたらす肯定的影響の活用（私のいう「積極的適応」）が重視されているもの：エネルギー供給，農業・林業。② 気候変動の否定的影響への自律的適応が重視されているもの：海岸管理，建設・インフラ，給水，漁業，土地利用計画，救助準備。③ 計画的適応重視ないし優先度が不明のもの：自然管理，保健，保険。とくに② については，洪水・浸食に対する自己保全は個々の土地所有者自身の選択であること，室内環境の問題の解決は建物所有者の責任であること，道路や鉄道の複雑さ・長い耐用年数を考慮すると自律的適応が望ましいこと，水資源の枯渇には地域間の融通で対応できること，救助準備の設備の寿命が10〜15年であることを考えると自律的適応の方が長期的対応としてより賢明であることなどが指摘されている。また ③ の自然管理では，自然自身の適応能力が強調され，計画的適応の費用便益分析の必要性が指摘されている。保険については，天候・気候の効果は保険ビジネスの中心分野であること，リスクを計算し，それをカバーする価格を設定し，リスクを再保険を通じて世界に拡大するとともに被害が発生した場合にはそれを補償するという保険会社の役割を確認しつつ，現状では価格設定の前提となる予測可能性が不十分であること，建物・個人資産の保険が短期であるのに対し気候変動は長期のプロセスであるこ

と，デンマークの保険会社による気候変動の保険関連の影響がこれまで体系的な調査の対象になってこなかったこと，気候変動の影響に関する保険会社・再保険会社の知識が不十分であること，といった問題点が指摘され，部門間でリスクを移転する新しい保険制度の創設などが提案されている。

　以上がデンマーク『適応戦略』の概略であるが，ここには，新自由主義的適応戦略の基本構造がかなり明確な形で現れていると言ってよい。すなわち，気候変動のもたらす肯定的影響への積極的適応を進めつつ，気候変動の否定的影響に対しては，私的＝自律的適応を重視し，政府の役割は自律的適応を行う個人・私企業への主として情報提供や調査活動に制限される，というものである。ここではロシアやフィンランドの「気候変動の損得対照表」がさらに進化し洗練され，情報センターによるウェブ・ポータルという経済主体の意志決定にとって利便性ある形で提供される。『EU適応白書』は，不確実性，情報の不完全性，資金制約のために自律的適応は最適ではなく，適応努力を個人や企業に委ねることはできないと述べているが（CEC 2009:6），デンマークの自律的適応戦略は，これらの問題点を政府の調査と情報提供，保険制度の整備によって解決しようとする。つまり，公的＝計画的適応によって個人を気候変動のリスクから守るのではなく，個人に完全情報と私的なリスクヘッジの環境を与えることにより，個々人が気候変動のリスクを引き受け，それに対処することができるようになることがめざされているのである。

　また，『適応戦略』では，自律的適応が要請される理由として，2つの論点がしばしば言及されている。第1に，宅地や農地，建物など，個人の私有財産は個人が自己責任において守るべきであるという主張であり，第2に，「適時性」の重視，つまりとくにインフラや救助などに関して強調されているように，今後も各分野における技術進歩が想定され，一方で気候変動が長期にわたるプロセスであり，またいつ変動がカタストロフとなって顕在化するか分からないという性格を有することを考慮すると，硬直的な計画的適応よりも柔軟な自律的適応の方が気候の変化に「適時に」対応できるという主張である。これらは『適応戦略』では主に消極的なトーンにおいて語られているに過ぎないが，ここで提示されている社会のイメージを肯定的にとらえるならば，それは，気候変動による環境の変化を絶えざる技術革新によって創造的に乗り越え

ようとする財産所有者の社会である(7)。ここにも，デンマーク適応戦略の新自由主義的性格がよく現れているといえよう。

デンマークの適応戦略がこのような性格を有していることは，2000年代の同国における新自由主義的政治勢力の台頭とおそらく無関係ではないように思われる。デンマークでは，2001年の総選挙において長年第1党の座にあった社会民主党が敗北し，自由党・保守党の連立政権が成立した。以後2009年まで首相を務めたのが自由党のアナス・フォー・ラスムセンである。ラスムセンは，個人の自律と自由，自己責任と市場原理を重視する新自由主義路線を掲げ，失業手当給付期間の短縮化，民間医療保険の積極的支援，福祉手当の受給制限などの改革を行ってきた（鈴木 2010）。彼は温暖化懐疑論者でもあり，首相就任後に環境省の予算を大幅に削減し，また先に述べた緩和中心主義の著名な批判者であるビョルン・ロンボルグを新設のコペンハーゲン環境評価研究所の所長に就任させている（Petersen 2009: 73 を参照）。次章でみるように，デンマークは積極的適応体制である北極評議会の生成過程でも重要な役割を果たしており，ロシアと並ぶ積極的適応戦略の重要な担い手なのである。

第4節　適応問題への国際的取組みの経緯

本章の最後に，気候変動枠組条約体制下における適応問題への取組みの経緯を確認しておこう(8)。同体制における適応問題の取り扱いの経緯をみると，それは1990年代から2000年まで，2001年から2008年まで，2009年から現在まで，の3つに時期区分することが可能である。以下，各時期について概観する。

(1) 1990年代から2000年まで

国連環境計画（UNEP）と世界気象機関（WMO）による気候変動政府間パネル（IPCC）の設置（1988年），気候変動枠組条約の採択（1992年）などによって，気候変動への世界的な取り組みが開始された時期であるが，焦点は緩和に置かれており，気候変動枠組条約には適応の定義は存在していない。この時期には，適応は基本的に周辺的な課題であると考えられていた。その背景に

は，適応をあまり強調すると緩和の軽視につながる恐れがあり，温室効果ガスの削減に対する各国政府の取り組みの欠如や遅れ，産油国・企業の抵抗を容認してしまうことへの配慮があったこと，当初は気候変動の進行が遅く適応は時間的にかなり先の課題だと考えられていたこと，自然淘汰と市場力の「見えざる手」が政策介入なしに適応をもたらすはずであるという信念などがあったと思われる（Klein et al.2005:580, Schipper et al.2009:7）。

(2) 2001年から2008年まで

第2の時期のメルクマールは，2001年におけるIPCC『第三次レポート』の発表である。このレポートでは，「近年の地域的な気候変化，特に気温の上昇は既に多くの物理・生物システムに対して影響を及ぼしている」と気候変動の影響がすでに現れていることを初めて指摘し，さらに「最小の資源しかもたない人々は最小の適応力しかなく，最も脆弱である」と述べ，一般に適応能力が小さく気候変動に対する脆弱性がより大きい開発途上国が，最も大きな気候変動リスクにさらされていると警鐘を鳴らした（IPCC 2001:67, 71）。そのため，適応は主に途上国の利害と結びつけられて論じられるようになった。

この時期には，適応ファイナンスの制度化が開始された。2001年にマラケシュで行われたCOP7では，京都議定書の運用ルールを定めた「マラケシュ合意」が決定されたが，同合意では，一般に「マラケシュ基金」と総称されている以下の3つの新しい基金の設置が定められた。① 後発開発国基金（Least Development Counties Fund: LDCF）：49ヵ国の後発開発国による「国別適応行動計画」（National Adaptation Programmes of Action: NAPA）の作成と，後発開発国による自国NAPAの実施を支援する。② 気候変動特別基金（Special Climate Change Fund: SCCF）：途上国の適応策，技術移転，排出削減活動，経済活動の多様化を支援する。③ 京都議定書適応基金（Kyoto Protocol Adaptation Fund: AF）：議定書締約国である途上国における具体的な適応プロジェクトを支援する。以上3つの基金のうち，前2者は気候変動枠組条約下に設置され，地球環境ファシリティ（Global Environment Fund: GEF）によって運営されるが，適応基金は京都議定書下に設置され，CDM収益の2%を財源とし，適応基金理事会（Adaptation Fund Board）が運営する。また，マラケシュ合意の要求により，GEF信託基金下に適応政策に関す

る戦略的優先項目（Strategic Priority on Adaptation: SPA）が設定された。SPA は，途上国の脆弱性の緩和と適応能力の構築に向けた一連のプロジェクトに資金提供する。その他，既存の ODA による開発援助の仕組みも，適応ファイナンスの役割を果たしている。

マラケシュ基金の基本的なアプローチは，LDCF を通じて後発開発途上国に適応計画を作成させ，その計画に基づき他の基金により適応プロジェクトのファイナンスを行う，というものである。このように，この時期には一連の基金の整備が試みられたのであるが，それはいまだ不十分なものであった。第 1 に，この時期の適応ファイナンスは，気候変動の影響調査や途上国の適応戦略・計画の作成など，「ソフト」分野を対象とするものが中心であったことである[9]。他方，「ハード」つまり具体的な適応措置へのファイナンスを目的とする適応基金は，種々の事情からその活動開始が 2008 年まで遅延することとなり，また GEF 信託基金のファイナンスも十分に機能しなかった。適応計画の作成→ファイナンスの実施，というマラケシュ基金アプローチの後段がうまく機能しなかったのである。第 2 に，適応ファイナンスの国際的枠組みには，様々な目的や手続きを有する制度が混在しており，いまだピースミール的性格を払拭しきれていなかったことである。第 3 に，適応分野には緩和分野における温室効果ガス削減目標のような義務的課題がないこともあり，上述のファイナンスも，締約国に強制的なコミットメントを課すものではなく，主にボランタリーなベースで行われるものであったことである。そのため，全体として適応分野へのファイナンスは，極めて限られたものとなった。

(3) 2009 年から現在まで

第 3 の時期には，上述の適応ファイナンスの問題点をふまえ，その改善がめざされることとなる。この時期における重要な文書は，2009 年の COP15 において決定された「コペンハーゲン合意」である。同合意では，開発途上国，とくに脆弱な開発途上国における脆弱性の減少およびレジリアンス構築を目的とした適応行動の強化が必要であること，「先進国が，開発途上国における適応のための行動の実施を支援するため，十分な，予測可能かつ持続可能な資金，技術及び能力の開発を提供することに同意する」（第 3 条）ことが確認された。そして先進国は，開発途上国に対して新規かつ追加的な資金を供与する

こと，この資金は「適応と緩和との間で均衡のとれた配分が行われる」ことが定められた。具体的には，2010年から2012年までの間に短期資金として合計300億USドル（いわゆる「ファストスタート」の資金供与），さらに長期資金として2020年までに年間1000億USドルの資金供与を目標としている。さらに，これらの資金供給を行うため，新たに「グリーン気候基金」（Green Climate Fund）の設立が決定された。COP15ではコペンハーゲン合意そのものが留保されたため，これらの適応ファイナンスに関する決定も正式のものとはならなかったが，2010年末のCOP16で採択された「カンクン適応枠組」（Cancun Adaptation Framework）では，上述の短期・長期の資金供与，およびグリーン気候基金の設置が正式に決定された。同基金の具体的な制度設計に関しては，先進国15ヵ国，途上国25ヵ国で構成される「移行委員会」（Transitional Committee）が現在検討中である[10]。

　以上が気候変動枠組条約体制下における適応問題への取組みの概観であるが，その内容は，これまで同体制下における主要なアプローチであった緩和中心・消極的適応戦略の特徴を反映するものである。すなわち，気候変動への適応を主として開発途上国の問題として認識し，途上国を気候変動の「被害者」としてとらえ，様々な基金制度による先進国から途上国への資金移転を軸として適応ファイナンスの制度を構築するというアプローチである。一般に，財政学における費用負担原理としては，応益原理，応能原理，責任原理，連帯原理の4つを挙げることができるが[11]，上述の適応制度は，このうち責任原理を中心に組み立てられているといってよい。この原理は，先進国の歴史的・現在的な温室効果ガス排出増加への寄与度を重視する原理として解釈することが可能であり，主に先進国から途上国へのファイナンスを組織化する際に説得力を有する原理だからである。気候変動枠組条約の第4条第4項において，「付属書IIの締約国は，また，気候変動の悪影響を特に受けやすい開発途上締約国がそのような悪影響に適応するための費用を負担することについて，当該開発途上締約国を支援する」とあるのも，同様の趣旨に基づいている[12]。

　これを先述のロシアやデンマークの適応政策と比較すれば，積極的適応戦略の「新しさ」は明らかである。すなわちそこでは，適応行動や政策の場が途上国から先進国へと移されるとともに「被害＝加害関係」という問題設定の枠組

みが放棄され，気候変動の影響を受ける者は，「被害者」ではなく「適応者」として事態に直面することを強いられる（この問題は，後に第4章においてさらに立ち入って検討する）。さらに適応ファイナンスの編成原理としては，責任原理よりも保険制度などの応益原理が中心となる。それはまた，気候変動における「責任」概念そのものの後景化につながることになろう。

結論　新自由主義的適応戦略の形成

　2000年代に入り，気候変動の影響が次第に明らかとなる中で，積極的適応戦略という新しい気候変動戦略が出現した。それは，気候変動を単に被害論的にとらえるのではなく，グローバルな自然資源の再配分をもたらす「機会の集合」ととらえ，気候変動のもたらす利益を積極的に活かそうとする。またこの戦略は，気候変動に対する個人・企業の自律的適応を重視し，政府の役割は自律的適応を行う個別経済主体への情報提供や保険制度の整備など補完的な役割に制限する。気候変動の地政学的把握，被害の機会への転化，功利主義，個別経済主体による経済機会の利用とリスクへの対処，所有と技術革新の重視といった積極的適応戦略の特徴は，極めて新自由主義的な性格を有するものであり，まさに市場空間における環境統治の一類型とみなすことができる。

　本章では，近年の気候変動政治を分析する中から「積極的適応」の考え方を一つの戦略的理念として抽出することをめざした。しかし，積極的適応の影響はそれにとどまらない。現在，地球上で唯一，北極において，積極的適応戦略に基づく国際体制が形成されつつある。それが次章で検討する「北極評議会体制」である。

第1章　注
（1）　その典型例が，デンマークのビョルン・ロンボルグが主導する「コペンハーゲン・コンセンサス」プロジェクトである。これまでロンボルグは，徹底した費用便益分析の観点から緩和中心主義を一貫して批判してきた。2004年に彼が実施した「コペンハーゲン・コンセンサス」プロジェクトは，気候変動のほか，感染症，栄養不良と飢餓，補助金と貿易障壁，衛生と水問題，人口・移住問題といった世界規模の問題を費用便益分析の観点から優先順位をつけたもので，そこでは気候変動対策（炭素税や京都議定書）は最低レベルにランクされている（ロンボルグ 2004）。また，ロンボルグ（2008）では，やはり費用便益分析の観点から現時点で強力な緩和政策をとる

ことに反対し，予防原則についても，「地球温暖化の害を予防することに注目し，排出削減の費用がもたらす害は無視」するものとしてこれを批判している（ロンボルグ 2008:258-259）。その一方で，例えば，熱波による死亡率の上昇よりも寒波の減少による死亡率の低下が大きい，降雨の増加・氷河の減少により河川水が増大し水ストレス人口が減少する，といった点を指摘して温暖化がもたらすネットの正の便益を強調している（ロンボルグ 2008:31, 95, 183, 187）。このように，彼の主張は，適応中心・積極的適応戦略の代表例の1つと言ってよい。

（2） NIC（2009）は，①適応に利用可能な社会的・経済的資源，②人的資源，③一人当りGDP，④所得の平等，⑤未管理の国土の割合，⑥国土面積当り二酸化硫黄排出量，⑦人口密度，といった7つの指標を用いた世界160ヵ国の「適応能力」の数値化を行い，そのうちロシアを含む10ヵ国のランキングを紹介しており，ロシア32位，リビア34位，インドネシア45位，ベリーズ48位，メキシコ59位，中国75位，フィリピン91位，インド119位，モロッコ136位，ハイチ156位となっている（NIC 2009:33-34）。これをみると，ロシアは確かに適応能力の上位4分の1のグループに属してはいるが，気候ドクトリンの主張から抱くイメージほど高い能力を有しているようにはみえない。それはおそらく，気候ドクトリンにおいて挙げられている適応能力を規定する要因が主に自然環境的な要因であるのに対して，上述の分析では経済的・人的資源のあり方がより重視されているからであると思われる。

（3） この指摘は，ロシア地域エコロジーセンターのHP（http://climatechange.ru）の「適応」の説明による。同サイトは，ロシアの緩和・適応政策の現状を知る上で有益であり，本書も多くの点を参考にしている。

（4） なお，ロシアの緩和戦略については片山（2010）を参照。COP15においてメドベージェフ大統領は，温室効果ガスの排出量を2020年までに1990年比で25%削減し，エネルギー効率を40%改善することを表明したが，この目標はさしたる政策的努力がなくとも容易に達成でき，それゆえロシアの気候変動戦略を「緩和中心」と規定することはできない，というのがその趣旨である。Novikova et al.（2009）はロシアの緩和政策のシナリオ分析を行っており有益である。

（5） ダイヤー（2008）は，本格的な地球温暖化時代における世界政治・経済像をイメージする上で興味深い。そこでダイヤーは，温暖化が文明にもたらす最大の衝撃は食糧供給危機であることを指摘し，ロシアはカナダとともに食糧生産の勝ち組になること，「冷たい地中海」である北極海の権益をめぐる抗争が激化し，NATOが軍事同盟からエネルギーの争奪を目的とするブロックへ変質すること，中国からの環境難民がロシアに押し寄せ，中露国境における対立が激化すること，といったストーリーを描いている。

（6） こうした費用便益分析的な功利主義的アプローチに対しては，様々な批判がなされている。例えば，①総計の不可能性：功利主義哲学の背後には，気候変動によってある地域・主体にもたらされる否定的影響を，別の地域・主体における肯定的影響によって埋め合わせることができるという想定があるが，「勝ち」と「負け」を意味のある形で総計することはできない（Glantz 1995:51），②権利アプローチの軽視：「最大多数の最大幸福」を正義であるとする功利アプローチは，脆弱性を有する社会集団の利害を軽視しがちであり，それゆえ例えば「気候変動の危険な影響に曝されない権利」のような権利論的アプローチに基づいて戦略や制度を構築すべきである（Adjer et al.1996:13），③費用便益分析の不適切性：意思決定は国ないし国際的なレベルで行われるが，気候変動の影響が経験され適応が行われるのは地方である（Adjer et al.1996:10），また気候変動のレベルが低い第1ステップでは，適応コストは低いが緩和コストは高くなるため，両者を費用便益分析で比べれば適応が優先されてしまう（Schneider et al.1996:48），といった点である。私はこれらの批判におおむね同意するが，私自身は後に本書において主に②の論点に基づき代替的なアプローチを提示するつもりである。

（7） これはいわゆる「所有権社会」（ownership society）のイメージである。所有権社会とは，

私有化による社会政策と福祉国家の抜本的再編により形成される社会であり，年金など社会保障の私有化をはじめ，住宅・教育など社会政策分野における私有化と市場原理の徹底をその内容とする。これは1980年代以降，とくに英米における新自由主義的な改革過程において中心的な理念として位置づけられてきたものであり，サッチャー首相の標榜した「財産所有民主主義」ないし「民衆資本主義」の社会理念，また2000年代にブッシュ大統領の提起した所有権社会の理念はその代表的な事例である。所有権社会の内容とそれが環境政策に与える影響については，片山 (2008a) 第5章を参照。

(8) 気候変動枠組条約体制下における適応ファイナンスを含む気候ファイナンスの状況と問題点や論争については，邦語文献ではIGES (2009)，IGES気候変動グループ (2010)，FoE Japan (2011) などが参考になる。

(9) ソフト面に関する上記以外の取組みで重要なものとしては，「ナイロビ作業プログラム」(Nairobi Work Programme:2005-2010) が挙げられる。これはSBSTA (科学および技術の助言に関する補助機関) の下で行われ，締約国が脆弱性・影響および適応オプションの自己理解を改善し，それらの国が情報に基づいて意志決定するのを援助する目的で行われた。

(10) ただし，この新しいファイナンスの仕組みについてもすでに現時点で幾つかの問題点が指摘されている。第1に，資金の確保の問題である。ファストスタートの300億ドルのうち実際に資金供与されているのは113億ドル，全体の59%に過ぎない。長期資金に関しても，その内訳に広範な民間資金の利用が見込まれている現状では，目標となる資金額を調達できるかどうかは不明である。第2に，資金の「追加性」(additionality) の問題である。諸合意では，資金は「新規かつ追加的」なものとされているが，ファストスタート資金の多くは既存のODAなどを再パッケージ化したものに過ぎない。第3に，緩和と適応のバランスの問題である。従来の資金供給が緩和中心であったことをふまえ，諸合意では「緩和と適応のバランスのとれた配分」を行うこととされていたが，実際に適応に配分されている資金は全体の14%にとどまっている（以上の指摘は，主にCuming 2011を参照）。一般に途上国は適応重視，先進国は緩和重視で両者の間に対立があり，またそもそも「バランスのとれた配分」とは何か，という根本的な問題も解決されていない。第4に，希少な適応対策資金を各国間・プロジェクト間にどう配分するのかという問題も未解決である。コペンハーゲン合意では，適応対策資金について「後発開発途上国，小島嶼開発途上国及びアフリカ諸国のような最も脆弱な開発途上国に優先的に配分される」と述べているが，そうした脆弱性の定義や指標は作成されていない (Persson 2011:9)。

(11) 応益原理とは，政府の提供する公共サービスの受益に応じて租税を負担することが公正であるとする費用負担原理であり，市場経済における財・サービスの売買関係に最も近い形態である。これに対して応能原理は，租税は経済力に応じて負担することが公正であるとする費用負担原理であり，市場経済において不可避的に生ずる格差を是正する所得再分配の役割を果たす。責任原理は，ピグー厚生経済学のいわゆる私的限界便益と社会的限界便益の乖離に基づく「汚染者負担原則」(Polluter Pays Principle)，つまり環境汚染の費用を汚染者が負担すべきであるという原則をさす。連帯原理はフランス革命における「博愛」ないし古代ギリシアの「友愛」を理念とするもので，民族・宗教・階級などを越えた人類愛に基づく負担原理を意味する。

(12) ちなみに，連帯原理に基づく基金の代表例として「EU連帯基金」(European Union Solidarity Fund) を挙げることができる。これは2002年8月に中欧を襲った大洪水を契機に，2002年11月11日付理事会規則(EC)No2012/2002によって設立された基金である。本基金は，現在のEUにおける協調的適応の数少ない事例でもある。同規則では，「重大な災害時に，共同体は，災害に見舞われた地域における正常な生活条件の早期回復に寄与するための財政支援により，当該地域の住民との連帯を示すべきである」とその原理が述べられている。基金は，2002年価格で30億ユーロ以上（もしくはGNIの0.6%）の直接的被害をもたらした自然災害に際し

て，緊急措置への資金援助を行う。年間のシーリングは10億ユーロである。基金からの支払いは保険対象外の被害の補填に限られる。2002年から2011年にかけて，23ヵ国が合計で89件を申請し，うち48件が承認され，およそ24億9000万ユーロの支援を受けている。件数の最も多いのは洪水（41件）であり，森林火災（23件），嵐・サイクロン（11件）が続く。EU連帯基金はあくまで災害対応の基金であって，気候変動への適応措置を直接の目的に掲げている訳ではないが，上記のようにその多くは気候変動の影響を受けている可能性がある災害（ただし干ばつは対象外）に対して適用されている。それゆえ，EU連帯基金をより明示的に協調的適応の手段として位置づける，ないし適応目的の基金を新設する，といった提案もなされている。例えば『EU適応緑書』は，共同体の既存資金プログラムに適応を統合するという視点からEU連帯基金の評価が必要であること，また「とくに欧州において最も脆弱な地域および社会区分における協調的な適応戦略の実施を支援するため，適応に対するイノベーティブな資金提供が考慮されるべきである」と述べている（CEC 2007:20）。また，欧州委員会の報告書『EU連帯基金の将来』は，今後の連帯基金の改善方向の1つとして，気候変動に対するレジリアンスを高めるための有効な用具とすることを挙げている（EC 2011:20）。2007年に採択されたリスボン条約において，加盟国が天災・人災の犠牲になった場合にはEUおよび加盟国が共同で行動することを規定した「連帯条項」（Solidarity Clause）が盛り込まれたことも，こうした動きの現れの1つであろう。

　しかし，こうした基金アプローチによる協調的適応の実現可能性には疑問もある。連帯基金のパフォーマンスについては幾つかの問題点が指摘されているが，ここでは行論との関係でとくに以下の2点を指摘しておきたい。第1に，連帯基金は，モラルハザードと逆適応をもたらす危険がある。例えば，災害後の連帯基金の利用可能性が，予防措置や適切な保険制度を整備する意欲を政府から奪ってしまうという問題点が指摘されている。そのため災害後の救済資金を提供するよりも，各種保険とくに政府の提供するソヴリン保険のための再保険メカニズムとして機能する方が，政府による予防措置へのインセンティヴともなり，基金の役割としてより適切で効率的であるという主張もなされている（Hochrainer et al.2010）。これは基金を連帯原理ではなく保険原理によって再編しようとするものである。確かに理論的には，競争市場において価格付けされた保険商品は，気候リスクの経済的コストに関する正しい情報を提供する。企業や家計は自らの活動の「耐気候性」（climate-proofing）によって反応し，もし保険料が高すぎればよりリスクの少ない分野への移動によって反応すると想定される（OECD 2008:103）。ただ，保険制度は必ずしも全加盟国に同様に浸透している訳ではなく，また保険者は気候リスクに過大に課金したり，保険への加入を拒否したりするかも知れない（Rayner et al.2010:158）。しかも保険制度は事後的対応として行われ予防的機能を有していない。それゆえ，適応ファイナンスを保険制度に依拠することには限界があると思われる。

　第2に，気候変動における連帯には，災害における連帯とは異なる問題をはらんでいる。例えば，EU連帯基金の国別申請件数をみると，イタリア（16件）とスペイン（14件）が突出して多く，以下フランス（8件），ギリシア（5件）と続き，その他では中東欧諸国に2〜4件ずつといった状況である。逆に北欧地域にはほとんど申請はない。つまり，南部の地中海地域に災害が集中しているのが現状なのである。このように被害構造および負担構造が固定化された場合，そしてさらにそれが，ロシア気候ドクトリンにならって言えば「自然資源のリージョナルな再配分」という北部地域にとっての便益構造をも内包していると意識されるに至った場合に，災害復興支援と同じ意識での連帯の維持が困難となることが危惧される。

第2章

北極評議会

はじめに

　現在，北極海の海氷は急速に縮小しつつある。宇宙航空研究開発機構（JAXA）の観測によれば，2012年9月16日，北極海の海氷面積は349万km^2となり，観測史上の最小記録を更新した。2012年の北極海氷は，観測史上初めて400万km^2を下回り，これまで最小だった2007年9月の425万km^2から日本列島2つ分も縮小した。これは，1980年代の平均的な面積と比べると，半分以下の大きさにまで縮小したことを意味する[1]。地球温暖化による極氷のこのような急激な縮小は，北極圏の地域環境さらには地球のグローバルな環境に大きな否定的影響を与えるものであるが，その一方で，これまでは不可能であった北極海域の経済利用を可能にしつつある。とくに，北極海海底の石油・ガス資源を中心とする地下資源開発と北極海航路の利用は大きな利益を生み出すものと期待されている。2008年におけるアメリカ地質調査局の見積りによれば，北極圏の残存天然ガス埋蔵量は世界の全体の30％となる440億バレル，また未開発油井の13％となる900億バレルに達し，その84％が北極海のオフショア地域にある。北極大陸棚は「地球上に残された地理学的に最大の未開発石油期待地域」なのである[2]。そのため，1990年代以降，北極圏諸国は北極評議会という協議体を設立し，気候変動によって北極にもたらされる権益の囲い込みを図ってきた。いま，北極圏諸国を中心に形成されたこの新しい地域国際レジームを「北極評議会体制」と呼ぶことにすると，北極評議会体制は，気候変動のもたらす便益を積極的に享受しようとする「積極的適応」の志向性を有する体制であるということができる。

　第1章では，積極的適応戦略を主に「市場」の観点から考察してきた。積極

的適応戦略が市場原理に基づく新しい環境主義であることを明らかにし，市場主義的環境主義としてどのような特徴を有しているかを分析するのが前章の課題であった。それを受けて，本章では積極的適応戦略が主に「主権」ないし「所有」の観点から考察される。本章の目的は，積極的適応体制としての北極評議会体制において積極的適応と国家主権の論理がどのように現れているかを分析し，そのことを通じて，北極評議会における協調の本質を明らかにすることにある。以下本章では，まず第1節において北極評議会の構成と歴史的経緯を概観し，本体制が気候変動下でその性格を変化させ，積極的適応体制として自らを再構築していく過程をみる。次に第2節では，北極評議会の加盟国のうち北極海沿岸5ヵ国の北極に関する国家戦略を検討し，各国の北極戦略に開発の論理がどのように現れているのかを分析する。第3節では，北極評議会体制をもう1つの極地に関する国際体制である南極条約体制と比較することによって，開発と主権の論理が体制の構造に与えている影響を分析する。最後に第4節では，北極評議会体制が気候変動をどのようにとらえているのかを検討する。以上を通じて，北極評議会体制の積極的適応体制としての本質を明らかにしたい。

第1節　北極評議会の構成と変遷

　北極評議会（Arctic Council）は，1996年9月19日付の「北極評議会の設立に関する宣言」（通称「オタワ宣言」）によって設立された「ハイレベル協議体」（high level forum）である。同宣言は，北極評議会の目的として以下の4点を挙げている。① 北極に関する共通の課題，とくに北極における持続可能な開発と環境保護の課題に関して，北極先住民コミュニティの関与を得つつ，北極圏諸国の協調・調整・交流を推進する手段を提供すること。② 北極環境保護戦略下に設立されたプログラムを監督・調整すること。③ 持続可能な開発プログラムの業務内容を定め，監督・調整すること。④ 情報宣伝・教育振興を行い，北極関連の問題に関する利害関心を高めること。なおオタワ宣言では，北極評議会は軍事的安全保障に関する問題は取り扱うべきではないとされ

ている。

　次に，北極評議会のメンバーシップは三層構造をなしており，評議会を構成する主体は以下の３つのカテゴリーに分かれている。

　① 加盟国（Member States）：カナダ，デンマーク（グリーンランドとフェロー諸島を含む），フィンランド，アイスランド，ノルウェー，ロシア連邦，スウェーデン，アメリカ合衆国の８ヵ国からなる。これらは「北極圏諸国」（Arctic States）と呼ばれる。

　② 常時参加者（Permanent Participants）：このカテゴリーは，北極圏諸国に居住する先住民の代表に北極評議会への積極的参加と十分な助言（full consultation）の機会を与えるために設けられた。北極圏の先住民団体で，(a) 複数の北極圏諸国に居住する単一の先住民，あるいは (b) 北極圏諸国のうちの１国に居住する複数の北極先住民を代表する団体が，常時参加者として認められる。常時参加者は，北極圏諸国の数より少なくなければならない（つまり現状では７団体まで承認可能）。現在のところ，常時参加者は以下の６団体である：アリュート国際協会，北極圏アサバスカ評議会，グウィッチン国際評議会，イヌイット極域評議会，ロシア北方民族協会，サーミ評議会。

　③ オブザーバー（Observers）：北極評議会は，(a) 非北極圏諸国，(b) グローバルないし地域規模の政府間組織および議会間組織，(c) 非政府組織，に対してオブザーバーの資格を付与する。オブザーバーは閣僚会議などに招待され，議長裁量により会合での発言や文書の提出も可能である。現在のところ，(a) はフランス，ドイツ，オランダ，ポーランド，スペイン，英国，中国，イタリア，日本，韓国，シンガポール，インドの12ヵ国，また (b) は９団体，(c) はNGO11団体が認められている。なお (a) 非北極圏諸国12ヵ国のうち，中国以下の６ヵ国は，2013年５月の第８回閣僚会合において新たにオブザーバー資格が承認されたものである。

　北極評議会の下に，以下の６つの作業部会（Working Groups）が組織されている。これらのうち，①〜④までは北極評議会の前身である北極環境保護戦略の時代から存在していた作業部会であり，⑤と⑥は北極評議会設立後に新設された部会である。

　① 北極圏監視評価プログラム作業部会（Arctic Monitoring and

Assessment Programme: AMAP)。これはモニタリングに関する作業部会で，北極環境の現状と脅威に関する信頼性ある十分な情報を提供し，汚染物資に関する対症療法的・予防的行動に努める北極圏政府を支援するため，取られるべき行動に関する科学的助言を行うことを目的とする。

② 植物相・動物相保全作業部会（Conservation of Arctic Flora and Fauna: CAFF）。これは生物多様性に関する作業部会で，種・生息地の管理と利用に関する協力，管理技術と規制体制に関する情報の共有，より見識ある意思決定の促進を目的とする。

③ 緊急事態回避・準備および反応作業部会（Emergency Prevention, Preparedness and Response: EPPR）。汚染物質・放射性物質の事故による放出の脅威と影響から北極環境を保護することを目的とし，最適な実践に関する情報交換，ガイダンスとリスク評価の方法論・対処訓練・トレーニングの開発を含むプロジェクト実施を行う。

④ 北極圏海洋環境保護作業部会（Protection of the Arctic Marine Environment: PAME）。北極の海洋環境の保護と持続可能な開発を目的とし，北極海洋環境の汚染防止・生物多様性の保全・北極住民の健康と繁栄の推進・北極海洋資源の持続可能な利用を目的として北極評議会が 2004 年に採択した「北極海洋戦略計画」を支援する。

⑤ 持続可能な開発作業部会（Sustainable Development Working Group: SDWG）。1998 年に設立された持続可能な開発に関する部会で，北極に居住する人々の健康と福祉，持続可能な経済活動とコミュニティの繁栄，教育と文化遺産，子どもと青年，生物資源を含む天然資源の管理，インフラ開発を重点領域としている。

⑥ 北極圏汚染物質行動計画作業部会（Arctic Contaminants Action Program: ACAP）。この部会はもともと「北極における汚染除去のための北極評議会行動計画」の運営委員会であったが，2006 年に正式な作業部会となった。環境への汚染物質削減による汚染リスク低下を目的とする。

最後に組織運営について。北極評議会の意志決定は，北極圏諸国のコンセンサスによって行う。原則 2 年に 1 回，議長国にて閣僚会合を開催する。議長国は北極圏諸国が任期 2 年で持ち回りにより担当する。発足からこれまでの議長

国は，カナダ（1996-98），アメリカ（1998-2000），フィンランド（2000-02），アイスランド（2002-04），ロシア（2004-06），ノルウェー（2006-09），デンマーク（2009-11）であり，現在はスウェーデンが議長国である（2011-13）。北極評議会の方向性は，会期ごとにそれぞれの会議が行われた北極圏都市の名を冠して採択される宣言によって示される。1996年のオタワ宣言以降の宣言は，イカルイット宣言（1998），バロー宣言（2000），イナリ宣言（2002），レイキャビク宣言（2004），サレハルド宣言（2006），トロムソ宣言（2009），ヌウク宣言（2011），キルナ宣言（2013）である。

　以上が，北極評議会の組織概要である。次に，北極評議会の変遷について述べる。北極評議会の歴史的変遷をみることは，本組織の性格を理解する上で非常に重要である。北極評議会の変遷は，5つの画期とその際の国のイニシアティブを通じて整理できる。

（1）北極評議会の歴史は，「ゴルバチョフ・イニシアティブ」から始まる。冷戦時代，北極海は米ソが軍事的に対峙し，戦略兵器や原子力潜水艦が交差する地政学上の重要地域であった。そのため，1973年に北極海沿岸5ヵ国の間で締結されたホッキョクグマ保全条約のようなわずかな例外を除いて，地域に関する全般的な協力レジームを構築しようとする試みは存在しなかった。その状況が大きく変わるのが，1987年10月1日に当時のソ連共産党書記長ゴルバチョフが行ったムルマンスク演説である。ゴルバチョフはこの演説において，西側諸国に対し北極の諸問題に協力して対処していくことを呼びかけた。具体的には，北欧における核兵器凍結地帯の宣言，北欧に隣接する海洋における海軍活動の制限，北極資源利用のための平和協力，全人類的重要性を有する北極科学研究の推進，環境保護に関する北方諸国の協力，ソ連の砕氷船による北極海航路の開通などを提案した。ムルマンスク演説を受けて，1990年には国際北極科学委員会（International Arctic Science Committee: IASC）が設立される。これは北極評議会の加盟国を含む19ヵ国が加盟する組織で，北極域および全地球的な科学研究体制の推進を目的とする団体である。現在，国際北極科学委員会は北極評議会のオブザーバーとなっている。

（2）1991年に「フィンランド・イニシアティブ」の下，北極評議会の前身である「北極環境保護戦略」（Arctic Environmental Protection Strategy:

AEPS）が、北極圏諸国8ヵ国によりフィンランドのロヴァニエミで採択された。AEPS は北極圏におけるポスト冷戦の国際政治の大きな成果とされた。フィンランド・イニシアティブの背景には、ソ連による北極圏の核・放射能汚染をはじめとする深刻な汚染問題に対する同国の危惧があったと言われている。AEPS の目的は同戦略の第2条第1項において述べられており、そこでは以下の5点が指摘されている。① 人間を含む北極生態系を保護すること、② 環境の質の保護・向上・回復および北極圏における地域住民と先住民族による利用を含む天然資源の持続的利用（sustainable utilization）のための準備を行うこと、③ 北極環境の保護に関して、先住民族が自ら定める伝統的・文化的ニーズ、価値と実践を理解し、可能な限り便宜を図ること、④ 北極環境の状態を定期的にレヴューすること、⑤ 汚染を同定し、削減し、最終的には除去すること。また、AEPS は北極圏における注意を要する環境問題として、残留性有機汚染物質（POPs）、油濁汚染、重金属汚染、騒音、放射能汚染、酸性化の6つを同定している。これらは、油濁汚染、騒音、放射能汚染のように北極圏域内が主要汚染源であるものと、POPs、重金属汚染、酸性化のように北極圏の域外に主要汚染源があるものとに分けられる。また AEPS には、後の北極評議会の作業部会を構成する4つのオリジナルな作業部会（AMAP, CAFF, EPPR, PAME）が組織された。

(3) 1996年には、「カナダ・イニシアティブ」の下に北極評議会が結成され、AEPS がこれに発展的に解消されることとなる。北極評議会の概要は上述の通りであるが、AEPS との違いとしては、組織の目的に「持続可能な開発」が盛り込まれたこと、加盟国・常時参加者・オブザーバーの三層からなるメンバーシップが導入されたことが重要である。のちに論ずるように、この2つは相互に関連しつつ北極評議会の本質的要素を構成している。

(4) アメリカは、もともと北極圏における地域協力に消極的であったが、北極評議会設立後は、その気候科学における優位性を活かして調査研究における積極的なイニシアティブを発揮するようになる。この「アメリカ・イニシアティブ」の下、2004年に公表されたのが『北極気候影響評価書』（Arctic Climate Impact Assessment: ACIA）である。これは北極評議会の AMAP と CAFF、および国際北極科学委員会が共同で作成した北極圏の気候変動に

関する初の包括的な評価書であり，その内容は 1000 ページ以上に上る膨大なものとなっている。もともと，北極評議会の前身である AEPS の主要な関心は先述の6つの汚染問題にあり，当初は気候変動にはそれほど大きな注意が払われていなかった（気候変動枠組条約の成立は，AEPS 設立の翌年の 1992 年である）。それが北極評議会において気候変動への関心が次第に高まり，本報告書の作成に至ったものである。

　ACIA は，北極圏が観察される・予測される気候変動とその影響に対して極めて脆弱であり，現在地球上で最も急激かつ深刻な気候変動を経験していると述べている。また北極圏では今後 100 年間で気候変動が加速し，大きな物理的・生態的・社会的・経済的変化をもたらすと指摘し，そのうちの多くはすでに始まっていると警鐘を鳴らしている。そして ACIA は，調査結果を以下の 10 点にまとめている：① 北極の気候は急速に温暖化しつつあり，はるかに大きな変化が予測される。② 北極の温暖化とその帰結は，世界規模の含意を有している。③ 北極植生地帯の遷移が起こる可能性が極めて高く，それは広範な影響を引き起こす。④ 動物種の多様性・生息域・分布が変化する。⑤ 沿岸コミュニティと施設の多くがますます嵐にさらされるようになる。⑥ 海氷の減少により，海運と資源へのアクセスの可能性が増大する。⑦ 地面の融解が輸送・建築物その他のインフラを崩壊させる。⑧ 先住民コミュニティは，大きな経済的・文化的影響に直面している。⑨ 紫外線の強度の上昇が，人間や動植物に影響を与える。⑩ 多様な影響が相互作用により人々と生態系に影響を引き起こす（ACIA 2004:10-11）。

　本報告書の発表は，北極圏において温暖化および海氷の融解が予想以上に進行していることを示すものであり，世界に衝撃を与えた。とくに上記①に関して，ACIA は，北極圏の年平均気温は世界の他地域に比べて2倍の速さで上昇しており，今後 100 年間で 4〜7℃ の上昇が予測されると述べている。しかしそれはまた，北極圏諸国による北極開発の機運と資源開発競争の緊張を一挙に高めることとなった。それを象徴する出来事が，2007 年 8 月 2 日，ロシアの有人潜水艇ミール 1 号・2 号が北極点にロシア国旗を立てた事件である。このセンセーショナルな行為によって，北極は国家による資源獲得競争のホット・スポットとして一躍注目されるようになった。

(5) こうした中，北極海の統治上重要な意味をもつ会議が2008年に開かれた。「デンマーク・イニシアティブ」の下に開催された「北極海会議」(Arctic Ocean Conference) である。これはデンマーク外相スティ・メラーとグリーンランド首相ハンス・エノクセンの招聘により，北極海に直接の権益を有する沿岸5ヵ国（デンマーク，カナダ，ノルウェー，ロシア，アメリカ。以下「北極海沿岸諸国」と総称）の閣僚がグリーンランドのイルリサットに会して北極海の今後を話し合ったものであり，5月28日には「イルリサット宣言」を発表した。それゆえ，この一連の政治過程は「イルリサット・イニシアティブ」とも呼ばれる[3]。宣言は，気候変動と氷の融解が脆弱な生態系，地域の住民と先住民コミュニティの生活，および天然資源の開発に影響を与える可能性があるが，北極海沿岸5ヵ国は，北極海の広範な地域におけるその主権，主権的権利および管轄のためにこれらの可能性と挑戦を扱うユニークな地位にあると述べている。そして，国際海洋法は沿岸5ヵ国および北極海のその他利用者による責任ある管理の強固な基盤を提供しており，それゆえ北極海を統治するための新しい包括的な国際法レジームは必要ないと主張している。さらに，沿岸5ヵ国は北極海のユニークな生態系を保護するスチュワードシップ的役割を有しており，脆弱な海洋環境保護のための措置をとっていくことが述べられている。

以上が北極評議会の変遷である。北極評議会体制はその前身であるAEPSを含めると20年ほどの歴史を有するが，その過程で体制の性格は「環境」から「開発」に大きくシフトしてきた。それは，北極評議会体制において「持続可能な開発」(sustainable development) の概念が次第に前面に押し出されるようになったことに示されている。AEPSの設立目的にも示されている通り，冷戦の負の遺産と環境汚染問題のグローバル化への対処が北極評議会体制のそもそもの出発点であった。またAEPSの設立目的では，北極圏の自然利用も，地域住民とくに先住民族による天然資源の「持続可能な利用」として，主に再生可能資源の生業的利用が想定されていた。一方，気候変動問題は，AEPSの設立時には主要な問題としては認識されていなかった。しかし，すでに1993年にはAEPS内に「持続可能な開発と利用タスクフォース」(Task Force on Sustainable Development and Utilization: TFSDU) が設立さ

れている。これは明らかに，1992年の「環境と開発に関するリオ会議」の影響である（Koivurova et al.2009:54）。そして1996年の北極評議会設立時には，設立目的に「持続可能な開発」の概念が「持続可能な利用」に代わって明記され，「持続可能な開発作業部会」（SDWG）が新設されることとなる。こうした変化の背後に，気候変動による北極圏の開発可能性の増大があることは明らかであろう。

　北極評議会は，「持続可能な開発」の概念をどのように理解しているのだろうか。北極評議会の設立宣言であるオタワ宣言においては，その立ち入った規定は見当たらない。同概念に対する積極的な言及がみられるようになるのは，2002年の第3回閣僚会議（フィンランド）において採択された「イナリ宣言」からである。その「生物多様性保全と天然資源の利用」の項目では，「北極の先住民・地域コミュニティの環境保護と持続可能な開発を推進するため，多くの北極地域における石油・ガス・金属・鉱物の開発が地域の生活水準に与える潜在的影響力を理解し，緊急事態の防止を含むこれら資源の責任ある管理運営の重要性を強調する」こと，また「天然資源の開発と利用が先住民・地域コミュニティの伝統的な生活源 traditional sources of livelihood に対して与える影響に特別の注意を払う必要があることを認める」ことが述べられている。さらに2006年の第5回閣僚会議（ロシア）で採択された「サレハルド宣言」では「持続可能な開発」の項目があり，そこでは「先住民族その他北極住民の福祉の向上と貧困の根絶」および「北極圏における生活条件の改善と経済機会の推進，能力構築・教育・調査のような措置を通じた北極コミュニティの強化の必要性」が強調され，「伝統的な生計に対する近代的開発の潜在的影響力に留意しながら，北極圏住民とりわけ先住民とその組織の持続可能な開発に果たす決定的な役割を強化」すると述べられている。このように北極評議会は，「持続可能な開発」を石油・ガスをはじめとする枯渇性資源を環境に配慮しながら開発することととらえている。またそこでは，「持続可能な開発」は先住民族による北極圏自然の伝統的利用と対立するものとして把握され，彼らの伝統的自然利用に配慮を示す一方で，その「福祉向上と貧困撲滅」のために先住民族を「近代的開発」に積極的に参加させることがうたわれている。われわれの言葉で言えば，北極評議会の「持続可能な開発」は枯渇資源空間に属す

る開発主義的な概念であり，またそれは，先住民族の経済空間の再生資源空間から枯渇資源空間への転換プロセスをともなうものである。

　北極評議会体制における「環境」から「開発」への関心のシフトは，北極圏に対する「所有」の問題を顕在化させる。それは，イルリサット宣言のイニシアティブをとったデンマークのメラー外相が，英国チャタム・ハウスで2007年6月に行った演説「気候変動－外交および安全保障政策」において述べた「我々は，今すぐにでも一体だれが北極を所有するのかという点を議論し，決断を下さなければならない」という言葉や，カナダのハーパー首相が述べた，北極主権の第1ルールは「利用するか失うか」であるという言葉に端的に現れている[4]。北極所有の問題は，ただちに，北極をいかなる国家主権がどのように管理するのかという問題を惹起する。われわれの言葉で言えば，北極における新たな主権＝所有権レジームの構築が要請される。北極評議会における北極利用の意味が先住民族による伝統的自然利用に限定されていた間には，このような問題はおそらく生じなかったであろう。つまり「持続可能な開発」が，主権＝所有権レジームの構築を要請するのである。それはまた，北極問題とは環境問題よりもむしろ領土問題であるという，北極をめぐる基本的な問題設定のシフトをともなうものでもあった。

　イルリサット宣言にあるように，北極海沿岸5ヵ国は，この問題を国連海洋法の枠組で処理可能であると主張する。それは北極海を大陸棚や排他的経済水域など国家主権に基づく「領海」の仕組みで処理することを意味しており，言いかえれば，いわゆる北極条約構想，すなわち南極条約のような領土主権の凍結に基づく北極統治の構想を明確に拒否するものであった。国連海洋法条約は1982年に採択，1994年に発効した条約であり，2013年1月現在162ヵ国が批准しているが，批准国の多くが1990年代に批准を終えている。北極海沿岸5ヵ国のうちアメリカ以外の4ヵ国は国連海洋法条約を批准しているが，ノルウェーが1996年，ロシアが1997年に批准しているのに対して，カナダは2003年，デンマークの批准は2004年である。こうして2000年代前半までに，北極海沿岸5ヵ国のうち4ヵ国が大陸棚や排他的経済水域を形成する国際的権利を得，北極海を領海分割する条件が整えられた。その結果北極海は，北極周辺の若干の公海領域を残して，そのほとんどの海域が領海分割されるに至って

いる[5]。イルリサット宣言は,「北極圏を平和と協調の地域に保ち, 重複する領土的要求を処理する」(Conley and Kraut 2010:13) という北極評議会の役割を強化するものであると同時に, 北極海沿岸5ヵ国が北極評議会の他の3ヵ国をも排して海洋法に基づく北極海の領土的統治を行う姿勢を明確にし, 沿岸5ヵ国による北極海の「囲い込み」を決定づけるものである。

このように, 北極評議会の変遷を一言で要約すれば, 環境保全と国際協力のための組織から, 開発と主権による領土分割および主権の相互調整のための組織への変質とまとめられる。北極評議会は, 北極圏諸国とりわけ北極海沿岸諸国による「排除と協調」の体制となったのである。

第2節　各国北極戦略における開発の論理

次に, 北極圏沿岸諸国の国別の北極戦略において, 開発と主権の論理がどのように現れているかを検証する。本節では, 各国の北極戦略における開発の論理の有する性格がさらに立ち入って分析される。

一般に, 国家戦略における開発の論理は, 国家の論理, 資本の論理, 地域の論理の3つに区分することが可能であると思われる。国家の論理においては, 開発が主に国益や国際社会における当該国家のプレゼンスの増大といった観点から論じられる。ここでは主権は, 開発を通じて自己自身の力を増大させるものとして現れる。資本の論理では, 開発は自国産業によるビジネスや利潤獲得の機会, ないし国民経済や国内産業の競争力の向上の機会としてとらえられ, また主権はその政策的なバックアップや市場条件・競争条件を整備するものとして現れる。地域の論理では, 開発は国内における当該地域社会の社会経済的発展や自立という見地から語られ, 主権は地域社会の発展と自立をサポートするものとして現れる。また北極圏の場合には, 先住民の経済的福祉の向上も地域の論理を構成する重要な要素となるであろう。もちろん, 一国の開発戦略にはこの3つの論理が全て含まれているであろうが, 戦略の中で何が最も重視されているのか, 開発の論理を中心的に支えているのは何であるのかという観点から国家の開発戦略を類型化することは可能である。

はじめに、各国戦略のプライオリティ・リストを中心にその北極戦略を概観しよう（以下の記述は各国北極戦略のほか、主に Heininen 2012 を参照している）。

　(1) カナダ：北極戦略の基本文書は、カナダ政府が 2009 年に発表した『カナダの北方戦略—われらが北、われらが遺産、われらが未来』(Government of Canada 2009, 以下「北方戦略」と略）である。またその翌年には、『カナダの北極外交戦略に関するステートメント』(Government of Canada 2010, 以下「ステートメント」と略）が発表されている。カナダの北方戦略は、①カナダの北極主権の行使、②社会・経済開発の推進、③カナダの環境遺産の保護、④北方ガバナンスの改善と発展、の4本柱から構成されている。このうち最も重視されているのは北極主権の行使である。それには北方における強固なプレゼンスの維持、当該地域に対するスチュワードシップの強化、領域の定義、地域に関する知識の深化が含まれる。また「北方戦略」では、今日の北方には巨大な諸機会が存在することをカナダ政府は認識しており、そのため政府は国の歴史にこれまでにない多くの資源と注意を北方問題に注いでいること、ダイヤモンド鉱山や石油・ガス田の開発から漁業や観光業の発展まで北方の巨大な経済的ポテンシャルが開かれつつあることなど、北極開発に対する期待が述べられている[6]。

　(2) デンマーク：2008 年に発表されたデンマーク・グリーンランド両政府による『移行の時にある北極』では、グリーンランドの発展と自立性の強化、および北極における主要プレーヤーとしてのデンマークの地位の維持がうたわれている。その後 2011 年には、デンマーク・フェロー諸島・グリーンランドの3外務省により『デンマーク王国の北極戦略 2011-2020』(Ministry of Foreign Affairs 2011) が採択された。本戦略の序文では、気候変動により北極に巨大な経済的機会が開かれつつあることが強調されており、今後数十年にわたって北極圏における「多面的なブーム」が期待できること、新しい機会と挑戦を積極的に取り扱うべきことが述べられている。そして、デンマーク王国は三者の平等なパートナーシップの下で、①平和で保障された安全な北極のために、②自立的な成長と開発をともないつつ、③北極の脆弱な気候・環境・自然に配慮しながら、④国際パートナーとの密接な協力の下で活動する、

と戦略の方向性が述べられている（Ministry of Foreign Affairs 2011:9-11）。

　（3）ノルウェー：北極戦略の基本文書は，2006年に外務省が発表した『ノルウェー政府のハイ・ノース戦略』（Norwegian Ministry of Foreign Affairs 2006, 以下「2006年戦略」と略）である[7]。その後2009年には，同じく外務省より『北方における新構築ブロック―政府のハイ・ノース戦略における次のステップ』（Norwegian Ministry of Foreign Affairs 2009, 以下「2009年戦略」と略）が発表されている。「2006年戦略」は，「政府の政策の全般的な目的は，ハイ・ノースにおける持続可能な成長と開発を創造することである」と述べ，以下の7つの政治的プライオリティを掲げている。① 信頼できる・一貫した・予測可能な方法でハイ・ノースにおけるノルウェーの権威を行使する。② ハイ・ノースにおいて，ハイ・ノースに関する知識を発展させるため，国際的な努力の先頭に立つ。③ ハイ・ノースにおける環境と天然資源の最善のスチュワードであるよう努める。④ バレンツ海における石油活動のさらなる発展のための適切な枠組を提供し，これらの活動によるノルウェー全般とくに北部ノルウェーの競争力の向上と地方・地域のビジネスの発展の促進を確保する。⑤ ハイ・ノースにおける先住民族の生計・伝統・文化を守る上で一定の役割を果たす。⑥ ハイ・ノースにおける人的協力関係を発展させる。⑦ ロシアとの協調を強化する。「2009年戦略」は，戦略的プライオリティ領域として以下の7点を挙げている。① ハイ・ノースにおける気候・環境関連の知識の発展。② 北方水域におけるモニタリング・緊急事態対応・海洋安全システムの改善。③ オフショア石油と再生可能海洋資源の持続可能な開発の推進。④ オンショアビジネス開発の推進。⑤ 北方におけるインフラのさらなる発展。⑥ 北方における断固たる主権の行使と国境協力の強化の継続。⑦ 先住民族の文化と生計の保護。

　（4）ロシア：北極戦略の基本文書は，2008年9月18日付ロシア連邦大統領承認「2020年までの期間のそれ以降の展望における北極におけるロシア連邦の国家政策の基礎」である（以下，「北極政策の基礎」と略）。ここでは，サハ共和国（ヤクーチア），ムルマンスク州，アルハンゲリスク州，クラスノヤルスク地方，ネネツ自治管区，ヤマロ・ネネツ自治管区，チュコトカ自治管区の

全部または一部が「ロシア連邦の北極地帯」に属するものとされている（第2条）。次に，国家戦略の形成に影響を与えるロシア北極地帯の特徴として，① 北極海における恒常的な覆氷や流氷を含む極端な自然・気候条件，② 領土の産業的・経済的開発の発生源的性格と低い人口密度，③ 主要産業中心地からの遠方性，経済活動と住民生活の高い資源集約性と燃料・生活日常品のロシア他地域からの供給に対する高い依存性，④ 地球の生物学的均衡と気候を規定する生態系の低い安定性，およびよく分かっていない人間活動の影響に対する依存性，の4点が指摘されている（第3条）。そして本戦略は，北極におけるロシアの国益として，以下の4点を挙げている。① ロシア連邦の北極地帯を，国の社会経済的発展の課題の解決を保証する，ロシア連邦の戦略的資源基盤として利用すること。② 北極を平和・協力地帯として維持すること。③ 北極のユニークな生態系を保存すること。④ 北極海航路を北極におけるロシア連邦の国民的単一輸送路として利用すること（第4条）。

（5）アメリカ：北極戦略の基本文書は，2009年の「国家安全保障大統領指令/NSPD-66・国土安全保障大統領指令/HSPD-25」（以下「大統領指令」と略，引用は条・項の番号と文字で示す）である。本指令では，米国の北極政策として，以下の6点が挙げられている（3-A）。①北極圏に関する国家安全保障・国土安全保障の必要を満たすこと。② 北極環境を保護しその生物資源を保全すること。③ 当該地域における天然資源管理と経済開発の環境的な持続可能性を保証すること。④ 北極圏諸国8ヵ国の協調のための制度を強化すること。⑤ 北極の先住コミュニティをそれらに影響を与える決定に関与させること。⑥ 地方・地域・グローバルな環境課題の科学モニタリングと調査を強化すること。アメリカの北極戦略の最大のプライオリティは安全保障にあり，またカナダと係争のある北極海航路に関しても「海洋の自由はわが国のトップ・プライオリティである」（3-B-5）とその重要性が強調されている。一方，北極圏沿岸諸国の北極戦略の中で開発色が最も少ないのもアメリカの北極戦略の特徴である。

以上が北極海沿岸諸国の北極戦略である。これらのプライオリティ・リストからも分かるように，北極圏の資源開発，とくに北極海のオフショア石油・ガス開発を，各国とも北極戦略の重要な目的の1つに位置づけている。この開発

志向性が，北極評議会体制を積極的適応体制へと転換させた大きな動力であることは言うまでもない。

その一方で，各国の北極戦略が展開する開発の論理には，かなり明確な違いもみてとることができる。北極海沿岸諸国の中で「国家の論理」を前面に押し出しているのはロシアである。ロシア「北極政策の基礎」は，その第5条において「国益は北極におけるロシア連邦の国家政策の主要目的，基本課題，戦略的プライオリティを規定する」と，国益重視の姿勢を驚くほどはっきりと打ち出している。すでにみたように，ロシアは，北極資源を国家全体の産業的経済的源泉たる「戦略的資源基盤」として位置づける一方で，自然条件の厳しさ，経済活動・生活の高コスト性などを北極地域の特徴として指摘している。また北極における「地域の論理」の中心をなす先住民族に関しては，例えば他国の北極戦略にはしばしばみられる先住民の社会経済的・文化的アイデンティティについての言及が「北極政策の基礎」には全く存在せず，むしろ北極圏の「人口密度の低さ」が強調される。他の記述では，国家政策の戦略的プライオリティに関する第7条において10項目のうち8番目にその「生活の質と経済活動の社会的条件の改善」が挙げられているのと，国家政策の主要目的に関する第8条において先住民の教育プログラムと観光業の発展が言及されているくらいである。このように，北極を徹底して国家による資源開発の地としてとらえるロシアの視点は，他の国々の北極戦略と著しい対照をなしている。

ロシアの北極戦略にみられるむき出しの国家の論理は，北極資源開発にロシア国家が有する死活的利害を表現するものである。ソ連崩壊後の混乱の中で国内的・国際的に辛酸をなめ，その後国家が石油・ガス資源を掌握する「プーチン・モデル」によって強国としての地位を回復したロシアにとって，北極海の資源開発は強国の地位を維持しつづける上で不可欠となっている。ロシア国家にとって北極は単に氷に覆われた原生地域ではなく「物質的力と国力の源泉」であり，それゆえロシア国家の観点からは，北極資源生産は「選択ではなく戦略的必要性」（Emmerson 2010:57, 205）なのである。

これに対して「資本の論理」中心の開発戦略として分類できるのは，アメリカとノルウェーであろう。アメリカ「大統領指令」におけるトップ・プライオリティは安全保障にあり，その意味では国益的色彩の強いものであるが，開発

分野に関しては資本の論理を中心に政策が組み立てられているといってよい。アメリカが重視する北極海の海洋の自由も，北極海における海洋商業の発展が主たる動機となっている (3-F)。また資源開発については，アメリカが主権的権利を行使する大陸棚はエネルギー安全保障，資源管理，環境保護の点で国益にとって決定的であると述べる一方で (3-D-1)，北極全域における石油・ガス開発に関してアメリカは「先住民・地域コミュニティの利害と開かれた透明な市場原則を考慮に入れ，北極全域におけるエネルギー開発が環境的に健全な方法で起こることを保証する」(3-G-2) と述べている。

　ノルウェーのハイ・ノース戦略は，北極海沿岸諸国のなかで「ビジネス戦略」の色彩が最も濃いものとなっている。その内容として重要なのは，第1に「知識」の重視である。「2006年戦略」では，「知識はハイ・ノース戦略の核にあり，それは環境管理，資源利用，価値創造と密接に関連している」と述べ，ノルウェーは石油生産，海洋輸送，環境保護，気候・極地研究，先住民研究の分野において国際的に最先端の位置にあり，政府はこの「知識インフラ」の強化をめざすとしている。また「教育・能力・知識はハイ・ノースにおける機会を実現するための鍵を提供する」と，北極開発を担う人材を育成するための教育も重視されている。知識戦略推進のキー・プレーヤーはノルウェー・リサーチ・カウンシル (Research Council of Norway) であり，その他トロムソ大学，ノルウェー極地研究所，海洋調査研究所，アクヴァプラン-ニヴァ，ノルウェー自然調査研究所，ノルウェー大気調査研究所，ノフィマ，ノルウェー放射能防護機関などが主導的機関として位置づけられている[8]。第2に，持続可能性とバランスを重視した資源開発に基づくブランド戦略の推進である。もともとノルウェーのオフショア石油ガス開発の技術には定評があるが，とくに2006年に作成された政府文書「バレンツ海とロフォーテン諸島沖の海洋環境の統合的管理」において打ち出された「生態系ベースの管理計画」(ecosystem-based management plan) の考え方は，生態系の構成・機能・生産性を維持しながら天然資源の持続可能な利用を行い，環境保全・漁業・石油ガス開発の長期的なバランスを追求するためのフレームワークを提供している。そしてノルウェーがこれらの点で信頼性を獲得し「ハイ・ノースにおけるベスト・スチュワード」になることがめざされている[9]。第3にロシアとの国際

協力の重視が挙げられる。ノルウェー政府は対ロシア政策の基本を「プラグマティズム，利益，協調」におき，「ノルウェーがバレンツ海における石油資源の健全な開発に関してロシアとの緊密な協力を発展させることは，政府の野心である」とその意図を率直に述べている[10]。知識と環境のブランド力を活かし，自国資源のみならず，十分なオフショア石油・ガス開発のノウハウをもたないロシアに積極的な商機を見出そうとしているのである。

　一方，石油・ガス開発において「地域の論理」が重視されているのがデンマークとカナダである。デンマークの北極戦略は，「北極圏の戦略は，何よりもまず北極住民に便益を与える開発のための戦略である」と位置づけ，「そのような開発は，北極の人々が自分たち自身の資源を利用し開発する権利の基本的尊重を内包する」と述べている（Ministry of Foreign Affairs 2011:10）。またカナダの「北方戦略」でも，「北方における経済社会開発は，北極圏の巨大なポテンシャルを持続可能な方法で実現し，北方住民 Northerners が開発に参加しそこから便益を受けることを保証するのに役立つ」とされ，「北方住民とともに働くことを通じて，北方戦略は自己充足的で活気あり健全な北方コミュニティの建設に役立っている」と述べられている。また北方戦略では，これまでカナダ政府が北方住民の住宅・健康・福祉の向上のために様々な財政支援や社会移転を行ってきたことが指摘されるとともに，急激に変化する経済において必要な技能・知識・資格を北方市民が獲得することを保証するため，また鉱業・石油ガス・水力などの主要産業において先住民の持続可能な雇用を作り出すために，カナダ政府が様々な支援プログラムを実施してきたことが述べられている（Government of Canada 2009:14, 20-21）。またカナダ北方戦略で興味深いのは，「北方 the North はカナダのナショナル・アイデンティティにとっての中心である」と，北極を国のアイデンティティとの関連で論じていることである。その際，北方戦略では，イヌイットその他の先住民族の長年にわたる存在と何世代にもおよぶ探検・調査の遺産がカナダ史の根本をなすと述べられており，またカナダは北極評議会の常時参加者6団体と密接に連携していること，これら6団体のうち3団体がカナダに強固なルーツを有していることなど（Government of Canada 2009:3, 13），カナダの北方アイデンティティを構成する要素として先住民の存在が重視されている。

このように，北極評議会における開発の論理は，そのうちに国家の論理・資本の論理・地域の論理という異なる戦略的論理を内包させつつ，総体として開発体制としての北極評議会体制を形成している。北極評議会体制は，これらの国別で異なる開発の論理をプールし体制全体の属性として表現するためのシステムとなっている。例えば，ロシアやアメリカの国家戦略には地域や先住民の論理はほとんどないが，デンマークやカナダによるそれらの論理がプールされることによって，北極評議会体制の総体的な特徴として地域の論理が表現される。

また，北極評議会は上記の3つの開発論理の複合体として存在しているが，資源開発の死活性・切実性や，北極海沿岸国としての国土の大きさや経済力などからみて，開発の中心的動力となっているのはロシアの「国家の論理」であると言ってよい。北極開発は，ロシアの粗暴で荒々しい国家の論理を機動力としつつ，それを資本の論理と地域の論理で補完するという構造になっている。それは北極に巨大な開発圧力をもたらすと同時に，のちにみるように，北極評議会体制に特有の不安定性を与えることになるであろう。

第3節　北極評議会体制と南極条約体制の比較分析

次に本節では，北極評議会体制を南極条約体制と比較することによって，北極評議会体制の構造に開発と主権の論理がどのような影響を与えているかをみることにする。

まず，南極条約体制について簡単に確認しておこう[11]。南極条約体制は，南極条約とそれを補完する一連の条約から構成される国際体制である。南極条約（Antarctic Treaty）は1959年に採択され1961年に発効した条約で，2012年1月現在の条約締結国は48ヵ国である。南極条約は，①南極の平和的利用，②科学的調査の自由と国際協力，③領土権・請求権の「凍結」，④核爆発・放射性物質の処理の禁止，の4つの基本原則からなる。もともと南極では，「クレイマント」（claimant）と呼ばれる7ヵ国の領土権主張国（英国，ニュージーランド，フランス，ノルウェー，オーストラリア，チリ，アルゼン

チン）が存在し，その他にもクレイマントの領土権またはその請求権を否定しつつ自国の領土権・請求権は留保する「潜在的クレイマント」（アメリカ，ソ連）およびクレイマントの領土権・請求権を否定する「ノンクレイマント」（日本，ベルギー，南アフリカ）が存在したが，南極条約はクレイマントの主権要求を「凍結」することにより領土の問題を処理したのである。南極条約は，南緯60度以南の「南極条約地域」に適用される。

　南極条約体制の運営は「南極条約協議国会議」（Antarctic Treaty Consultative Meeting: ATCMs）が行い，この会合に代表者を送る資格を有する国は「南極条約協議国」（Antarctic Treaty Consultative Party: ATCP）と呼ばれる。協議国会議は情報交換，理解関係事項に関する協議，条約目的のための措置の立案・審議・採択を行う。当初は2年に1度の開催であったが，下記のマドリッド議定書締結以降は毎年開かれるようになっている。協議国には，原署名国12ヵ国（クレイマント＋潜在的クレイマント・ノンクレイマント）のほか，南極において「実質的な科学研究活動」を行う締約国が含まれる。現在，協議国は28ヵ国，非協議国は20ヵ国となっている。

　南極条約のほか，南極における生物資源に関して以下の3つの主要な合意文書が作成され発効している。それは1964年の「南極の動物相及び植物相の保存のための合意された措置」（以下「合意措置」と略），1972年の「南極のあざらしの保存に関する条約」（以下「あざらし条約」と略），1980年の「南極の海洋生物資源の保存に関する条約」（以下「生物資源条約」と略）である。また非生物資源（鉱物資源）に関しては，1988年に「南極鉱物資源活動の規制に関する条約」（以下「鉱物資源条約」と略）が作成されたが，環境保護運動などの批判にさらされ発効の見込みがなくなり，1991年には南極全体の包括的な環境保護を目的とし「鉱物資源活動」の禁止を定める画期的内容を盛り込んだ「環境保護に関する南極条約議定書」（マドリッド議定書）が採択され，1998年に発効するに至っている。

　以上が南極条約体制の概要である。北極評議会体制と南極条約体制には様々なレジーム上の相違があるが，主権と開発（および環境）の論理に注目すれば，重要な相違点として以下を指摘できる。第1に，地域における国家主権の位置づけが両地域では全く異なる。南極条約はクレイマントの領土主権を「凍

結」し問題を棚上げすることにより，領土主権の帰属を決定することなく南極の「機能的国際化」を達成した（池島 2000:44）。これが「不合意の合意」（agreement to disagree）と呼ばれるものである。それゆえ南極条約体制下では，「南極条約地域」すなわち南緯60度以南の南極大陸および南極海に領域主権は存在しない。一方北極では，全陸地（大陸および島）は北極圏諸国の確固とした主権下にあり，北極海は国連海洋法の適用によりその多くの部分が北極圏諸国の排他的管轄下にある。

これは，北極評議会体制に関してしばしば言及されるその「ソフト・ロー」的な性格と関連している。一般にソフト・ローとは，個別国家間の非条約合意や国際組織の非拘束的決議・宣言，国際規制の手段としての規準やガイドラインなど，法的拘束力をもたない国家間合意をさし，国際法学上ハード・ローと対比される概念である[12]。要するに，超主権的枠組と個別国家の主権のどちらが制度形成および意思決定で優先されるかにより，ソフト・ローかハード・ローかが決まると言ってよい。北極評議会の創設や意思決定が宣言形式で行われていること，規制手法が基本的に作業部会の作成する各種ガイドラインであることなどはそのソフト・ロー的性格の現れであり，ハード・ローとしての性格を有する南極条約と著しい対照をなしている。

第2に，両体制のメンバーシップ構造の相違である。すでにみたように，北極評議会体制のメンバーシップは加盟国・常時参加者・オブザーバーの三層構造から成っているが，これは明らかに北極圏に所在する北極圏諸国8ヵ国以外の国を「オブザーバー」と規定することにより，それらの国々を北極開発の利権から排除することを意図している。一方，南極条約も協議国・非協議国の二層構造を有してはいるが，条約体制の運営を担う協議国は一定の条件は付与されているものの原署名国12ヵ国以外にも門戸が開放されており，現時点における協議国は28ヵ国を数えるに至っている。南極条約体制は一地域体制から国際体制へ成長してきたのである。この南極条約の国際体制化は，環境保全の問題と大きく関わっている。南極条約体制下では南極大陸に対する領土主権を凍結しており，南緯60度以南の南極海に接する沿岸国が存在しない。そのため南極海は国連海洋法上公海扱いとなり，世界の全国家による開発の対象となる恐れがある。あざらし条約や生物資源条約，マドリッド議定書はこうした状

況に対処するために作成されたものであるが，南極条約体制による環境保全活動を実質化していくためには，これらの条約への広範な国家の参加が求められたのである（Koivurova 2005:206-207）。一方，北極評議会体制ではアドホック・オブザーバーのオブザーバーへの昇格ですら容易ではなく，オブザーバーから加盟国への昇格の可能性は現状ではほとんどないと言ってよい。開発は囲い込みを要求し，環境保全は国際化を要求するのである。

　第3に，環境保全に対するアプローチにも大きな違いがある。北極評議会の環境保全に関する活動に，これまで一定の成果があったことは確かである。代表的なものとして，次の諸点を挙げることができよう（以下は主にStokke 2007による）。①モニタリング活動：北極環境の専門的モニタリング機関として，北極評議会の果たす役割は国際的意義を有している。とくにAMAPによるPOPsや重金属をはじめとする汚染の現状と人間・動植物相への影響分析，気候変動の影響評価などは重要である。またこれらのデータ収集と分析は，各国のモニタリング活動の改善とハーモナイゼーションにも大きく貢献している。こうした活動は一国レベルで行うには高コストなこともあり，北極圏諸国にとってモニタリングは協調の魅力的な目的の1つとなっている。②ガイドライン・行動計画の作成：環境保全のための各種ガイドライン作成は作業部会の最重要の仕事である。例えばEPPRによる「北極オフショア石油・ガスガイドライン」（1997年，その後2002・2007年に改定）や，PAMEによる「北極海洋戦略計画」（2004），「北極海域における精製石油・ガス製品の輸送のためのガイドライン」（2004），「北極海洋航海評価」（2008）などは重要な成果の1つである。③国際会議への働きかけ：この点に関して最大の成果は，残留性有機汚染物質（POPs）に関する問題であろう。北極圏諸国8ヵ国や北極評議会の先住民団体はPOPsによる北極圏汚染に懸念を表明し，長距離越境大気汚染条約下における1998年のオーフスPOPs議定書採択，また2001年のPOPsに関するストックホルム条約採択に大きな影響を与えた。その際には，北極評議会のモニタリング・調査データの集積や先住民の関与が重要な役割を果たした。④域内の汚染対策：北極評議会の活動は，域内の汚染源，とくにロシアの汚染源に対して改善の働きかけを行ってきた。ノリリスク鉱山・冶金コンプレクス，西シベリア石油・ガス産業，クズネツク炭田，マヤーク核処理プラン

ト,エニセイ・レナ川沿岸およびコラ半島の汚染源などである。例えば,PAME や ACAP のプログラムを通じて,PCB・農薬・水銀・ダイオキシン・フラン対策,ノリリスクにおけるクリーンな生産のための訓練プログラムなどが行われてきた。

このように,北極評議会の環境保護活動に関する成果は小さくないが,ガイドラインの規範力が弱く政府その他がこれらを実際に活用しているかどうかの体系的なレヴューもないなど(Stokke 2007:7),ソフト・ロー体制ゆえの問題が存在する。そもそも 2 つの極地体制は,環境保全における主権と超主権的枠組との関係が異なっている。南極においては領土主権の「凍結」のために,個別国内法に基づいて領域内で活動する地域主権は存在しない。したがって南極における環境保全は当初から国際法によって規制されており,その国際法を各国が国内法体系に具体化していくという手順になっている。これに対して北極では,国際的地域を除くほとんどの地域に国内環境法が適用されるため,それらのハーモナイゼーションが改めて問題とならざるを得なくなる(Koicurova 2005:213)。2 つの極地体制は,環境保全のレジーム構築に対するアプローチが正反対なのである。北極評議会における主権優位のソフト・ロー的枠組は,地域の環境問題に対する統合的・総合的アプローチを困難にする大きな要因となっている。

第 4 に,両体制は環境保全活動に際して採用する原則の点でも異なっている。南極条約体制のアプローチの特徴は,「予防」ないし「慎重」にある。例えばあざらし条約は,大規模な遠洋あざらし漁がまだない時期に,それが現実化した時のためにあざらしの保護措置を定めたものであり,しかもそれらの措置の多くは 1964 年の合意措置にすでに盛り込まれている。生物資源条約も同様の予防アプローチをとっている。この条約の作成は南極の海洋食物連鎖の中枢種であるオキアミ漁の規制が主要な動機であったが,オキアミの過剰漁獲の恐れがまだなかった 1970 年代から交渉が始められている。これらの条約は,環境に深刻なダメージが生ずる前に作成・実施されたのである。さらに劇的な例は鉱業開発の分野における協議国の交渉過程である。協議国は,南極では鉱物が全く採集されていないにもかかわらず,開発の潜在性があるという理由で,鉱業開発は鉱業活動とその環境への影響を規制する国際条約が結ばれたの

ちにのみ開始されるべきことを決定した。1988年の「鉱物資源条約」は鉱業問題に関する交渉の成果であるが，これは原則として鉱業資源開発を認めるが，鉱業に対して非常に厳しいコントロールを課すものであった。しかしこれですらフランス・オーストラリアの主導下で拒否され，最終的に鉱業活動を無期限に禁止し南極におけるあらゆる人間活動に対する厳しい規制を設定するマドリッド議定書が採択されることとなる（Koivurova 2005:214-215）。一方北極評議会体制には，このような開発に対する慎重な姿勢は当然のことながらみられない。また，これと関連してしばしば指摘されるのが，北極評議会における長期的視点の欠如である。北極評議会には常設の事務局がないので，議長国がその期間中に政策の優先順位を選ぶ大きな自由を有しており，そのことが長期的な政策の形成を妨げている（Koivurova 2005:211）。

　第5に，極地の軍事利用の問題である。平和的利用や非核化を原則とする南極条約体制により，南極は冷戦下においても有効に非軍事化された。対照的に北極は冷戦の対立陣営である米ソが戦略的に対峙する場であり，そのため北極地域は高度に軍事化され，北極地域の深刻な軍事汚染・核汚染をもたらしてきた。北極評議会もまた，軍事安全保障問題は取り扱わないこととされている。1987年のゴルバチョフによるムルマンスク演説には北極の非軍事化・非核化に関する提言も含まれていたことを想起すれば，北極評議会は一歩後退していると言わざるをえない。現在，北極海沿岸諸国は，北極評議会を通じた相互協力をうたう一方で，北極圏における自国の軍事的プレゼンスの強化に取り組んでおり，Conley and Kraut（2010:25）はこれを北極圏に関する「ツー・トラック・アプローチ」と呼んでいる。このアプローチが最も典型的にみられるのはロシアであるが，他国も多かれ少なかれ同様の傾向がみられる。ツー・トラック・アプローチは，北極評議会体制における主権の超国家的枠組に対する優先の現れの1つといってよい。北極評議会体制は領土に関する係争を体制内に抱えてはいるが，私見ではそれらが武力衝突に発展していく可能性は極めて少なく，それゆえ各国による軍備増強は沿岸警備・調査・海路開拓を含めた北極海域の実効的支配を主目的とするものであろう。それは解氷による利用可能性の実現のとば口にある北極海において，カナダ・ハーパー首相の言う「利用するか失うか」原則を先行的に実践する方途でもある。

以上，両極地体制の比較分析から明らかなことは，主権の論理と開発の論理が極めて親和的な関係にあるということである。あるいは同じことであるが，主権の論理と環境の論理の相反性である。南極条約体制が主権の凍結に基づく超主権的なレジームを構築することにより環境保全と平和の理念を実現しているのに対して，北極評議会体制では，主権の論理が環境の論理を不断に掘り崩す要因として機能している。さらに主権の論理は，北極圏の軍事化の促進要因ともなっている。つまり北極評議会体制の主権優位の構造が，環境保全への予防的・長期的・総合的アプローチを困難にしているのである。逆にみれば，北極評議会は，こうした予防性・長期性・総合性を回避し開発の論理を貫くためのレジームであるとも言える。いずれにせよ，北極評議会体制においては，開発の論理と主権の論理が密接に絡み合いながらレジームの構造を規定しているのである。

第4節　北極評議会と気候変動

 本章ではこれまで，環境保全と持続可能性ないし「持続可能な開発」の問題を，主に環境汚染問題の観点からみてきた。石油ガス開発問題も，開発にともなう油濁汚染などの汚染問題を主たる関心としていた。それは本章の第1節で述べた北極評議会による「持続可能な開発」の定義，すなわち石油・ガスをはじめとする枯渇性資源を環境に配慮し汚染問題を引き起こさないように開発するという定義をひとまず認めた上で，その実施体制の妥当性を検討するものであった。本章の最後に，持続可能性ないし持続可能な開発の概念を，気候変動というより広い文脈のなかで考えてみたい。

 北極圏の石油・ガス開発を気候変動問題の枠組のなかでとらえた場合，北極開発には1つの大きなジレンマがある。われわれが北極開発を単なる開発ではなく「積極的適応」と規定するのは，北極開発が気候変動によって可能となっているからである。気候変動による温暖化と北極海氷の融解が，北極圏の開発可能性をもたらしている。その一方で，北極開発の中心をなす石油・ガスは，気候変動の主要原因物質である。北極開発の進展は，石油・ガスの生産と消費

をもたらし，気候変動を進行させる。このように北極開発は，その活動の結果が原因となってその活動をさらに促進するという構造になっている。これは開発の観点からすれば好循環であるが，気候変動の観点からすれば悪循環である。別の言い方をすると，気候変動の見地からすれば本来は緩和を推進すべきであるが，それは北極の開発可能性を低下させることになる。ここに北極開発が直面しているジレンマがある。それゆえ北極評議会体制は，積極的適応戦略に基づく自らの北極開発を気候変動の観点をふまえた上でなお正当化しうる独自の論理を提示しなければならないのである。

　北極評議会による宣言その他の各種文書，および北極海沿岸諸国の北極戦略をみると，北極開発を正当化する論理として，以下の3点を指摘することができるであろう。第1に，石油・ガスの生産者としての立場を強調するものである。これは北極圏沿岸諸国の「資本の論理」に基づく北極戦略にしばしばみられる論法である。例えばアメリカは，「大統領指令」のなかで北極全域のエネルギー開発が「増大するグローバルなエネルギー需要を満たす上で重要な役割を果たすであろう」と指摘している（3-G-2）。ノルウェーは，バレンツ海を「新しい欧州のエネルギー地区」として位置づけ，また「ノルウェーの石油資源の規模は単なる国の関心事ではなく，増大する国際的エネルギー需要を満たす上でも重要である」と述べるなど[13]，自国の石油資源が地域的・国際的な意義を有するものであることをハイ・ノース戦略の中で再三にわたって強調している。このように「資本の論理」が提示しているのは，北極圏諸国には地域ないしグローバルな石油・ガス市場の需要を満たす責任があるという論理である。

　正当化の第2の論理は，先住民の論理である。これは国別北極戦略における「地域の論理」で主張される論点である。一般に生活水準が低くまた中央からの財政的支援に依拠する先住民社会の福祉の向上を掲げることにより，石油ガス開発に平等や自立といった積極的価値が付与されることになる。また先住民が当初は温暖化の被害者として現れることも，その積極的適応を政治的に許容可能なものとする大きな要素である[14]。開発における地域の論理を重視するデンマークやカナダが北極の資源開発をどのように位置づけているかについては，すでに第2節でみたところである。石油・ガス開発についても同様であ

り，デンマークは北極戦略のなかで鉱物資源活動がグリーンランドやフェロー諸島の健全な経済発展，雇用の創造と社会への最大限の収益をもたらすと期待を表明している。またカナダも，北方戦略のなかでマッケンジー・ガスプロジェクトをはじめとする鉱物資源活動が，先住民・北方社会の繁栄をもたらすと述べている（Government of Canada 2009:15）。

ちなみに，北極海沿岸諸国の北極戦略をこの観点からみたとき，「国家の論理」は正当化の論理を全く提示できていない。それは国家の論理のもつ国益中心主義的性格からして，ある意味当然のことと言えるかもしれない。

第3に，これが最も重要であるが，気候変動の「緩和」は地域体制たる北極評議会の課題ではなく，国連気候変動枠組条約や各国の温室効果ガス削減計画など，グローバルやナショナルなレベルの課題であるとする論法である（Langhelle et al.2008b:38-39）。それは，北極における温暖化の進行を初めて体系的に明らかにした先述のACIA報告が「温室効果ガスの排出は主に北極において発生するものではないが，北極に広範な変化と影響をもたらすものと予測される」（ACIA 2004:8）と述べているように，温暖化の原因となる行為，つまり石油・ガスの消費は，基本的に北極圏の外部で行われているという認識に基づいている。それゆえ北極評議会は，緩和に関するコミットメントは気候変動枠組条約やその他の協定によるレジームに委ね，北極評議会自体は主に適応の問題を取り扱うというスタンスをとっているのである。また，北極評議会の宣言や各作業部会の活動においては，北極圏における石油・ガスの生産活動は，気候変動とは関連づけないという立場をとっている。例えば，AMAPの研究「北極圏における石油・ガス活動のアセスメント」（2006）は，このアセスメントが北極の石油・ガス開発とグローバルなCO_2の排出と温暖化の間の関係をとくに含んではいないことを明示的に述べている（Langhelle et al. 2008a:38）。

緩和をグローバルないしナショナルなレベルに委ねることによって適応に特化した体制を構築することは，北極評議会体制における協調にとって本質的なものである。これはグローバルなレベルでも，ナショナルなレベルでも不可能である。というのは，どちらのレジームにおいても緩和と適応を総合的にとらえなければならなくなるからである。緩和中心主義を基調としてきた気候変動

の国際政治にあっては，積極的適応をめざす北極開発体制を構築すること自体が，緩和の努力を掘り崩すものとして批判の対象となる可能性がある。また積極的適応の場をナショナルなレベルに落とすと，北極海沿岸諸国は今度は石油・ガスの消費者および気候変動の加害者としての責任，さらには気候変動政策の首尾一貫性を問われることになる。北極海沿岸諸国は，その多くが温室効果ガスの大排出国であり，また京都議定書の目標達成度にも現れているように，全体として排出国としての責任を必ずしも積極的に果たしているとは言えない状況にあるからである[15]。一方，適応活動を北極圏というリージョナルなレベルに設定すれば，気候変動の原因に働きかけることができないという理由で，緩和の責務が免罪されることになる。もっとも，残留性有機汚染物質の問題について北極圏諸国が国際社会に働きかけオーフス議定書やストックホルム条約など大きな成果を得たことを想起すれば，北極圏諸国は気候変動枠組条約体制においても，北極海における温暖化と海氷融解の進行の阻止を訴えることにより緩和のイニシアティブを発揮して当然しかるべきであろう。しかしそのような協調行動は，決して行われることはないのである。

結論　積極的適応体制としての北極評議会

　以上本章では，北極評議会体制を気候変動のメリットを積極的に活用する積極的適応体制としてとらえ，そこに開発（および環境）と主権の論理がどのように作用しているのかを検討した。北極評議会体制は，主権が超主権的枠組に優越するソフト・ロー的性格を有するものであるが，このソフト・ロー体制は，環境の論理のスクリーニングと開発の論理のプーリングの役割を果たしていると言ってよい。すなわち，北極の資源開発にとって障害となる要因は体制の外部に排除し，開発に有益な各国の「開発の論理」ないし適応の「正当化の論理」は体制内にプールし活用するというものである。とくに，緩和に関する課題をグローバル・ナショナルなレベルに委ね，適応に特化する体制を構築するという北極評議会体制の機能は，積極的適応戦略にとって本質的なものである。

本章でみたように，北極評議会は，石油・ガスの生産者としての立場を強調することによって，気候変動の責任を回避しようとする。確かに，気候変動の国際政治の現状では気候変動は主として化石燃料の消費者の責任であって，生産者の責任を問う論理はない。緩和すなわち排出削減にしても，化石燃料の生産に直接介入するのではなく，総量規制ないしエネルギー効率という形で化石燃料の消費側から押える手法がとられている。それゆえ，石油・ガスの生産者の立場を強調することが，その気候変動の責任を免罪することにつながるのである。しかし，本当に生産者の責任は免罪されるべきなのであろうか。北極海沿岸諸国による北極開発は，正当なものとして認められるべきなのであろうか。この問いに答えるためには，近代における主権の歴史を振り返らなければならない。それは第5章においてなされるが，その前に，北極海沿岸諸国による北極開発の様相について，次章以降でさらに立ち入って検討することにしよう。

第2章　注
（1）　以上の記述は，JAXAのウェブサイトによる。
　　　(http://www.jaxa.jp/press/2012/09/20120920_arctic_sea_j.html)
（2）　'Circum-Arctic Resource Appraisal: Estimates of Undiscovered Oil and Gas North of the Arctic Circle', USGS Fact Sheet 2008-3049, U.S. Geological Survey.
　　　(http://pubs.usgs.gov/fs/2008/3049/fs2008-3049.pdf)
（3）　なおデンマークは，イルリサット宣言の後の2009年末に開催された気候変動枠組条約第15回締約国会議（COP15）のホスト国でもあった。COP15は，ポスト京都議定書体制の帰趨を決める重要な会議であったが，Petersen（2009:73）は，イルリサット宣言の背景には，COP15の成功・失敗に関わらず気候変動は不可避であるとするメラー外相の認識があったと述べている。この時期，デンマークの気候変動戦略が積極的適応の方向に向けて大きく変化したことについてはPeterson（2009）を参照。
（4）　これらの発言については，高橋（2011:101）およびConley and Kraut（2010:18）を参照。
（5）　北極海における領海分割の現状については，ダラム大学（Durham University）のウェブサイト（http://www.dur.ac.uk/ibru/resources/arctic/）が詳しい。なお，現時点における北極海の領海支配に関する係争には，①ロモノソフ海嶺をめぐるロシア・カナダ・デンマークの係争，②ハンス島をめぐるカナダとデンマークの係争，③北西航路をめぐるカナダとアメリカの係争の3つがある。①ロモノソフ海嶺はノヴォシビルスク諸島から北極海を横断しエルズミーア島に至る1800kmの海嶺であり，ロシア・カナダ・デンマークがそれぞれ自国の大陸棚として領有を主張している。国連海洋法条約では，沿岸国が排他的経済水域を超えて大陸棚を設定しようとする場合には，その大陸棚に関する情報を大陸棚限界委員会に提出し，勧告を受けることとされている。過去ロシアが2002年に申請したがデータ不十分により却下され，現在再提出を準備中である。②ハンス島はグリーンランドとカナダのエルズミーア島の間にあるネアズ海峡に位置する島である。北極の温暖化の進行により，石油開発ならびに北極海航路の要衝としてそ

の重要性が高まっている。③ 北極海を横断して太平洋と大西洋を結ぶ航路には，北米大陸の北側にあるカナダの北極諸島の間を通過する「北西航路」(Northwest Passage) と，ユーラシア大陸北方のロシア沖を通過する「北極海航路」(Northern Sea Route, ロシア語ではсевморпуть) がある。カナダ政府は，北極諸島の海峡はカナダの領海である内水であると主張しているが，アメリカはこれを国際海峡とみなしている。

(6) Government of Canada (2009:5) および冒頭の先住民問題・北方開発相によるメッセージを参照。
(7) 「ハイ・ノース」(High North)はノルウェーの外交政策における独自の概念であるが，北極戦略の文書ではその明確な定義は与えられていない。「2006 年戦略」では，この概念について以下のように説明されている。「ハイ・ノースは地理的・政治的に広い概念である。地理的用語としては，それはノルウェーのノードランド・カウンティの南端から北へ，グリーンランド海から東へバレンツ海とペチョラ海へ広がる海および島と群島を含む陸をカバーする。政治的用語としては，それはバレンツ協力 Barents Cooperation の部分であるノルウェー，スウェーデン，フィンランド，ロシアの行政単位を含む。さらに，ノルウェーのハイ・ノース政策はノルディック諸国の協力，北極評議会を通じたアメリカ・カナダとの関係，北方次元 Northern Dimension を通じた EU との関係と重なっている」(Norwegian Ministry of Foreign Affairs 2006:13)。
(8) Norwegian Ministry of Foreign Affairs (2006:8, 23)および Norwegian Ministry of Foreign Affairs (2009:8) を参照。北極海の調査にはロシア・カナダ・デンマークもかなりの投資を行っているが，その動機としてはロモノソフ海嶺を中心とする領域支配に関する係争が大きい。ノルウェーの知識戦略は，そうした領土問題とは全く別次元のものとして構築されている。
(9) Norwegian Ministry of Foreign Affairs (2006:25) を参照。
(10) Norwegian Ministry of Foreign Affairs (2006:9, 19) を参照。
(11) 以下の説明は，主に池島 (2000) を参照している。
(12) ここでのソフト・ローの定義は，齋藤 (2005) を参照している。
(13) Norwegian Ministry of Foreign Affairs (2006:5) および Norwegian Ministry of Foreign Affairs (2009:23) を参照。
(14) イルリサット宣言に至るデンマークの政治過程を分析した高橋 (2011:101) は，気候変動の被害者としてのグリーンランドを環境保護のアイコンとすることによって，「本土デンマーク」が北極利権問題に対する外交的リーダーシップを発揮するための土台を作ったと論じている。
(15) リーマンショックの影響が及んでいないこと，北極開発重視を決定づけたイルリサット宣言に近いなどの理由から，2007 年における温室効果ガス排出量の規準年に対する増減をみると次のようになっている (括弧内は京都議定書の削減目標)：カナダ＋27.5%（−6%），デンマーク−2.1%（−21%），ノルウェー＋11.5%（＋1%），ロシア−34.6%（0%），アメリカ＋17.1%（−7%）。

第 3 章

北極開発と先住民

はじめに

　第2章では，北極圏諸国による北極開発の国際的側面が論じられた。本章では，北極開発の国内的側面が分析される。北極海沿岸諸国が北極における開発，とくに石油・ガスをはじめとする枯渇性資源の開発を行う上での統治上の最大の問題点が，先住民の存在である。現在北極圏にはおよそ400万人が居住しており，うちおよそ35万～37万人が先住民である（AHDR 2004:29）。北極圏の人口に占める先住民の割合は全体的にみると1割弱であるが，先住民の存在が開発に与える影響は非常に大きい。第1に，天然資源に対する先住民の権利要求である。もともと，北極圏諸国による先住民対策は同化政策を基本にしていたが，植民地独立・民族自決と資源主権の考え方が普及するなかで，先住民も土地をはじめとする天然資源に対する権利を主張するようになる。北極圏の場合，とくに1960年代から70年代にかけて石油・ガス開発や水資源開発などの大規模な資源開発が行われるようになると，それらをきっかけに先住民の権利要求運動が活発化し，北極圏諸国は何らかの対処を迫られるようになる。第2に，環境保護に対する先住民の要求である。周知の通り，先住民の伝統的生活は再生可能資源に依拠しまた分与や再分配のような非市場的性格を色濃く残すものであり，その世界は貨幣経済と枯渇性資源に基づく近代的世界と鋭い対照をなす。また先住民にとって土地や再生可能資源は単なる経済資源ではなく，その文化や民族的アイデンティティを支えるものでもある。もちろん，近代文明との接触から主権国家への編入を経て，現在では先住民の経済生活にも貨幣経済と枯渇性資源がかなりのウェイトを占めるようになっているが，それにも関わらず，伝統的世界の維持は先住民にとって最重要の意義を有

するものであり，またそれは国際的にも非常に重視されるようになってきている。主権国家や資本による開発，とくに大規模な枯渇性資源開発や水資源開発は先住民の伝統的世界に大きな打撃を与えることが多く，それゆえ先住民は，資源開発に対峙する環境保護の主体としてしばしば現れることとなる。ここにおいて北極海沿岸諸国は，先住民を開発の観点から統治可能なものにするという独自の課題に直面するのである。

　本章の目的は，北極海沿岸諸国がこれまで自国資源に対する先住民の権利要求にどのように対処してきたのかを，枯渇性資源と再生可能資源の区別を念頭に置きつつ，とくに石油・ガス資源に焦点を当てて分析することにより，これらの国々による対先住民統治の基本構造を明らかにすることである。まず第1節では，天然資源に対する先住民の権利を理論的・法制度論的に一般論として考察する。続いて第2節では，北極圏沿岸諸国による対先住民統治のなかで最も新自由主義的色彩の強いアラスカの統治方式について分析する。次に第3・4節では，残り4ヵ国の統治方式を検討する。以上を通じ，北極海沿岸諸国による北極開発の特徴を，先住民問題との関係において明らかにしたい。

第1節　天然資源に対する先住民の権利

　自然に対する先住民の権利を考察することは，人間が自然を所有するとはどういうことかを根源的に思考することにつながる。一般に，先住民が自らの所属する既存の主権国家に対して行う天然資源の権利の主張には様々な論点が含まれるが，本論との関係で重要なのは，第1に，その権利主張がいかなる根拠に基づいて行われるかという点（権利の根拠論）であり，第2に，権利主張の対象となる天然資源が再生可能資源なのか枯渇性資源なのか，国際法の分野においてしばしば用いられる表現によれば，それが地表資源（surface resources）ないし生物資源（living resources）なのか，地下資源（sub-surface resources）ないし非生物資源（non-living resources）なのかという点（権利の対象範囲）である。

　まず権利の根拠としては，主権（sovereignty），人権（human rights），

自決権（right to self-determination）の3つの論拠が考えられる。

　主権アプローチは，天然資源に対する先住民の権利を領土主権の潜在態としてとらえる。つまり先住民集団を「国民」としてとらえ，それが本来的に何らかの国家ないし政府として主権を主張することが可能な属性を有していることを認める。そしてそこから，自らの居住する土地やその天然資源に対する権利が派生することとなる。このアプローチは歴史的な観点を強調する。つまり，本来的に先住民コミュニティは当該領域に関する「原初的な」主権を有しており，それが現在主権を行使している国家によって歴史的に主権を不当に奪われ抑圧されてきたのであると考える（Anaya 2005:241）。主権アプローチはまた，資源主権の考え方とも整合的である。1962年の国連決議「天然の富と資源に対する恒久主権」は，基本理念として天然の富と資源に対する「恒久主権への人民と国民の権利」（the right of peoples and nations to permanent sovereignty）を掲げ，それが「国民的発展と関係国人民の福祉」のために行使されるべきことをうたっている。この文言にも明らかなように，天然資源に対する恒久主権の理念は，本来，主権国家を構成するマジョリティとしての国民に限られるものではなかった。だがその後，脱植民地化と独立国家形成が進むなかで，恒久主権の原則の進化・解釈・適用において民族や人民を国民と同一視する「国家主義的」な傾向が強まった（Schrijver 1997:370）。主権アプローチは恒久主権の原則を非植民地的な文脈におき，既存の主権国家内にあるマイノリティにも適用可能なものとしてとらえ直すべきことを主張する。

　一方，天然資源に対する先住民の権利の人権アプローチは，先住民を基本的人権を有する人間集団としてとらえる。先住民に対する歴史的な征服の過程は，このアプローチでは主に現在の抑圧と不平等を説明するための背景として用いられる。人権アプローチが焦点を当てるのは先住民の人間としての福利であり，国家主権の利害よりも優先するものとしての人権である（Anaya 2005: 241, Linde 2009:13-14）。ただし，人権を天然資源に対する先住民の権利の根拠とするためには，幾つかの越えなければならないハードルがある。第1に，人権アプローチは本来的には個人的権利を意味するものであるため，天然資源に対する先住民の集合的権利を表現する上で困難が生ずる。それは逆に，先住民の権利に対する人権アプローチは，伝統的に集団の集合的権利よりも個

人の権利に焦点を当ててきた人権システムに対する挑戦でもある（Anaya 2004:7）。第2に，人権は先住民・非先住民を包括する人間の普遍的権利を表すものである。したがって，例えば先住民が売買によって獲得した土地に対する権利はもちろん財産権として人権的保護の対象となるが，そうではなく先住民に特権的に天然資源を付与することを人権アプローチからどのように正当化するかという問題が生ずる。それと関連して，人権の有する普遍的性格は，いわゆる西欧文明社会への同化政策の論拠として用いられる危険性があることも指摘しておく必要がある。比較的近年において注目されてきた環境権や生業権 (subsistence right) といった概念は，人権概念に場所的契機を導入することにより，人権の有するこうした問題点を克服しようとする試みであると考えられる。

　自決権とは，すべての人民が「その政治的地位を自由に決定し並びにその経済的，社会的および文化的発展を自由に追求する」権利（1960年国連総会決議「植民地諸国諸人民に対する独立付与に関する宣言」第2条）である。自決権という概念の特徴はその融通無碍さにある (Manus 2005:568-570)。それは個人にも集団にも適用可能な概念であると同時に，主権および人権のどちらの概念とも結合可能な概念である。いまかりに前者を主権的自決権，後者を人権的自決権と呼ぶことにすると，前者は，自決権を「国家性」の属性と結びつけて理解し，「完全な」自決を独立国家の達成，ないし少なくとも独立国家を選択する権利としてとらえるものである。これに対して人権的自決権は，「先住民族を含む人類社会の全ての分節集団 segment に関する自由と平等の核となる価値」(Anaya 2004:8) として自決権を提示する。人権的自決権のアプローチでは，国家性や主権の属性はそれ自体が自決の本質ではなく，せいぜいそうした価値を実現するための手段に過ぎないとされる。そして人権的自決権は，主権的自決権を，人類社会の構成要素を個人と国家という2つのカテゴリーに制限し，現実に存在するコミュニティ・権威・相互依存の重層的でオーバーラップする領域を無視する古典的な国家中心主義的国際法の枠組みにとらわれたものとして批判する (Anaya 2004:6, 101)。

　人権的自決権アプローチは，例えば1966年に国連が採択した「市民的および政治的権利に関する国際規約」（国際人権規約の自由権規約）にみることが

できる。その第1条（民族自決権）では，まず「すべての人民は…自己のためにその天然の富および資源を自由に処分することができる」ことが述べられている。これは主権的自決権のニュアンスを有しているが，それに続く「人民は，いかなる場合にも，その生存のための手段を奪われることはない」という規定は生業権としての性格を有するものであり，また第27条（少数者の権利）における「少数民族に属する者は，その集団の他の構成員とともに自己の文化を享有し，自己の宗教を信仰しかつ実践しまたは自己の言語を使用する権利を否定されない」という規定は，人権的自決権に基づくものとみなすことができる。第27条の少数者の権利は，過去に各国において強力に推進されたいわゆる同化政策を否定する理念である。人権アプローチにおいては，こうした自決権の論理に媒介されて，先住民の生存とその固有の文化を支えるものとしての土地と天然資源に対する権利が要請されることになる。

次に権利の適用範囲であるが，天然資源を再生可能資源と枯渇性資源に分けた場合，上述の各アプローチの適用可能性はどのようになるかを理論的に考えてみる。まず主権アプローチは両方の資源に適用可能である。それは，このアプローチの系列にある資源主権の概念が両資源に及ぶものであることからも明らかであろう。これに対して，人権および自決権アプローチは，再生可能資源には適用可能であるが，それ単独では枯渇性資源に適用することは難しいように私には思われる。というのは，先住民の経済生活と文化世界は基本的にわれわれの資源空間図式における再生資源空間に属しており，それゆえ先住民の生存と文化を支えるものとしての天然資源に対する権利は，枯渇資源空間には及び得ないからである。もちろん先住民は，枯渇資源空間の開発により自らの依拠する再生資源空間が否定的影響を受ける可能性がある場合にはその開発の意思決定に関与する権利を認められるべきであり，また開発により実際に否定的影響を受けた場合には，補償をはじめ何らかのしかるべき対処を権利として要求しうる。しかし先住民は，枯渇資源空間の開発から得られる利益そのものに対する請求権を，自決権の論理によって基礎づけることはできない。つまり人権にしろ自決権にしろ，それが何らかの主権的アプローチによって補足されない限り，枯渇性資源に対する権利を要求するのは困難であると思われるのである。

第1節　天然資源に対する先住民の権利　79

　以上，権利の根拠と適用範囲について理論的に検討した。以上の検討から明らかなように，天然資源に対する先住民の権利を主権的権利として認めるかどうかが，既存の主権国家体制にとって最大の分岐点になると言えよう。それでは，以上のことは国際法の分野ではどのように現れているであろうか。先住民の権利に関する国際的な規範文書は多数あるが，代表的な文書としては，国際労働機関（ILO）が1989年に採択した「独立国における先住民および種族民に関する条約（第169号）」（以下「ILO169号条約」と略），および2007年に国連総会において採択された「先住民族の権利に関する国際連合宣言」（以下「国連先住民宣言」と略）である。ここでは後者を中心に再生可能資源，枯渇性資源および主権の扱いを検討する。

　国連先住民宣言は，まず第26条「土地や領域，資源に対する権利」において，「先住民族は，自らが伝統的に所有し，占有し，またはその他の方法で使用し，もしくは取得してきた土地や領域，資源に対する権利を有する」と述べており，また「国家は，これらの土地と領域，資源に対する法的承認を与える」こと，そのような承認は「先住民族の慣習，伝統，および土地保有制度を住民に尊重してなされる」ことを記している。これは先住民が「伝統的に」所有し使用してきた資源，すなわち再生可能資源に対する権利を認めたものとして解釈できる。ILO169号条約では，第14条に「関係人民が伝統的に占有する土地の所有権および占有権を認める」と同様の規定がなされており，原則面での大きな相違はないと思われる。

　枯渇性資源ないし地下資源に関する規定がみられるのは，第32条「土地や領域，資源に関する開発の権利と開発プロジェクトへの事前合意」の第2項である。そこでは「国家は，とくに，鉱物・水または他の資源の開発・利用・採掘に関連して，彼・彼女らの土地，領域および他の資源に影響を及ぼすいかなる事業の承認にも先立ち，先住民族自身の代表機関を通じ，その自由で情報に基づく合意を得るため，当該先住民族と誠実に協議かつ協力する」と述べられている。ここでは「鉱物資源」に対する所有権的権利の規定はなく，国家がその開発に際し先住民の「自由で情報に基づく合意」（free and informed consent）を得るべきことが記されている。ILO169号条約では，やはりその第15条において「国家が鉱物もしくは地下資源の所有権または土地に属する他の資

源に対する権利を保有する場合には，政府は…これらの人民と協議する手続を確立し，または維持する」とある。本条約では続いて「関係人民は，可能な限り，このような活動の利益を享受」する，と枯渇性資源の開発による利益に対する一歩踏み込んだ規定がみられるが，枯渇性資源に対する先住民の権利そのものを承認するものではない[1]。

また国連先住民宣言における先住民の主権の取り扱いについてみると，第3条で先住民の自決権を認め，第4条では先住民の自治の権利を認めているが，一方第46条では，「本宣言のいかなる規定も…主権独立国家の領土保全または政治的統一を全体的または部分的に，分断しあるいは害するいかなる行為を認めまたは奨励するものと解釈されてはならない」と，主権アプローチに一定の制限を求める趣旨の記述がなされている。また国連先住民宣言のFAQでは，「本宣言は先住民の自決権を確認し，生業権および土地・領土・資源に対する権利に理解を示す」とあり，また続いて「本宣言は生業と開発の手段を奪われた先住民が正義ある公正な是正を受ける権利があることを認める」とある。これは国連先住民宣言が自決権を第一義的なアプローチとしつつ，人権および主権アプローチにも一定の理解を示したものと解釈できる。一般に，既存の主権国家は先住民をはじめ国家以外の主権団体を認めることを望まないので，国際機関は主権アプローチよりも自決権アプローチや人権アプローチを選好する傾向にあるとされるが[2]，本宣言にもそうした事情が反映しているものと考えられる。

以上，現在の国際法における先住民の天然資源に対する権利の取り扱いを要約すれば，主権アプローチよりもむしろ自決権アプローチを基調としつつ，再生可能資源については先住民の自決権的・人権的・所有権的権利を認める一方，枯渇性資源に関しては，資源開発に対する「同意」として一定の関与を認めるが，資源自体に対する権利は明記していない，とまとめることができる。

さて，以上をふまえた上で北極海沿岸諸国による先住民に対する統治方式を検討すると，それには大きく3通りの統治方式があることが分かる。第1に，天然資源に対する先住民の主権的権利を認めない代わりに，先住民が組織する何らかの法人（コーポレーション）に対して権利を付与する方式，第2に，先住民に主権を付与し独自政府の形成を認めることによってその天然資源に対す

る主権的権利を認める方式，第3に，先住民の主権的権利を認めず，既存主権国家の内部に先住民による何らかの自治機関を設けることによって天然資源に対する権利を自決権的権利として認める方式である。以下本章では，第1の方式を法人モデル，第2の方式を主権モデル，第3の方式を自治モデルと呼ぶことにする。この3通りのモデルと，これらのモデルが再生可能資源だけでなく枯渇性資源（地下資源）に対する先住民の権利を認めるか否かという適用範囲の次元を組み合わせることによって，6通りの統治方式ができることになる。

表 3-1　北極海沿岸諸国による先住民の統治方式

	法人モデル	主権モデル	自治モデル
枯渇性資源に対する権利を認める	アラスカ	デンマーク・カナダ	
枯渇性資源に対する権利を認めない	ロシア		ノルウェー

表3-1は，以上のマトリックスにしたがって北極海沿岸5ヵ国の先住民に対する主要な統治方式を分類したものである。これらは国家主権による自然統治という観点からみると，先住民に対して枯渇性資源・再生可能資源の両資源に対する所有権を付与するアラスカ方式のほか，両資源に対する主権を分与するデンマーク・カナダ方式，そして枯渇性資源に対する権利は国家主権が保持し，先住民の権利はそれぞれ法人モデルと自治モデルの形で再生可能資源に制限するロシア・ノルウェー方式に区分できる。各統治方式への分化に影響を与える要因としては，地域人口に占める先住民の割合（先住民が多数派か少数派か），国家主権の性格（連邦国家型か単一国家型か），地下資源の所有制度（所有権が国家に帰属する大陸型か土地所有者に帰属する英米型か）などの点が重要である。また，マトリックスの項目の中には，枯渇性資源に対する権利を認める自治モデルや，枯渇性資源に対する権利を認めない主権モデルのように，理論的に成立しがたい統治方式もある。

これらの国のモデルの中で，時代的に最も早く統治方式を確立し，また他の北極圏沿岸諸国の統治方式に大きな影響を与えたのは，アラスカの法人モデルである。それゆえ次節では，まずこのモデルについて検討を行う。

第2節　アラスカ法人モデル

アラスカの先住民は，アラスカ半島とアリューシャン列島に居住するアリュート人，北部に居住するユピック・イヌピアットなどのエスキモー，南東部および内陸部に居住するトリンギット・ハイダ・アサバスカンといった諸部族の大きく3つに区分することができる (Chaffee 2008:113)。総人口はおよそ10万人で，アラスカ人口の15％程度である。

アラスカにおける先住民の天然資源に対する権利を規定する基本的な法は，1971年に成立した「アラスカ先住民権益処理法」(Alaska Native Land Claims Settlement Act，以下ANCSAと略) である。本法律の制定に至る経緯を簡単に確認すれば以下のようになる[3]。アラスカは，1959年のアラスカ州設立法 (Alaska Statehood Act) によって準州から州へと昇格したが，その際，州設立法はアラスカ州に対して連邦地のうち1億205万エーカーの土地を選択し州有地とする権利を与えた。この措置はアラスカ先住民の土地権利要求を無視するものであったため，先住民は州による土地選択に反対を表明し，1966年には全州規模のアラスカ先住民連盟 (Alaska Federation of Natives) を結成して反対運動を展開した。その結果，1967年1月にアメリカ内務長官のスチュワート・ウダルによって，先住民の土地権請求問題が解決するまで連邦地の州有地への移転を凍結する「ランド・フリーズ」が宣言されることになる。一方，この間にアラスカでは油田の発見が相次いで行われた。すなわち，1968年北極海沿岸のプルードー湾を皮切りにノース・スロープで次々と油田が発見され，またプルードー湾と太平洋側のバルディーズ港を結ぶトランスアラスカ・パイプライン (Trans-Alaska Pipeline) の建設が計画された。そこで石油会社は開発の障害となっている土地権利問題を早期に解決してランド・フリーズを解除することを要請し，それを受けて連邦政府，石油ロビイスト，州官僚，先住民代表者の間で法案が作成され，1971年のANCSA成立に至ったのである。

この法律は，一言で言えば，先住民の土地に対する権利を放棄させる代わり

に，州の土地の11％に当る土地と相当の補償金を，先住民が設立する法人に分配することを定めるものである。その内容をやや詳細に述べれば以下のようになっている[4]。

① まず「アラスカにおける土地・水域に対する先住民の権利・権原・使用・占有の請求に基づく連邦，州，その他全ての人に対する全ての請求は…以後廃止される」(43 U.S.C.1603) ことが定められ，この先住民の権利放棄にしたがいアラスカにおける保留地は1つを除き全て廃止された[5]。

② 次に，アラスカ州は共通の伝統と利益を有する先住民から構成される12の地理学的地域に区分され，先住民はANCSAの分配する土地と補償金を享受するために，アラスカ州法に基づき地域ごとに地域会社（regional corporation）および各地域内の先住民部落ごとに村落会社（village corporation）を設立しなければならないことが定められている[6]。結果として，上述の12地域および州外のアラスカ先住民のための土地をもたない1会社の合計13の地域会社，および約200の村落会社が設立された。地域会社は営利団体であり，地域会社は各地域に登録された先住民に対して一人当り100株式を発行する。地域会社の株式は1991年12月18日まで譲渡制限され，保有者が先住民である場合にのみ投票権をともなう。また，村落会社は営利団体・非営利団体のどちらを選択することも可能であるが，ほとんどの村落会社が営利団体を選択している。

③ 先住民による土地請求権の放棄に応えるために，議会は合衆国財務省内にアラスカ先住民基金（Alaska Native Fund）を設立する。基金には合衆国から総額4億6250万ドルが充当され，加えて連邦・州の鉱物資源収益の2％が5億ドルに達するまで支払われることとなり，合計9億6250万ドルが地域会社・村落会社に配分される。

④ 基金の設立に加えて，アラスカ先住民におよそ4550万エーカーの土地に対する権原が配分される。まず村落会社がおよそ2200万エーカーの土地を選択し，その土地の地表に対する権利（地表権）を得る。次に地域会社が村落会社の選ばなかった土地のなかから残りの面積の土地を選択し，その地表権および村落会社の土地を含めた全土地の地下資源に対する権利（地下権）を獲得する。なお，材木資源および地下権から各々の地域会社が得た収益の70％は，

12地域会社の間に配分される。

　例として，アラスカ最大の地域会社であるアークティック・スロープ地域会社（Arctic Slope Regional Corporation，以下ASRCと略）の企業プロフィールをみてみよう（以下の記述は，主にASRCウェブサイトによる）。ASRCは1972年に設立された私的営利企業である。本社はボーフォート海沿岸のバロー市にあり，アラスカのノース・スロープの8つの村に居住するおよそ1万1000人のイヌピアット・エスキモーが株主となっている。雇用は全世界でおよそ1万人，うちアラスカ州民の雇用者数は3141人，株主の雇用者数は497人である（2009年）。2010年の収入は約23億ドルであり，収益のおよそ4割を配当その他の形で株主に配分している。1972年の設立以来，会社は5億4300万ドル以上の配当を株主に分配してきた[7]。また90年代半ば以降，ASRCは株主の雇用と職業訓練機会の提供を重視しており，1992年には株主雇用プログラムを開始，94年には株主職業開発プログラムに引き継いでいる。2010年には，株主に賃金の形で3550万ドルを配分し，また教育奨学金やコミュニティ支援，職業訓練などの形で2000万ドルを供与している。

　ASRCはおよそ500万エーカーの土地を所有しており，それらは石油・ガス・石炭・卑金属硫化物の大きな潜在的埋蔵量を有している。これまでに開発された油田は，ASRCが土地区画を有するコールヴィル川デルタのアルパイン油田（Alpine Oil Field）である。油田の50％はASRCのリース，残りはアラスカ州のリースであり，コノコフィリップスが採掘を行っている。また，油田の地表権のほとんどはクークピック村落会社（Kuukpik Village Corporation）が所有している。2005年度のロイヤリティはおよそ1億ドルであり，うちASRCが2070万ドル，クークピック村落会社が900万ドルを受け取り，残りは他の11地域会社の間で配分された。加えてクークピック村落会社は60万ドルの土地レントを受け取っている（Mikkelsen et al.2008:148）。その他ASRCには幾つかの子会社があり，ASRC Energy Service（油田の運営・メンテナンスなど），ASRC Federal Holding Company（対政府サービス），Petro Star（石油精製とマーケティング），ASRC Construction Holding Company（建設），Alaska Growth Capital BIDCO（中小ビジネス向け金融），Eskimos（地域サービス），Tundra Tours（観光）といった会

社がそうである。

　以上が ANCSA の概要である。本法律の最も顕著な特徴は，それが「法人イデオロギー」(corporate ideology) に基づいて組み立てられている点にある (Skinner 1997:91)。すなわち，先住民の土地に対する主権的権利を法人所有に転換することによって先住民の土地所有を主権にとって受入れ可能なものとし，同時に先住民の自決権を営利的な先住民会社への参加という形態を通じて実現しようとする点に ANCSA の本質がある。先住民会社の土地所有はあくまでも市場社会における私的所有権としての性格を有するものであり，会社は財産を保持し資源やインフラの開発を行うのみで，部族政府のように主権に基づく統治権力を行使するものではない。地域会社は株の譲渡制限や若干の免税措置，そして 12 地域会社間での利益のシェアリングの規定を除けば，アラスカ州法下における通常の営利法人と同様の会社として運営される。また一般の先住民は政治的共同体の構成員ないし市民としてではなく，投票権付きの株式所有を有しその配当を受け取る株主として経営に参加する。逆に，ANCSA によって，アラスカの先住民コミュニティが有すべき主権は大きく掘り崩されることとなる。もともとアメリカのインディアン部族は，いわゆる「国内従属民族」として連邦政府を一種の「後見人」とする不十分な形ではあるものの，固有の自治権をもつ主権団体として認められてきており，また連邦政府からの「信託」という形で保留地に対する権限を有していた。ところが，ANCSA 下では先住民コミュニティの土地や資源を開発する権限は，もはやコミュニティやその政府ではなく土地や資源の所有権が帰属する先住民会社が有している。それゆえ，先住民会社は土地・資源についてコミュニティから独立した意思決定を行うことができるのである。さらに，コミュニティの発展や福祉の向上それ自体が，先住民会社の経済的パフォーマンスに大きく依存することとなる。つまり本法律は，「保留地の創設や冗長な被後見ないし信託なしに…先住民の現実の経済的・社会的ニーズに従う」という連邦議会の宣言にあるように (43 U.S.C.1601)，アメリカにおける部族主権の法理を廃止し，連邦政府による部族へのパターナリスティックな介入主義やトラスト責任を放棄して，部族を営利法人として組織することにより市場原理のうちに包摂し統治することを主要な眼目としているのである。

われわれはここに，フーコーが新自由主義的統治の特徴として指摘する「企業形式の一般化」（フーコー 2004:297）をみることができるであろう。彼によれば，競争のメカニズムとは本来的には内在的な脆弱さをかかえるものであるが，それにも関わらず現実にそれが作用できるような市場空間を構成するために，新自由主義は「社会本位政策」と彼が呼ぶところの諸政策を実施する。「企業形式の一般化」はそうした社会本位政策の1つとして彼が指摘するものであり，「社会をその最も細かい粒に至るまで企業モデルに従って形式化し直すこと」を意味する。そこでは，社会組織が個々人の粒ではなく企業の粒にしたがって自らを分配・分割・波及させるように構成されるとともに，個人もまた，法権利の主体からホモ・エコノミクスへと企業モデルに基づいて再構成される（フーコー 2004:296-297, 310）。このフーコーの観点に従えば，ANCSAとは，先住民の領土主権を法人所有に，自決権を企業の意思決定に，そして主権や自決権ないし人権といった権利の主体をホモ・エコノミクスに転換することによって，先住民を「統治化可能」なものにする試みと規定することができよう。

　周知のように，アメリカの先住民政策は自決政策と同化政策の間を揺れ動いてきた。ANCSAは通常，1934年の「インディアン再組織法」（Indian Reorganization Act, 以下 IRA と略）や1975年の「インディアン自決・教育援助法」（Indian Self-Determination and Education Assistance Act）といった自決政策の流れに位置づけられるが，土地所有を媒介に先住民を市場原理に包摂しようとする点において，ANCSAは1887年の「一般土地割当法」（General Allotment Act, 以下「ドーズ法」と略）や第二次大戦後から1950年代にかけて推進された「管理終結政策」（Termination Policy）など，いわゆる同化政策の特徴をも有している。だが，これらの先行する同化政策のアプローチとANCSAのアプローチの間には大きな違いがある。土地の部族所有の解体とその私有化は，同化主義者による植民地時代からのインディアン文明化計画の中枢をなすものであった。彼らはインディアンと白人との財産権に関する観念の相違こそが根本であると考え，土地の私有化によって部族制度を破壊し，インディアンを白人社会に同化させようとした（藤田 2012:236, 351）。しかし，ドーズ法にしろ管理終結政策にしろ，それまでの同化政策の基本的な

方法は保留地の「個人所有」への転換，つまり個々のインディアンへの土地割当による土地私有化であった。こうしたアプローチは，独立小商品生産者的な観点から個人を土地割当の対象としている点において，古典的自由主義の同化政策と特徴づけることができる。これに対してANCSAは，個人ではなく法人を土地割当の対象としている点に同化政策としての新しさがある[8]。それは新自由主義の同化政策である。つまり「真の経済主体が，交換する人間でもなければ，消費者でも生産者でもなく，企業であるような」自由主義社会，またそこにおいて「再構成されようとしているホモ・エコノミクス」が「交換する人間ではなく，消費する人間でも」なく，「企業と生産の人間」であるような自由主義社会（フーコー 2004:181, 215）における同化政策である。

　土地私有化を通じた同化政策における同化の契機は，2段階に分けることができる。第1段階は先住民が私的所有という市場経済と同様の形態で土地と関係を結ぶ段階，そして第2段階は土地の市場取引を通じて土地所有権が先住民以外の主体に拡散する段階である。ドーズ法の場合，連邦政府は個人に割当てられた土地を25年間保護下におき売買や賃貸などの取引を禁じたが，信託期間である25年が過ぎると土地は課税対象となり，そのため土地を二束三文で近隣白人農家に売り渡す先住民が続出し，約90万人の先住民が土地を失った（鎌田 2009:79）。ANCSAにおける同化の第2段階は，土地の売買ではなく先住民会社の株式の売買を通じて行われる。当初，先住民会社の株式は譲渡が禁じられており，ANCSAの制定からちょうど20年後の1991年12月18日に譲渡制限が解除されるとしていた。しかし，株取引の解禁を通じて先住民会社の株主構成において非先住民が多数派となれば，先住民は会社の支配力を失い，それゆえ土地に対する支配力を失う。

　イヌイットの国際団体であるイヌイット環極北会議 (Inuit Circumpolar Conference) は，1983年にブリティッシュ・コロンビア最高裁判所の前判事であるトーマス・バーガーをアラスカ先住民評価委員会の長に指名し，ANCSAのレヴューを依頼した。その報告書「ヴィレッジ・ジャーニー：アラスカ先住民評価委員会報告書」においてバーガーは，リスクに満ち利益志向の法人的土地保有形態は村民が部族地に対して抱いている生業的で長期的な期待に不適応であることを指摘し，村落会社の土地を部族政府に移転することを提

言した。これはわれわれの言葉で言えば,「法人モデル」から「主権モデル」への転換を意味する。しかし,地域会社がリーダーシップをとるアラスカ先住民連盟は,部族政府への土地移転を支持せず,代わりに株の譲渡制限を無期限に延期することを提案した。また,アラスカ非先住民の間でも移転に対する反対の声は強く,結局 1991 年の ANCSA 改正では移転案の実施は見送られ,各先住民会社が株の譲渡解禁を自ら決定するまで譲渡制限が継続されることとなった(Korsmo 1994:95-96)。法人モデルから主権モデルへの転換は,非先住民のみならず先住民自身の手によって阻止されたのである。

アラスカ法人モデルは,新自由主義による先住民統治のための制度的な一大イノベーションである。実際,この制度は先住民と自然との関係に決定的な変化をもたらした。第 1 に,法人モデルは先住民の間に強力な開発主義と市場主義を植え付けることに成功した。先住民はそもそも会社を組織しなければANCSA の提供する土地とマネーを享受することはできない。すでにみたように地域会社は営利法人であり,土地に対するスチュワード的管理よりもむしろ財務パフォーマンスによってその成功が判断される。村落会社は営利・非営利のどちらを選択することも可能であるが,非営利の場合には株主に配当を分配することが認められていないので,村落会社もまた営利法人を選択することとなる。これらの先住民会社が開発の核となることにより,総体として地域社会における開発志向性の著しい増大がもたらされたのである。

その結果,地域社会では,資源開発に利害を有する先住民会社と土地の保全や持続的利用を重視するコミュニティや部族政府の間でしばしば激しい対立が生ずることとなった。例えば先述の ASRC は,北極圏国立野生生物保護区(Arctic National Wildlife Refuge)における 1002 地区の開発権を取得したが,これにはグウィッチンなど近隣先住民が開発反対運動を展開し大きな社会問題となってきた[9]。また ASRC の石炭埋蔵地の探査活動は,近隣のポイント・レイやポイント・ホープに居住しカリブー狩猟を行う先住民の懸念を引き起こし,オフショアの石油掘削活動はカクトヴィクのホッキョククジラ漁に従事する先住民の反対を受けている。別の先住民会社の例としては,レッド・ドッグ鉱山の水質汚染をめぐるナナ地域会社 (NANA Regional Corporation) とキヴァリナ村部族政府の対立,地域会社ドヨン (Doyon) に

よるユーコン平原国立野生生物保護区の石油・ガス開発をめぐる地元民との対立などをあげることができる (Kentch 2012:827-836)。もちろん，開発の政治過程は複雑であり全てがこのような対立に区分けできるわけではないが，先住民会社が地域における開発の中心的な主体として機能していることは否定できない。

第2に，ANCSAは先住民の生業的な伝統的ライフスタイルを脅かすこととなった。ANCSAは土地・補償金と引き換えに先住民の狩猟・漁業権を廃止することを明記する一方で (43 U.S.C. 1603)，先住民の生業的な権利については何も言及していない。そのため，先住民の生業的な自然利用と，非先住民によるレクリエーションないし商業的な自然利用の利害調整が大きな問題となった。1959年の州設立法では漁撈・狩猟は州の管轄となっているため，生業的な自然利用への対処は当初州に委ねられ，1978年にアラスカ州法「魚類・猟獣管理関連法」が制定された。これは魚類・猟獣の「生業利用」(subsistence uses) に優先権を与えるもので，ここで生業利用とは，「食料・住居・燃料・衣料・道具・輸送としての…直接的な個人的・家族的消費のための野生再生可能資源の慣習的・伝統的利用」と定義される。さらに，その後連邦政府が1980年に制定した「アラスカ国有地保護法」(the Alaska National Interest Lands Conservation Act, 以下ANILCAと略) は，その第8篇「生業管理と利用」において国立公園・森林・野生生物保護区を含む連邦公有地における生業管理レジームを定めている。これは「公有地における先住民と非先住民の両方を含む村落住民 rural residents による生業利用のための機会の継続」を宣言するもので，そこでは「生業利用」が「野生再生可能資源のアラスカ村落住民による慣習的・伝統的利用」と定義されている。これがANILCAの「村落優先性」(rural preference) と呼ばれるものである。1986年には，アラスカ州法も同様の規定に改正された。

しかし，1989年のMcDowell v. State事件判決においてアラスカ最高裁判所は，1986年のアラスカ改正州法における村落生業優先性が，公有地への「平等なアクセス」を求めるアラスカ州憲法に違反しているという判決を下した。州憲法は，魚類・野生生物・水は人々の共同利用のために保存されており，州の水域においては漁業のいかなる排他的権利や特権も創設されないこ

と，天然資源の利用ないし処分を統治する法と規制は万人に等しく適用されるべきことを定めているというのである（McGee 2010:235）。この判決以降，州有地における生業利用保護政策の継続は不可能となり，生業管理のレジームは連邦政府下においてのみ継続されることとなった。

この問題を，例えばCaulfield（1992:23）のように公有地における生業優先性と平等なアクセスの原則の対立とみる見解や，McGee（2010:255-256）のように，あらゆる民主的レジームの礎石を個人的権利の原則におく立場とコミュニティや文化に帰属する集合的な政治的権利の存在を認める立場との対立ととらえる見解もある。しかし私は，ことアラスカの生業利用に関しては，ANCSAが先住民の漁撈・狩猟権の放棄と引き換えに土地とマネーを付与したという歴史的経緯を念頭におくべきであると考える。つまりSacks（1995:289）が指摘するように，ANCSAは事実上，先住民の生業的ニーズを儀礼的狩猟ではなく「生存のためのカロリー」と解釈し，この極めて経済主義的な生業＝サブシステンスの解釈を通じて先住民的権利の廃止と私的土地配分を行ったものとみなすことができる。言い換えれば，ANCSAの導入によって，先住民の生業権は人権から取引可能な所有権の一種に変質したのである。それは市場主義的な法人モデルによる統治化のための作用の1つであったということができよう。

第3節　連邦国家型統治方式—デンマーク・カナダ

本章の第1節で述べたように，アラスカを除く北極海沿岸諸国の先住民・自然の統治方式は，先住民に枯渇性資源・再生可能資源の両資源に対する主権を分与するデンマーク・カナダ方式と，枯渇性資源に対する権利は国家主権が保持し，先住民には再生可能資源に対する権利のみを認めるロシア・ノルウェー方式に区分される。これは国家形態からみれば，前者を連邦国家型，後者を単一国家型と呼ぶことができよう。以下本節では，連邦国家型の統治方式について検討する。

(1) デンマーク（グリーンランド）

グリーンランドはその9割をカラーリットと呼ばれるイヌイットが占めている。2012年現在，総人口はおよそ5万6700人，うち88.7%が民族集団において「グリーンランド生まれ」に分類され，また住民のうち約4万8000人が都市に居住している（Statistics Greenland 2012:6）。もともと海獣の狩猟や捕鯨を生業としていたが，19世紀前半にグリーンランドの南沖合で進行した温暖化による影響で住民の多くが狩猟から漁業へと移行した。エビをはじめとしてタラ，カニ，オヒョウなどの商業的漁業が現在もグリーンランドの主要産業となっており，また輸出の大部分をこれら海産物が占めている。

グリーンランドは主権モデルを代表する地域である。グリーンランドの自治獲得の過程は，1979年からのいわゆるホーム・ルール（Home Rule）と，2009年からのセルフ・ルール（Self Rule）の時期に区分される。ホーム・ルールを成立させた先住民運動は戦後にデンマーク語で教育を受けたカラーリットのエリート層が主導したものであるが，ホーム・ルール自体は民族的基準ではなく地理的に定義されるものであって，有権者にはカラーリットだけではなくグリーンランドでは少数派のデンマーク人なども含まれる。1960年代後半から70年代初めまでにグリーンランド社会は小規模の伝統的・生業的な狩猟・漁撈から近代的な輸出主導型経済に転換を遂げたが，ホーム・ルール運動はこうした社会構造の転換や都市化の進展といった矛盾のなかで生じたカラーリットの民族的覚醒が，当時世界で進行していた民族自決運動や反植民地主義運動の影響を受けながら発展していったものである。とくに1970年代前半には，1973年ヨーロッパ経済共同体（EEC）へのデンマーク加盟によりEECの漁業規定がグリーンランドに押しつけられたり[10]，汚染の懸念からグリーンランドが反対していたにも関わらず西岸の漁場における石油の探査権を1974年に本国が多国籍石油企業に与えるなど，自然利用をめぐるデンマークの措置に対するグリーンランドの不満が高まった。79年のホーム・ルールは，こうした経緯を経て成立したものである（Nuttal 1994:7-8）。

グリーンランドは，デンマーク本国からの独立と主権の確立を，資源開発を通じて実現しようとしてきた。グリーンランド経済は本国からの補助金に依存しており，2010年におけるその額は35億デンマーククローネ，グリーンランド政府歳入のおよそ40%に達する（Statistics Greenland website）。この本

国への依存体質を克服し真の自立を達成するため,ホーム・ルール導入後,まず1980年代にグリーンランドが取り組んだのが漁業の近代化を軸とする経済開発政策である。その概要は次のようなものであった(以下の記述は,Poole 1990:110-112 による)。グリーンランド政府の主要目標は3点である:① 少なくとも短中期的には主に再生可能海洋資源の開発に基づく経済発展を行うこと,② そのことによりデンマークからの経済的独立を推進し政治的自立への動きを強化すること,③ 同時に,グリーンランドにおける先住イヌイット文化,伝統的な生業的狩猟・漁撈の生産様式から生まれる文化を保護すること。具体的には,1985年からの政府5ヵ年計画において,以下の分野に年間1億3000万デンマーククローネが支出された:① 漁船の近代化と隻数の増大,② 都市の魚加工工場の近代化と地方における老朽設備の更新,③ 沿岸漁業・沖合漁業の強化とアカウオ・オヒョウなど新規魚種の開拓による漁業容量の倍増,④ アザラシの皮やその皮製品の販売高の増大による漁師の生活保護と狩猟地区における魚・肉類生産の奨励,⑤ 漁業・魚加工業における雇用の確保。これら投資のほとんどは政府下の漁業会社を通じて行われたが,そのほか民間投資も補助金や政府融資を通じて奨励された。一方,グリーンランドは鉄鉱石・鉛・亜鉛・石炭・金・モリブデン・ウランなどの鉱物資源も豊富に存在し石油・ガスの埋蔵も確認されていたが,世界市場価格に比べ開発コストが高く,また地下資源の開発や輸送が環境と伝統的狩猟・漁撈に与える負荷から懸念が表明されていた。とくにウランについては倫理的理由から開発を認めずユーラトムからも脱退していた。このように1980年代のグリーンランドは,主に海洋の再生可能資源に依拠した市場主義的開発戦略をとっていたのである。

　しかし,この開発戦略は成功したとは言い難かった。当初こそ漁獲高は増大したものの,乱獲で漁場ストックが激減する一方過剰投資が災いして一連の漁業会社の倒産を引き起こした。輸出も増大したが,一方で燃料や機械・包装資材などをほとんど輸入に頼っているため貿易収支は逆に悪化した。また,市場志向・輸出志向の近代化戦略は,親族性と義務を要素に含む先住民の伝統的な生産様式と矛盾し,先住民の文化を守るという政府の目標を事実上掘り崩すこととなった(Poole 1990:113-114)。

こうした再生可能資源に依拠した開発戦略の行き詰まりから，グリーンランドは枯渇性資源を中心とした開発戦略への方針転換を余儀なくされる。それは，外国企業への税制優遇やコンセッション条件緩和などを内容とする新鉱物法の制定（1991年）時にすでに始まっているが，この新しい戦略が本格化するのは2009年のセルフ・ルール時からである。同年には，「グリーンランド自治政府法」（Act on Greenland Self-Government，以下「自治政府法」と略）のほか，「鉱物資源法」（Mineral Resources Act），「鉱物戦略2009」（BMP 2009）といった重要な法的文書が相次いで出されている。後二者から検討すると，まず「鉱物戦略2009」では，戦略の目的として ① グリーンランドが鉱物資源の魅力的な開発地域として認知されること，② 開発による利益のしかるべき部分が社会に保証されること，③ ライセンス条項が小企業・大企業の双方にとり適当なものであり，経済変動に対して堅固で企業・官庁相互にとり単純で容易なものであること，④ グリーンランドとデンマークの新しい鉱物協定の枠組の中で実施可能なこと，を挙げている（BMP 2009:13）。次に鉱物資源法では，グリーンランド自治政府がグリーンランドの地下における鉱物資源を統制・利用する権利を有すること（第2条1項），グリーンランドにおける鉱物資源の予測・探査・開発と輸出，保管その他鉱物資源活動に関する目的のための地下の利用，水・風・地下からのエネルギーの利用，パイプラインの設置と運営は，グリーンランド政府の付与するライセンスの下でのみ行われること（第2条2項），鉱物資源は炭化水素と鉱物を意味すること（第5条1項），本法はグリーンランドの領土・領海，およびグリーンランドの大陸棚地域と排他的経済水域に及ぶこと（第9条1項），ライセンス取得者はグリーンランドの労働力を用いるべきこと（第18条各項），などが定められている。以上にみられるようにグリーンランドは現在，セルフ・ルールの下で獲得した鉱物資源に対する主権的権利を通じて，鉱物資源に依拠した開発戦略をめざしている。

グリーンランドの鉱物制度の興味深い特徴は，それがデンマーク本国との政府間財政関係にリンクしており，「補助金レント相殺制度」と呼ぶべき仕組みが作られている点である。自治政府法によれば，その内容は次のように規定されている：① デンマーク政府は，グリーンランド自治政府機関に毎年34億

3960万デンマーククローネの補助金を供与する（第5条1項），②この額は一般価格・賃金指数の増加に応じて調整される（第5条2項），③グリーンランドにおける鉱物資源活動からの収入はグリーンランド自治政府機関に発生する（第7条1項），④この収入には，鉱物資源活動へのライセンス料や開発企業への課税収入などが含まれる（第7条2項），⑤収入が7500万デンマーククローネを越える場合には，その半額までデンマーク政府から自治政府への補助金を削減する（第8条1項），⑥その結果デンマーク政府の補助金がゼロになった場合には，両政府の経済関係について再度交渉を開始する（第10条）。このように本法では，自治政府が鉱物資源活動から獲得するレントによってデンマーク政府からの補助金を直接相殺するしくみが作られている。

　この新しい鉱物資源制度の下で，すでにかなりのライセンス付与が行われている。石油・ガスの鉱区開発にはグリーンランドのヌナオイルのほか，ドング（デンマーク），マエルスク（デンマーク），エクソン・モービル（米），シェヴロン（米），ハスキー（カナダ），ケアン・エナジー（英），PAリソースズ（スウェーデン），コノコフィリップス（米），シェル（オランダ），スタトイル（ノルウェー），GDFスエズ（フランス），ペトロナス（マレーシア）といった企業が参画している（Ministry of Foreign Affairs 2011:26）。またその他の各種鉱物資源の探鉱活動も進んでおり，とくにこれまで探鉱・採掘が禁止されていたウランについても，採掘は引き続き禁止されてはいるものの，2011年には探鉱ライセンスが承認されるに至っている（JOGMEC 2012:134-137）。

　以上は，主にグリーンランドによる「自治拡大」という観点からみた近年における動向の概略であるが，これをデンマーク国家からみた先住民統治の「主権モデル」という観点からとらえ直せば，次のようにいうことができる。前節でみたアラスカ法人モデルは，国家主権が先住民に法人格を与え彼らを法人として組織するとともに地下資源に対する所有権を与えることにより開発主義・市場主義を被統治主体に植え付け，同時に連邦によるパターナリスティックな介入主義とそれにともなう負担というそれまでの関係を断ち切ることを意図するものであった。デンマーク主権モデルの機能も同様である。すなわち，連邦型の国家構造の下でデンマーク国家がグリーンランドに制限的主権を分与し国

民として組織しさらに地下資源に対する主権的権利を与えることにより，グリーンランドに独立ないし主権の実質化を目的とする開発主義・市場主義を植え付け，同時にデンマーク政府からグリーンランド自治政府への補助金を漸次的に削減する。先住民の組織化，地下資源に対する所有権の付与方法，国家介入の様態に関する新自由主義的構造において，主権モデルは法人モデルと大きな違いはない。デンマーク主権モデルの補助金レント相殺制度は，法人モデルにおける先住民会社の財務パフォーマンスに相当する指標を提供するものであり，同時に開発と本国による非介入主義の関連を視覚的に明示化する極めて新自由主義的な制度である。またグリーンランドの有権者数はおよそ4万2000人であるが，前節でみたアラスカ地域会社ASRCの先住民株主数は1万1000人であり，ほぼ同様の規模である。地域における先住民人口の割合の高さと本国に対する相対的な人口の少なさ（デンマーク本国の人口はおよそ550万人）が，主権モデルの形成を本国主権にとって受入れ可能にしている1つの要因であると思われる。

(2) カナダ

カナダの先住民は，通常，ファースト・ネーション（北米インディアン），メティス，イヌイットの3つに分類される。ファースト・ネーションにはカナダの630以上の先住民部族が属し，メティスはファースト・ネーションとヨーロッパ人の混血子孫である。カナダ全土における先住民人口は全体の4%弱であるが，ユーコン準州および北西準州ではファースト・ネーションを中心とする先住民が人口のそれぞれ25%，50%程度を占め，1999年に北西準州から分離したヌナヴト準州では，イヌイットが84%を占めている（表3-2）。

カナダにおいても1970年代から先住民の権利運動が活発化し，連邦政府や準州政府などとの間で一連の協定が結ばれることとなった。1971年のジェームス湾における水力発電ダム建設発表を契機に現地のクリー族およびイヌイットと連邦政府・ケベック州政府および開発会社の間で締結された1975年の「ジェームス湾および北ケベック協定」（James Bay and Northern Quebec Agreement）や，ユーコン準州および北西準州の先住民と連邦政府との間で締結された1984年の「イヌヴィアルイト最終協定」（Inuvialuit Final Agreement），1992年の「グウィッチン包括土地権益協定」（Gwich'in

Comprehensive Land Claim Agreement)，1993年の「サトゥ・ディネおよびメティス包括土地権益協定」(Sahtu Dene and Metis Comprehensive Land Claim Agreement)，同年の「ヌナヴト土地権益協定」(Nunavut Land Claim Agreement)，1995年の「ユーコンファースト・ネーション土地権益法」(Yukon First Nation Land Claims Settlement Act) といった一連の協定や法がそれである。さらに1993年に採択された「ヌナヴト法」(Nunavut Act) により，ヌナヴトは1999年には北西準州から分離しイヌイットを多数派とする独自の準州となった。

表3-2 カナダにおける先住民人口 2006年

	総人口	先住民人口	北米インディアン	メティス	イヌイット	非先住民人口
カナダ	31,241,030	1,172,785	698,025	389,780	50,480	30,068,240
ニューファンドランド・ラブラドル	500,610	23,455	7,765	6,470	4,715	477,160
プリンスエドワードアイランド	134,205	1,730	1,225	385	30	132,475
ノヴァスコシア	903,090	24,175	15,240	7,680	325	878,920
ニューブルンスウィック	719,650	17,650	12,385	4,270	185	701,995
ケベック	7,435,905	108,425	65,085	27,980	10,950	7,327,475
オンタリオ	12,028,895	242,495	158,395	73,605	2,035	11,786,405
マニトバ	1,133,515	175,395	100,640	71,805	565	958,115
サスカチュワン	953,850	141,890	91,400	48,120	215	811,960
アルバータ	3,256,355	188,365	97,275	85,495	1,610	3,067,990
ブリティッシュコロンビア	4,074,385	196,075	129,580	59,445	795	3,878,310
ユーコン準州	30,190	7,580	6,280	800	255	22,615
北西準州	41,060	20,635	12,640	3,580	4,160	20,420
ヌナヴト	29,325	24,915	100	130	24,635	4,405

出所：Statistics Canada website.

　これらの協定の特徴は，アラスカ式の法人モデルを出発点としながら，先住民の権利要求運動の中で次第に主権モデルとしての実質を獲得していったこと

である。代表としてヌナヴト土地権益協定を取り上げると，その内容は次のようになっている（以下の記述は同協定のほか，Nunavut Tunngavik Incorporated 2004）による。

① 本協定により，ヌナヴト居住地域（Nunavut Settlement Area，以下 NSA と略）が設定される（第3条）。NSA ではイヌイットが本協定の権利と便益を享受する。NSA は土地と水を含む。この用語は，ヌナヴト準州が成立する 1999 年まで用いられる。

② イヌイットは，先住民的権原（aboriginal title）の行使に基づくあらゆる請求権・権利・権原・利益を放棄する代わりに，定められた権利と便益を得る（協定前文）。まずイヌイットは，NSA の中からおよそ 18％の土地をイヌイット所有地（Inuit Owned Land）として獲得する。イヌイット所有地の主目的は，自らの社会的・文化的なニーズ・欲求と両立するやり方で経済的自足を推進する権利と土地をイヌイットに提供することである（第 17 条 1.1 項）。イヌイット所有地には，地表権のみを有する 13.6 万平方マイル（35 万 6000 km^2）の土地と，地表権および鉱物・石油・ガスを含む地下権を有する 1 万 4000 平方マイル（3 万 6257 km^2）の土地がある。これらの土地の権限は，ヌナヴト・トゥンガヴィク会社（Nunavut Tunngavik Incorporated）と地域イヌイット連盟（Regional Inuit Association）が保有する。イヌイットの将来世代の利益のためにイヌイット所有地は政府以外に売ることはできないが，リースは認められる。

③ 土地のほかに，カナダ政府はヌナヴト・トラストに対して追加的な資本移転支払（capital transfer payments）を行う。14 年間で総額約 11 億 7000 万カナダドルが支払われる（第 29 条）。ヌナヴト・トラストは地域イヌイット連盟が運営する。トラストの資金は，ヌナヴト・トゥンガヴィク会社やヌナヴト老齢年金基金，ヌナヴト社会経済発展トラスト会社などに融資される。

④ 企業が NSA に存在する連邦地において鉱物・石油・ガスの開発を行った場合，イヌイットはカナダ政府が企業から徴収した資源ロイヤリティの一部を受け取る権利を有する。イヌイットは，カナダ政府が毎年徴収するロイヤリティの最初の 2 万カナダドルについてその 50％を受け取る。2 万カナダドルを超える部分については，イヌイットは超過分の 5％を受け取る。ロイヤリティ

はヌナヴト・トラストに支払われる（第25条）。なお地下権を有するイヌイット所有地については，イヌイットがロイヤリティを全額徴収する。またNSAで石油開発を行う場合には，カナダ政府はイヌイット機関と協議しなければならない（第28条）。企業はイヌイットとの事前協議なしに地下資源開発を行うことはできない。

⑤ イヌイットは，経済的・社会的・文化的理由によるニーズを満たすまで野生生物を捕獲する権利を有する。野生生物に関する決定に対するイヌイットの参画を保証するため，ヌナヴト野生生物管理委員会（Nunavut Wildlife Management Board, 以下NWMBと略）が組織される（第5条）。NWMBの任務は，NSAにおける野生生物の捕獲水準を設定・配分・調整することである。NWMBの費用はカナダ政府が負担する。NWMBの構成員はイヌイット機関が半数を指名し，カナダ政府が残り半数を指名する。議長は両者から1名ずつ選び共同で行う。NWMBは総許容捕獲量（Total Allowable Harvest）を毎年設定し，各コミュニティの猟師・わな猟師機関（Hunters and Trappers Organization）はNWMBに代わって成員による狩猟活動を管理する。その他，保全地域についてもカナダ政府とイヌイットの共同管理に関する同様の規定がある。

以上がヌナヴト土地権益協定の概要である。他の協定，とくに1980年代以降に締結された協定も，若干の相違はあるものの同様の構造となっている。土地に対する先住民的権利を放棄する代わりに先住民法人が私有地とマネーを獲得するという方式は法人モデルと同様であり，とくにイヌヴィアルイト地域会社（Inuvialuit Regional Corporation：IRC）は先住民の会社の中でも最も成熟した事業展開を行っていることで知られている[11]。しかし，カナダの土地権益協定はそれにとどまらぬ主権モデルとしての特徴を有している。すなわち第1に，「居住区」（Settlement Area）という主権的領域を設定することにより，生業権と一定の地下資源に対する権利を確保していることである（イヌヴィアルイト最終協定では，これは居住地域 Settlement Region と呼ばれる）。ヌナヴトの場合，協定締結の数年後に準州として独立したため居住区は名実ともに準州の領土となったが，1980年代以降に締結された他の協定も基本的には同様の構造を有している[12]。第2に，野生生物管理委員会や石油開

発時のイヌイット機関との協議義務規定のように，再生可能資源・枯渇性資源の双方において，意思決定へのイヌイットの「参加」が重視されていることである。これは協定前文において，本協定の目的として「オフショアを含む土地・水・資源の利用・管理・保全に関する意思決定に参加するイヌイットの権利」および「野生生物捕獲に関する意思決定に参加するイヌイットの権利」として確認されているところである。

　カナダ・モデルの特徴は，新自由主義的な法人イデオロギーに基づく法人モデルと，参加を重視する主権モデルが結合して，独自の開発体制を構築していることにある。われわれはその典型例を，マッケンジー・ガスプロジェクト (Mackenzie Gas Project) にみることができるであろう（以下の記述は，主に Mason et al.2008 による）。これはボーフォート海に面するマッケンジー川デルタからアルバータまでマッケンジー渓谷に沿って天然ガスを輸送する 1 万 196km のパイプライン建設プロジェクトである。このパイプラインは，北西準州における 4 つの先住民地域（イヌヴィアルイト居住地域，グウィッチン居住区，サトゥ居住区，デ・チョ・テリトリー）を通過するため，建設に当っては先住民との調整が必要となる。本計画が最初に浮上したのは 1970 年代初頭であるが，当時は環境問題に対する懸念や土地の権利問題が未解決であったなどの事情から先住民は開発に反対し，現地のヒアリング調査を行ったバーガー（彼は前節で言及したアラスカ先住民評価委員会の委員長でもある）は，1977 年の報告書で先住民の土地問題が解決するまで 10 年間のモラトリアムを提言した。

　本計画が再浮上するのは 1990 年代末である。1999 年 6 月には北西準州とカナダのパイプライン大手トランスカナダが天然ガス開発に関する覚書に調印，2000 年 2 月にはカナダの四大エネルギー企業であるインペリアル石油，シェル・カナダ，ガルフ・カナダ，モービル石油がプロジェクトの共同フィージビリティ調査を開始した。こうした動きを受けて，パイプラインの回廊にある先住民たちが 2000 年 6 月に結成したのが「先住民パイプライン・グループ」(Aboriginal Pipeline Group，以下 APG と略）である。APG は「パイプラインの所有を通じて北西準州における先住民集団の長期的な財務収益を最大化すること」(APG website より）をマンデートとし，現在のところ上記 4 先

住民族のうち土地の権利問題が解決していないデ・チョ (Deh Cho) を除く3先住民族が参加している。APGとインペリアル石油，コノコフィリップス・カナダ，シェル・カナダ，エクソンモービル・カナダはコンソーシアム「マッケンジー渓谷パイプライン・ジョイントベンチャー」を結成し，2004年にはプロジェクトの申請を行い本格的な開発に着手した。APGは建設費負担分26億ドルにつき銀行とトランスカナダから融資を受けており，パイプライン建設後の輸送料収入から返済される（APGは当初連邦政府に債務を申し込んだが拒否された）。ガスプロジェクトでは，パイプライン建設のほか，「パイプライン操作トレーニングセンター」や「カナダ石油人的資源部門評議会」などを通じての先住民の職業訓練と人的開発，また先住民による各種ビジネス支援なども行われている。

このように，パイプライン建設に対する先住民の態度は，40年の歳月を経て，一部先住民を除き反対から積極的な賛成へと転化した。その背景には，土地権益協定締結後の先住民によるビジネス経験と市場経済への関与の深化，さらには伝統的な生活様式の希薄化といった諸要因が存在する。この点につき，イヌヴィアルイト地域会社の社長は次のように述べている。「1970年代からの最大の変化は，石油・ガス産業が先住民を開発の統合的部分であると理解していること，そして先住民が資源収入の公正な分け前を受け取りパイプラインとその派生ビジネスに直接投資する機会をもつべきであるということである」(Mason et al.2008:194)。開発企業との対等なパートナーシップに基づく先住民の石油・ガス開発への積極的参加を，先住民の「成熟」の現れとみなすこともできよう。しかし，上記の発言に端なくも表現されているように，それはまた先住民が所有とレントの分与を通じて石油・ガス開発体制にその「統合的部分」として組み込まれていく過程でもあったのである。

第4節　単一国家型統治方式―ノルウェー・ロシア

次に本節では単一国家型統治方式を検討する。これはノルウェーおよびロシアの統治方式に当るもので，枯渇性資源に対する権利は国家主権が保持し，先

住民には再生可能資源に対する権利のみをそれぞれ自治モデル・法人モデルの形で認める方式である。ロシアは形式的には連邦制をとっているが，連邦政府の権限が強く，実態的に単一国家型の統治方式に分類するのが妥当である。

(1) ノルウェー

ノルウェーの主要な先住民族はサーミである。サーミの伝統的生業はトナカイ放牧のほか，居住地域によって狩猟・漁撈に従事している。各国統計によればサーミは北欧からロシアにかけておよそ6万4000人居住している。その内訳はノルウェーがおよそ3万8000人，スウェーデンが1万5000人，フィンランドが9000人，ロシアが2000人であり，ノルウェーは最大のサーミ人口が存在する国となっている。2010年度版のサーミ統計集によれば[13]，サルトフィレット以北3県におけるサーミ人口は3万8000人余りで全人口の1割程度であり，最大人口を抱えるフィンマルク県で全人口の3割弱となっている。またトナカイ牧畜の従事者人口は，サーミ人口の8％程度である（表3-3）。

表3-3 ノルウェー・サルトフィレット以北3県におけるサーミの状況 2009年

	合計	フィンマルク県	トロムス県	ノルドランド県
総人口	386,485	72,492	155,553	158,440
うちサーミ	38,468	20,543	15,090	2,835
サーミ都市人口	11,464	7,504	3,021	939
トナカイ牧畜従事人口*	3,012	2,208	198	196
トナカイ頭数*	187,967	127,990	8,928	11,083
漁撈従事者数	781	452	308	21

注：トナカイ牧畜従事人口，トナカイ頭数の合計はノルウェー全国の数字。その他の合計は3県合計。
出所：Statistics Norway (2010) より作成。

一般にノルウェーを含む北欧3ヵ国では，サーミを他の一般市民と同等に扱う同化主義的政策がこれまで進められてきており，サーミの先住民としての「権利」を国王から与えられた「特権」として解釈する傾向が強い（Beach 1994:175）。こうした先住民統治における単一国家的性格は，ノルウェーにおいては以下の点に現れている。第1に，先住民の土地に対する権利を所有権ではなく利用権に狭く限定的に解釈していることである。サーミのトナカイ牧畜

は1978年の「トナカイ牧畜法」(Reindeer Herding Act) によって規制されている[14]。トナカイ牧畜の権利は，居住・季節移動・放牧・施設建設・狩猟・罠設置・漁撈・たき火・木材伐採といった一連の利用権から構成される。トナカイ牧畜の法的基盤は慣習的な昔からの利用 (immemorial usage) であり，最低100年の継続性を持っていなければならない。トナカイ牧畜の志望者はサーミの子孫でなければならず，親もしくは祖父母が中心的職業としてトナカイ牧畜に従事していたことが必要である。サーミの子孫であるとはサーミの家族に属していることを意味する。トナカイ牧畜法自体にはその詳細な規定はないが，ガイドラインによれば，サーミの子孫として認められるための規準には自己をサーミであると認識しているという主観的要因と，自分自身もしくはその前の世代がサーミ語を母語として使用しているという客観的要因がある。

　土地に対する先住民の権利に関連して，スウェーデンとフィンランドは，本章の第1節でも言及したILO169号条約を批准していないが，その最大の理由は，同条約第14条の「関係人民が伝統的に占有する土地の所有権および占有権を認める」という規定が利用権中心の自国の規定にそぐわなかったためである。しかしノルウェーは，自国先住民の「強固に保護された利用権」はILO169号条約の所有権規定を満たすという独自の解釈を行い，1990年に同条約を批准している (Minde 2001:118, Beach 1994:196-197)。

　第2に，サーミの生業であるトナカイ牧畜が，国家によって集権的に管理されていることである（以下の記述は，主にJernsletten et al.2002による）。ノルウェーでは面積にしておよそ14万km^2，国土の40％でトナカイ放牧が行われているが，主に農業との競合を避ける理由から明確な放牧ゾーンが指定されており，それは6つの「トナカイ放牧地域」(Reindeer Pasture Areas) からなっている。主要地域は90の「トナカイ放牧地区」(Reindeer Pasture Districts) に分けられ，うち78が夏・通年地区，12が秋・冬その他地区である。トナカイ牧畜は農業食料省の管轄下にあり，同省は放牧地域の設定，トナカイ牧畜の権原に関する問題，主要トナカイ放牧地域外部のトナカイ放牧に対する許可，フェンス・設置物の承認に責を有する。「ノルウェー・トナカイ牧畜機関」(Norwegian Reindeer Husbandry Administration) は農業食料省のトナカイ牧畜専門部局である。次に同省内に「ノルウェー・トナカイ牧畜

委員会」(Norwegian Reindeer Husbandry Board) が組織される。委員会は農業食料省の指名する委員4人とサーミ議会の指名する3人の7人から構成される。委員会はトナカイ牧畜の国家的管理を行い，放牧地域の地区への分割，各地区のトナカイ数，牧草食時間と地域，協定違反時の強制措置，牧畜用小屋の建設許可，年度報告の作成などに責任を有する。さらに，各地域にはサーミ議会と自治体から地域委員会が組織され運営に当る。またさらにその下の各地区には地区の委員会がある。このように，ノルウェーのトナカイ牧畜では，農業食糧省—トナカイ牧畜委員会—地域委員会—地区委員会というヒエラルキー的な管理システムが構築されている。

　第3に，地下資源，とくに石油・ガス資源に対するサーミの特別な権利は一切認められていない。ノルウェーの石油・ガス開発体制の経緯と現状は以下のようである[15]。同国の石油・ガス資源は全てオフショアにある。1970年代から開発が本格化し，以来同国のGDPの2割以上，輸出の3分の2を占める中心的産業となっている。現在，石油・ガス開発を規制する法律は1997年制定の「石油活動法」(Petroleum Activities Act) である。本法は，ノルウェー国家が海底埋蔵石油に対する所有権と資源管理に対する排他的権利を有すると定めている（第1-1条）。資源管理は，本法の規定とストーティング（ノルウェー国会）の決定に従い国王が執行する。石油資源の資源管理は，ノルウェー社会全体の便益のために長期的視点から行われる（第1-2条）。国家を除くいかなる者も，本法が求めるライセンスや承認・同意なしに石油活動を行うことはできないとされている（第1-3条）。国が石油採掘事業を管理・統制するため1972年に石油監督局 (Norwegian Petroleum Directorate) が設立され，また同年，油田探査の実行，原油の採掘・輸送・精製・販売を行うことを目的とした国営石油会社スタトイル (Statoil) が設立された。2001年，スタトイルは民営化されたが，その後も政府が株の67％を保有し経営権を事実上掌握している。また資源開発が進む中で，政府は1985年にはSDFI (State's Direct Financial Interest：政府直接権益) を創設した。SDFIは政府が直接保有する油田・ガス田やパイプラインその他設備のポートフォリオで，当初スタトイルが管理していたが，2001年，スタトイルの民営化にともない，SDFIを管理するための新しい国営会社ペトロ (Petoro) が設立されている。

2010年,一般政府歳入のおよそ5分の1が石油関連活動からであった。政府収入は,石油ガス産業の法人税(通常の法人税28％＋石油ガス特別法人税50％),NOx税やCO$_2$税など石油ガス企業から得られるその他の税収,ペトロ社所有の石油ガス権益から得られる収入,スタトイル社の株主配当金,ライセンス料からなる。これらの収入から石油ガス事業支出を差し引いた額は政府年金基金－グローバル(Government Pension Fund- Global)に積み立てられ,海外金融市場で運用される。

このように,ノルウェーの石油ガス開発はこれまで国家の手によって集権的に進められてきた。先住民は開発プロセスに直接的に関与しておらず,石油活動法にも先住民に関する規定は全くみられない[16]。サーミ団体はこれまでカナダその他の先住民運動の成功に刺激を受けつつ石油ガス権益の公正な配分などを主張してきたが,石油資源は国民全体に属するものであり特定の集団に帰属するものではないとされてきたこと,ノルウェーの開発がもっぱらオフショアであり,サーミの陸上および海岸の生業活動に影響を及ぼすものではないことなどの理由でそうした主張は退けられてきた。また同国においてサーミの権利に関する情報収集を行っている先住民権利リソースセンター(Resource Centre for the Rights of Indigenous Peoples)は,サーミ人の教育やビジネス支援のための石油基金設立を提案したことがあったが,サーミ民族はノルウェー社会の一部であり,他のノルウェー人と異なる便益を享受すべきではないという理由から反対が多く実現しなかった(Hansen et al.2008:225-226)。こうした点にも,先住民の権利に対するノルウェーの単一国家的な思考の特徴が現れているといえる。

私が「自治モデル」と呼ぶ2005年成立の「フィンマルク法」(Finnmark Act)は,これまでみてきたようなノルウェー国家による単一国家型統治の圧力と,それに抗するサーミの先住民運動の力関係の中から形成された特異な制度である。同法の制定に至る経緯を簡単に振り返ると[17],戦後のノルウェーにおいてサーミの先住民運動が大きく前進したきっかけは,フィンマルク県のアルタ・カウトケイノ水路(Alta-Kautokeino Watercourse)におけるダム建設である。1978年にストーティングが同ダムの建設を決定すると,サーミや環境保護団体から大きな反対運動が起こった。ダム自体は1987年に完成を

みたが、この問題を契機に、それまでサーミがノルウェー社会に十分に統合されていたと考えていた政府も先住民問題に真剣に取り組むようになる。1980～81年にはノルウェー・サーミ連盟、ノルウェー・サーミトナカイ牧畜者連盟、サーミ評議会ノルウェー支部といったサーミ団体との間で会合を持ち、政府はサーミの文化問題と法的問題を検討する2つの委員会を立ち上げた。そのうち法的問題を扱う「サーミ権利委員会」(Sami Rights Committee) の勧告に従い、ストーティングは1987年にサーミ議会 (Sami Parliament) の設立を定める「サーミ法」(Sami Act) を制定するに至った[18]。さらに1988年にはノルウェー憲法が改正され、第110a条に「サーミ民族がその言語、文化および生活様式を保持し発展させることを可能にする条件を作ることは、国家機関の責務である」という、サーミの先住民的権利に関する条項が初めて盛り込まれた。1989年には初のサーミ議会が開会となり、1990年には先述のILO169号条約を批准する。2005年にストーティングが制定したフィンマルク法は、こうした先住民政策の進展の中から生まれたものであった。

　法律の目的は、フィンマルク県の土地と天然資源の管理を、県住民の便益のために、とくにサーミ文化とトナカイ牧畜・商業活動・社会生活の基盤として、バランスのとれた生態学的に持続可能な方法で促進することである（第1条）。本法律は、ILO169号条約やその他国際法の先住民とマイノリティに関する条文を遵守して適用される（第3条）。同法律および法務省が作成した『フィンマルク法ガイド』(Ministry of Justice 2005、以下「ガイド」と略) によれば、その具体的内容は次のようである。法の基本的内容は、法制定時、国営会社Statskog SFが所有していたフィンマルク県の土地のおよそ95％を占める4万5000 km^2 の土地を、新たに設立するフィンマルク・エステート (Finnmark Estate) を通じて地方の所有に移管しようというものである。フィンマルク・エステートは私的土地所有者であり、公的当局に対しては他の土地所有者と基本的に同等の関係に立つ。フィンマルク・エステートは、サーミ評議会が指名する3名およびフィンマルク県議会が指名する3名の合計6名からなる委員会によって運営される。フィンマルクの全ての住民は、狩猟・漁撈・クラウドベリー採取を含むフィンマルク・エステートの土地の天然資源を

開発する権利を有する。フィンマルク法は「民族的に中立」(ethnically neutral) であって, 個人の法的地位はサーミ人・ノルウェー人・クヴェン人その他で相違はない。一方, 本法はフィンマークにおける既存の土地利用・所有権には変更を加えないとされている。また本法には, 海洋における漁撈や地下資源に関する規定はない。

　この法律の特徴は, 土地に対するサーミの特別な権利を一切認めない代わりに, サーミ議会によるフィンマルク・エステートの運営への関与という形で, サーミの利害を土地管理に反映させようとしている点にある。つまり Fitzmaurice (2009:112) が指摘するように, ILO169号条約の第14・15条や国連先住民宣言の第26・32条にある先住民の「土地に対する権利」アプローチが, 「地域の部分的行政に対する権利」に置き換えられているのである。その意味でノルウェー自治モデルにおける「自治」とは, 先住民の土地に対する権利を実質化するための自治ではなくて, それをむしろ骨抜きにするものとなっている。あるいはフィンマルク法は, 先住民に対する単一国家型統治を維持したいノルウェー国家と, 先住民的権利を要求するサーミの妥協の産物であるということもできよう。こうした自治モデルの問題点は法案の審議過程においても明らかにされた。ストーティング法務委員会は, 法務省に対し本法案が国際法の基準を満たしているか専門家によるアセスメントを行うよう求めた。これに対して, グレイバーおよびウルフステインの両専門家が行った評価は, ILO169号条約はサーミ住民が伝統的に最高位の支配を行ってきた県の部分に対する所有権もしくは占有権をサーミ民族に与えることを求めていると述べ, 法案の行政的措置はこの要求を満たしていないと結論づけたのである (Graver and Ulfstein 2004:376, Ulfstein 2004:46)。サーミ評議会も本法に先住民の所有権や優先的権利に関する規定が欠如している点に不満を持ち, これはサーミの勝利ではなく妥協に過ぎないとしている (Hansen et al.2008: 223)[19]。いずれにせよ, ノルウェー自治モデルは, 現時点において北欧の単一国家型統治が土地に対する先住民の権利を受容することのできる一種の臨界点を示すものであるといえる。

　(2) ロシア
　ロシアにおける先住民統治は帝政からソ連時代を経て今日に至る長い歴史が

あるが，ここでは主に2000年のプーチン政権成立以降の状況をみる。まず先住民政策を考える上で前提となる，今世紀に入ってからの北方政策関連の重要な動向を2点指摘しておきたい。第1に，地下資源開発における中央集権化と国家化である[20]。もともと，ロシア憲法では地下資源の占有・利用・処分は連邦と連邦構成主体（共和国・州・地方・連邦的意義を有する都市・自治州・自治管区）の共同管轄事項であると規定されており（第72条），1992年に制定されたロシア連邦法「地下資源について」（以下「地下資源法」と略）では，企業その他に地下資源利用権を与えるライセンスは，連邦と連邦構成主体が共同で交付するものと定めていた（第16条）。地下資源開発に地方の関与を認めるこの方式は「二重鍵方式」と呼ばれる。しかし，2004年には地下資源法の改正により地下資源利用ライセンスの交付が連邦政府に一元化され，さらに2008年の改正では，一定以上の規模を有し「外国投資家の参加する法人」の入札・競売への参加を制限できる「連邦的意義を有する地下資源鉱区」の制度が導入された（第2.1条，第13.1条）。一方，石油・ガスからの税収としては鉱物資源採掘税と輸出関税が二大源泉をなし，2004年には原油の両税を財源とする「安定化基金」が設立された。原油の国際市場価格（ウラル原油価格）が基準価格（1バレル＝27ドル）を超えた場合に，基準価格を上回る部分に対応する両税の連邦予算増収分が安定化基金に繰り入れられる。さらに2008年には，安定化基金が「予備基金」と「国民福祉基金」に分割されるとともに，新基金の財源に天然ガスの輸出関税・採掘税および石油製品の輸出関税が追加されて現在に至っている。

　第2に，北方政策における「市場化」の傾向である（Blakkisrud 2006:38）。すなわち，北方地域を石油・ガスその他地下資源の産出する「儲かる北」と活発な経済活動の展望がなく国家からの財政移転に依拠する「儲からない北」に区分し，前者の発展と後者の規模縮小をめざしながら，全体として北方地域のダウン・サイジングを図る方向への政策転換である。「儲かる北」の代表的な地域はヤマル・ネネツ自治管区やハンティ・マンシ自治管区のような石油・ガスの大産地であり，その他ネネツ自治管区，トムスク州，コミ共和国，サハ共和国，イルクーツク州，エヴェンキ自治管区などが挙げられる。これらの地域の開発と労働力の確保に際しては，企業城下町や定住型の居住区を建設するソ

連型の方式が見直され,「交替方式」(вахтовый метод) と呼ばれる出稼ぎ型の労働力調達方式が重視される。一方,「儲からない北」には,コミ共和国,ブリヤート共和国,マガダン州,チュクチ自治管区,ネネツ自治管区などの小規模コミュニティが含まれる。これらの地域では,移住の奨励とインフラや各種施設の支出削減を通じて,展望のない居住区(неперспективные посёлки)の「自然死」を促進することが図られる。その結果,1989年から2002年にかけて極北の居住区の数は10%減少し,マガダンでは2002年センサス時に42%の居住区が廃止ないしゴーストタウン化していたという (Heleniak 2009:129, 150-151)。周知のように,ソ連崩壊によって極北では大規模な人口流出が発生した。1989年から2006年にかけて極北では17%の人口が流出し,とくにチュクチ自治管区では74%,マガダンでは57%の人口が流出した。しかし,ソ連末期における極北の人口密度はアラスカの2.5倍,カナダ極北やグリーンランドの50倍であり,すでに1990年代の早い時期にはロシア政府に極北は人口過剰であるというコンセンサスが形成されていたようである[21]。一方,「儲かる北」のハンティ・マンシ自治管区には同時期に3.7%の人口流入増,自然増とあわせて15.3%の人口増となり,ヤマル・ネネツ自治管区は人口流出が6.7%となっているものの自然増を含めると全体で7.2%の人口増である。このように,北方政策の市場主義的・功利主義的な性格が強まったことが,プーチン時代のもう1つの大きな特徴である。

　ロシアでは,先住民を「先住少数民族」(коренные малочисленные народы) という用語で規定している。連邦政府の先住民政策を定めるのは,2000年を前後して成立した3つの法律,すなわち1999年4月30日付連邦法「ロシア連邦先住少数民族の権利の保証について」(以下「権利保証法」と略),2000年7月20日付連邦法「ロシア連邦北方・シベリア・極東の先住少数民族オプシチナの組織化の一般原則について」(以下「オプシチナ法」と略) および2001年5月11日付連邦法「ロシア連邦北方・シベリア・極東の先住少数民族の伝統的自然利用について」(以下「伝統的自然利用法」と略) である。

　権利保証法は,「ロシア連邦先住少数民族の独自の社会経済的・文化的発展の保証とその固有の生活環境,伝統的生活様式・生業・狩猟の保護の法的基盤を樹立する」(前文) ことを目的に制定される。同法では,先住少数民族が

「自己の先祖が伝統的に居住する地域に居住し、伝統的な生活様式・生業・狩猟を保持し、5万人以下で、自己の自律的な民族共同性（самостоятельные этнические общности）を自覚している民族」と定義され、先住少数民族の民族名を列挙した「統一リスト」が連邦政府によって承認される（第1条）。第8条では先住少数民族の権利が定められており、「伝統的な居住・経済活動の場所において、伝統的な生業の実施や伝統的狩猟への従事に必要な様々なカテゴリーの土地、および広く普及している鉱物資源を無料で利用する権利」（同条1-1項）のほか、それら土地や鉱物資源の利用に対する管理に参加する権利（1-2項）、伝統的な居住・経済活動の場所において土地や天然資源の工業利用が行われる際の環境保護の管理に参加する権利（1-3項）、それらの場所で天然資源開発や環境保護の連邦・地域国家プログラムが実施される際の環境・民族監査（アセスメント）の実施に参加する権利（1-6項）、あらゆる形態の組織および自然人の経済活動によって先住少数民族の固有の生活環境にもたらされた損失に対して補償を受ける権利（1-8項）などが挙げられている。

権利保証法の「統一リスト」の最新版は2011年12月26日付連邦政府決定によるもので、そこでは47の先住少数民族が挙げられている。それらのうち「ロシア連邦北方・シベリア・極東先住少数民族リスト」では40の先住少数民族が定められている。表3-4は、それら40民族とシベリアに居住するその他の主要非ロシア民族の一覧である。表に示されているように、40民族の合計はおよそ22万人であり、居住エリアが若干異なるため単純に比較できないがウラル以東のシベリア人口がおよそ3900万人とすると、人口割合はその0.5～0.6％に相当する。統一リストの残りの少数民族とその居住地域・人口数（2002年センサス）は、アバジン（カラチャエヴォ-チェルケス共和国、3万7942人）、ベセルミャン（ウドムルト共和国、3122人）、ヴォチ（レニングラード州、73人）、イジョル（レニングラード州、327人）、ナガイバク（チェリャビンスク州、9600人）、セト（プスコフ州、不明）、シャプスーグ（クラスノダール地方、3231人）である。

オプシチナ法と伝統的自然利用法は、統一リストの先住少数民族のうち「北方・シベリア・極東先住少数民族」を対象とする法律である（したがって、以下の説明における「先住少数民族」とは全てこれらの民族をさす）。オプシチ

表 3-4　ロシアの先住少数民族

民族名	主な居住区域	伝統生業	人口（2002年）
アリュート	カムチャツカ地方	海獣狩猟・漁撈	540
アリュートル	カムチャツカ地方	海獣狩猟・漁撈・トナカイ牧畜	データなし
ヴェプス	カレリア共和国，レニングラード州		8,240
ドルガン	クラスノヤルスク地方，サハ共和国	トナカイ牧畜・狩猟・漁撈	7,261
イテリメン	カムチャツカ地方	海獣狩猟・漁撈	3,180
カムチャダール	カムチャツカ地方	漁撈・狩猟	2,293
ケレック	チュクチ自治管区	狩猟・漁撈	8
ケット	クラスノヤルスク地方	狩猟・漁撈・トナカイ牧畜	1,494
コリヤーク	カムチャツカ地方，マガダン州ほか	トナカイ牧畜・海獣狩猟・漁撈	8,743
クマンディン	アルタイ地方，アルタイ共和国，ケメロヴォ州	ステップ型牧畜・狩猟	3,114
マンシ	チュメニ州，ハンティ・マンシ自治管区，スヴェルドロフスク州ほか	トナカイ牧畜・狩猟・漁撈	11,432
ナーナイ	ハバロフスク地方，沿海地方，サハリン州	狩猟・漁撈	12,160
ヌガナサン	クラスノヤルスク地方	トナカイ牧畜・狩猟・漁撈	834
ネギダール	ハバロフスク地方	狩猟・漁撈	567
ネネツ	ヤマル・ネネツ自治管区，アルハンゲリスク州，ネネツ自治管区ほか	トナカイ牧畜・狩猟・漁撈	41,302
ニヴフ	ハバロフスク地方，サハリン州	漁撈・海獣狩猟・狩猟	5,182
オロッコ（ウィルタ）	サハリン州	トナカイ牧畜・狩猟・漁撈・海獣狩猟	346
オロチ	ハバロフスク地方	漁撈・海獣狩猟	686
サーミ	ムルマンスク州	トナカイ牧畜	1,991
セリクープ	チュメニ州，ヤマル・ネネツ自治管区，トムスク州ほか	狩猟・漁撈・トナカイ牧畜	4,249
ソヨート	ブリヤート共和国	ステップ型牧畜・狩猟	2,769
ターズ	沿海地方	農業	278
テレンギット	アルタイ共和国	ステップ型牧畜・狩猟	2,399

第4節　単一国家型統治方式―ノルウェー・ロシア　111

テレウト	ケメロヴォ州	ステップ型牧畜・狩猟	2,650
トファラル（トファ）	イルクーツク州	トナカイ牧畜・狩猟・漁撈	837
トゥバラル	アルタイ共和国	ステップ型牧畜・狩猟	1,565
トゥヴィン-トジン	トゥバ共和国	トナカイ牧畜・狩猟・漁撈	4,442
ウデヘ	沿海地方, ハバロフスク地方	狩猟・漁撈	1,657
ウリチ	ハバロフスク地方	狩猟・漁撈	2,913
ハンティ	チュメニ州, ハンティ・マンシ自治管区, ヤマル・ネネツ自治管区ほか	トナカイ牧畜・狩猟・漁撈	28,678
チェルカン	アルタイ共和国	ステップ型牧畜・狩猟	855
チュワン	チュクチ自治管区, マガダン州	トナカイ牧畜・狩猟・漁撈	1,087
チュクチ	チュクチ自治管区, カムチャツカ地方	トナカイ牧畜・海獣狩猟	15,767
チュリム	トムスク州, クラスノヤルスク地方	漁撈・狩猟・牧畜	656
ショル	ケメロヴォ州, ハカシヤ共和国, アルタイ共和国	ステップ型牧畜・狩猟	13,975
エヴェンキ	サハ共和国, クラスノヤルスク地方ほか	トナカイ牧畜・狩猟・漁撈	35,527
エヴェン（ラムート）	サハ共和国, マガダン州, カムチャツカ地方ほか	トナカイ牧畜・狩猟・漁撈	19,071
エネツ	クラスノヤルスク地方	トナカイ牧畜・狩猟・漁撈	237
エスキモー	チュクチ自治管区, カムチャツカ地方	海獣狩猟・漁撈	1,750
ユカギール	サハ共和国, マガダン州	トナカイ牧畜・狩猟・漁撈	1,509
合計			252,244
アルタイ	アルタイ共和国ほか	ステップ型牧畜・狩猟	67,239
サハ（ヤクート）	サハ共和国ほか	牛馬飼育・狩猟・漁撈	443,852
タタール			5,544,990
トゥバ	トゥバ共和国ほか	ステップ型牧畜・狩猟	239,000
ハカス	ハカシヤ共和国ほか	ステップ型牧畜・狩猟	75,622
バシキール			1,673,389
ブリヤート	ブリヤート共和国ほか	ステップ型牧畜・狩猟	445,175

出所：高倉編（2012）pp.92-95, Overland and Blakkisrud（2006:172-183）などから作成。

ナ法は，これら先住少数民族が形成する「オプシチナ」(община) の組織および活動の一般原則を定めるものである（前文）。一般にオプシチナとは伝統的共同体を意味する言葉であるが（英語では通常 community や commune という訳語が充てられる），オプシチナ法におけるオプシチナとは，先住少数民族の「固有の生活環境を保護し，伝統的生活様式・生業・狩猟・文化を維持・発展させる目的で創設される，少数民族に属し血縁的特徴（家族・氏族）および（もしくは）領土的近隣的特徴によって結び付いている人々の自己組織化の形態」であり，その種類には家族オプシチナ，近隣地域オプシチナ，オプシチナ連合がある（第1条）。オプシチナの活動は，非商業的な性格を有する（第5条）。オプシチナの発起人となることができるのは先住少数民族に属する18歳以上の人間であり，構成員は3人以上なければならない。設立文書として設立契約と定款が必要であり，それらにはオプシチナの名称・所在地・活動内容を記載しなければならない。設立されたオプシチナは国家登録され，それにより法人の資格を得る（第8条）。オプシチナの成員になることができるのは，先住少数民族に属する16歳以上の人間である（第11条）。オプシチナの成員は，伝統的生業・狩猟の必要のために動物・植物界の対象，広く普及している鉱物資源およびその他の天然資源を利用する権利を有する（第12条2項）。またオプシチナの成員は天然資源を合理的に利用し自然保護措置を実施する責務を有する（第13条）。

　伝統的自然利用法は，先住少数民族の伝統的自然利用と伝統的生活様式のために，「伝統的自然利用領域」(территории традиционного природопользования) の創設・保護・利用の法的基盤を定めるものである（前文）。伝統的自然利用領域とは，先住少数民族がその伝統的自然利用と伝統的生活様式を管理するために創設される特別保護自然領域であり，また「伝統的自然利用」とは，先住少数民族による「歴史的に形成され非枯渇的な自然利用を保証する動物・植物界の対象およびその他天然資源の利用方法」と定義される（第1条）。伝統的自然利用領域には，連邦的・地域的・地方的意義を有するものがある（第5条）。これらの伝統的自然利用領域は，先住少数民族に属する者およびオプシチナないしその代表者のアピールに基づき，それぞれ連邦政府・連邦構成主体執行機関・地方自治機関の決定により実現される（第6条）。伝統的自然利用

領域の範囲は，① 植物・動物個体群の生物多様性の再生可能性と保存の保証，② 先住少数民族の様々な伝統的自然利用の実施の可能性，③ 先住少数民族の歴史的に形成された社会的・文化的関係の保持，④ 歴史・文化遺産の一体性の保持，といった条件を考慮して定められる（第9条）。

　以上がロシアにおける先住民関連の主要法令の概要である。その内容を要約すれば，ロシアの統治方式は，非営利先住民法人オプシチナを通じて再生可能資源に対する利用権のみを先住民に付与する単一国家型の法人モデルと規定することができる。それは以下のような特徴を有する極めて特異な先住民統治制度である。第1に，ロシア国家による恣意的で権威主義的な先住民の定義である。権利保証法における定義では「先住少数民族」とそれ以外の民族を人口規模で線引きしており，しかも先住民の土地に対する権利を具体化するオプシチナ法・伝統的自然利用法では南方の諸民族が排除されている。これらの特徴をØverland（2009:170）はロシア先住民定義の「人口シーリング」と「北方地理バイアス」と呼んでいる[22]。先住民の定義には確かに難しい問題があるが，「先住性」の国際的な理解では一般に支配民族による征服の歴史を重視しており[23]，ロシア先住民定義のこれらの特徴を先住性の国際理解と一致させるのは困難であると思われる。国家が統治の有効性という観点から民族アイデンティティを厳しく統制する制度は1932年のスターリンによるパスポート制度に始まるとされるが，そうした統治の歴史は民族による「下からの」アイデンティティ形成を困難なものにしてきた（Gray 2004:57）。現在のロシア国家による先住民定義も，民族集団による潜在的な国家への対峙能力を考慮して作られたものであることは明白であろう。さらに，「政府対政府」の関係に立って先住民と協定交渉を行うことにより先住民の権利の問題を取り扱う他の北極海沿岸諸国とは異なり，ロシアの立法が先住民集団を「政府対政府」関係において交渉する対象ではなく，ある特殊なニーズを有する「民族集団」として理解している点（Fondahl et al.2001:546, 550）も，ロシアによる統治の権威主義的性格を示している。

　第2に，「土地請求の単位」としてのオプシチナという制度の特異性である。権利保証法をみると，ロシアの先住少数民族に認められている天然資源に対する権利は基本的に土地とその再生可能資源に対する利用権であり，その意味で

はノルウェーと同様である。この再生可能資源に対する利用権を具体化するのがオプシチナという非営利先住民法人であり，したがって本来ならばオプシチナが土地請求権の基本単位に当るものとなるはずである。ところが不思議なことに，オプシチナ法にはオプシチナ成員の土地利用権に関する規定はあるが，オプシチナ自体と土地との関係を規定する条文が存在しない。これは連邦のオプシチナ法に先立ち 1992 年に制定されたサハ共和国法「北方少数民族の遊牧氏族オプシチナについて」において，再生可能資源に対するオプシチナの「恒久的な利用権」が保証されていたのと比べても不可解なことである[24]。また他の北極海沿岸諸国と比較した場合のもう 1 つの大きな特徴は，土地請求の単位が非常に細分化されていることである。これまでみてきたように，例えばカナダの場合，土地を請求し政府と交渉する主体はクリーやイヌヴィアルイトなどの民族集団であり，またロシアと同じ法人モデルのアラスカにおける先住民企業は，あるエリアにおける先住民全体を代表する地域会社としてエリアごとに 1 企業ずつ存在するものであった。これに対して，ロシアの土地請求単位であるオプシチナは家族経営もしくは数家族による経営が一般的であり，単位としてより小さく局部的である。このようにロシアの土地請求は，小集団によって交渉されるいわば「群島的性格」を有しているのである（Fondahl et al. 2001:443-554）。

　ロシアにおける土地請求単位の細分化と群島的性格をもたらしている大きな要因は，おそらく先住民による土地請求が「主権要求」へ転化することを抑制しようというロシア国家の意向であろう。このことは，オプシチナと並んで土地請求のもう 1 つの重要な制度である伝統的自然利用領域の具体化が進んでいないことと関連しているように思われる。もともと両制度とも，連邦法の制定に先立つ 1990 年代に各地域で制度化が試みられたものであるが[25]，オプシチナに比べ伝統的自然利用領域は先住民が自らの再生可能資源利用を管理する領土的性格を有する領域であり，また特別自然保護区域として開発抑制的・環境保全的な性格をもあわせ持っている。その意味で本制度は潜在的影響力のかなり大きな制度なのであるが，2009 年現在もまだ地域・地方レベルの領域の創設・承認の基盤となる連邦レベルの伝統的自然利用領域の模範規程が作成されていない[26]。オプシチナ法の制定後 3 年間に全国で 246 のオプシチナが形成

されたこと（Øverland and Blakkisrud 2006:176）と比べても，その制度化の遅滞は明らかである。

　また他国との土地請求単位の規模の違いをもたらしていると思われるもう1つの要因は，土地請求の対象範囲の問題である。アラスカやカナダ，グリーンランドの土地請求権は，枯渇性資源とくに石油・ガス資源にまで及んでいる。これら諸国の土地請求単位は枯渇性資源のレントを構成員に配分する主体でもあり，時には資源開発それ自体を行う主体ともなる。それゆえこれらの土地請求単位は，巨額のレントの配分組織として，単なる再生可能資源の伝統的利用を行う組織には求められない規模の組織体制が必要となるのである。ロシアにおいても，枯渇性資源のレントを先住民に配分するしくみがないわけではない。例えば1992年の地下資源法では，第42条に「少数民族および民族集団の居住地区内での地下資源利用の場合，ロシア連邦を構成する共和国・地方・州・自治州の予算に組み入れられる納付金の一部は，これらの民族および集団の社会経済的発展のために使用される」という規定があり，これに基づいて手当の給付などが行われている。しかしこの場合のレントは開発主体から先住民集団に直接配分されるのではなく，レント配分の役割は地方政府が担っている。こうしたレントの間接的分与（直接的分与の回避）は，土地請求単位の細分化を維持する必要条件である。またそれとともに，先住民の土地に対する権利の実現というレント配分が本来持つべき側面が薄れ，また配分も恣意的になる。

　第3に，法人モデルの導入目的における変化である。周知のように，ソ連時代に先住民は定住化・集住化が進められるとともに，コルホーズ（集団農場）およびソホーズ（国営農場）へ組織化することにより生業である狩猟・漁労やトナカイ飼育を産業化することがめざされた。コルホーズ・ソホーズによる先住民の組織化は，今日的視点からすれば，対先住民統治における法人モデルの先駆的形態とみなすことができよう。この「ソ連型法人モデル」の目的は，「原始的」な先住民社会の近代化と生業経済の産業化による生産性の向上にある。具体的には，国家が銃器・弾薬・捕獣器や自動車・モーターボート・スノーモービルなどの輸送手段，およびガソリンなどの燃料を安く供給して装備の近代化を図り，一方で毛皮やトナカイ肉などの生産物は公定価格で買い上

げ，物資の運搬などの物流支援も行っていた。先住民はコルホーズ・ソホーズの従業員となり，ボーナスや表彰制度，ソホーズ間の生産性競争などを通じて労働意欲を刺激された。また居住区では学校や病院が建設され，住宅の建設・改善や電力供給，食料・衣料供給，通信手段・娯楽の提供などが行われた（渡部 2009, 佐々木 2009）。つまり国家が生業経済の投入・産出双方に積極的に介入することによって，本来は自給自足的な生業を域外需要を満たす「産業」として形成し維持していたのである。ところがソ連崩壊と市場経済化のなかで，政府の補助の停止，燃料・輸送コストや車・モーターボート部品の高騰，需要の低い毛皮価格の暴落，トナカイ肉の販路の喪失といった事態が引き起こされ，先住民経済は窮地に追い込まれるに至った。

　一方，現在の「ロシア型」法人モデルがめざすものは何か。この点につき，例えば2001年に採択された連邦目的別プログラム「2011年までの北方先住少数民族の経済社会的発展」では次のように述べられている。1950年代から70年代にかけて国家支援は先住民族の生活の事実上全ての側面を覆っていたが，同時にこの時期には定住化や生業破壊，ソホーズにおける産業経済の形成といった「深刻な誤り」が犯された。国の市場経済への移行期に先住民族の社会経済的発展における否定的過程が著しく深化し，その克服のために国は二次にわたる国家プログラムを実施したが，財政難によって十分に実現することはできなかった。緊急の解決を要する最重要の問題は，市場競争に耐えられない伝統的経済部門の発展である。国家支援のメカニズムを新しい条件へと改革・適応させて，先住民族がその居住地区において自力発展および自己保障（самообеспечение）できるようにしなければならない（第1章）。プログラムはこうした現状認識から，「伝統的経済部門の総合的発展による自己保障原則」に基づく先住民族の持続的発展を目的に掲げている（第2章の1）。また2009年2月4日付ロシア連邦政府指令「ロシア連邦北方・シベリア・極東の先住少数民族の持続的発展のコンセプト」（以下「コンセプト」と略）は，国家はこれまで先住少数民族に対して一連の支援を行ってきたが，その伝統的生活様式の現代的経済条件に対する非順応性のために北方少数民族の状態が困難化していること，小規模な生産，高い輸送費，原料・生物資源の総合的加工に関する現代的企業・技術の欠如により，伝統的経済活動の競争力の低さと低い生活水

第4節　単一国家型統治方式―ノルウェー・ロシア　117

準，高い失業率がもたらされていることを指摘している（第2章）。そしてコンセプトは，北方少数民族の伝統的な生活様式と経済活動の基盤としての土地，生物資源を含む天然資源，良好な自然環境の重要性や，伝統的な居住・経済活動の場所における漁場・猟場・生物資源に対する北方少数民族の優先的アクセスの権利を承認しつつ（第3章），「固有の生活環境，伝統的生活様式と文化を保持する下で，北方少数民族の社会経済的ポテンシャルの強化に基づき持続的発展の条件を作り出すこと」を目的とし，課題として① 固有の生活環境・自然利用の維持，その1つとして気候変動の生態的・経済的・社会的結果に対する北方少数民族の適応への協力，② 伝統的経済活動の発展と現代化，伝統的経済活動の生産物の販売市場の形成に対する協力，伝統的経済活動の効率性を向上させる北方少数民族の中小企業活動への支援，などに取り組むとしている（第4章）。

　以上の政府文書からも明らかなように，ここには先住民族とその生業に対する国家介入の根本的な転換がみてとれる。すなわち，先住民の生業を遅れた原始的な経済活動ととらえ，定住化と生業の産業化をめざして先住民族の生業経済に積極的に介入していくソ連型法人モデルから，生業の伝統性・文化性を強調しながら，「自己保障」という一種の「自己責任原則」を掲げ（Øverland and Blakkisrud 2006:185），生業の「企業化」により市場経済における先住民の自立化と国家による直接的支援の縮小を図るロシア型法人モデルへの転換である。それはまた，「近代化する権力」から「市場化する権力」への転換でもある[27]。ソ連による「近代化プロジェクト」の実施とその後のソ連崩壊は，「儲からない北」の人々，つまり「自らを近代として，そして近代性の形成者として一度は定義しておきながら，現在はそのプロジェクトから切り離されてしまった人々」（Thompson 2008:7）を生み出した。これはポストソ連における「近代化の後退」（demodernization）のプロセスである。これに対してロシア国家は，権威主義的国家主義と新自由主義的市場主義を組み合わせた「市場化する権力」として先住民族の前に現れる。そして先住民を再生資源空間に極限しつつ，その市場的自立を強要するのである。

結論　開発体制に組み込まれる先住民

　本章では、北極海沿岸諸国が北極圏の開発に際して先住民をどのように統治しようとしてきたのかを、先住民の天然資源に対する権利、とくに枯渇性資源に対する権利に焦点を当てながら分析し、先住民統治の基本構造を明らかにすることをめざしてきた。おおまかにいって、先住民の枯渇性資源に対する権利を認め、法人モデルないし主権モデルの形で先住民に枯渇性資源のレントを配分することによりその開発体制への組み込みを図るアラスカ・カナダ・デンマーク（グリーンランド）の統治方式と、先住民の枯渇性資源に対する権利を認めず、彼らのレントに対する特権的なアクセスを排除し、あくまでも再生資源空間における自立を求めるノルウェー・ロシアの統治方式に区分することができる。

　総じて言えることは、近年北極圏で行われてきた開発において、新自由主義的な市場原理が強い影響力を及ぼしてきたということである。北極には市場原理が吹き荒れている。本来コモンズ＝再生資源空間に生きる先住民は、それに抗しうる圏内における唯一の抵抗の拠点、コモンズ原理の拠点であったはずである。しかし、1970年代以降の新自由主義的統治政策は、そうしたコモンズ性を掘り崩してきた。先住民は、次第に開発体制へと組み込まれてきたのである。

　次章では、気候変動下における開発体制の「積極的適応体制」への転換が、先住民の運命にどのような影響を与えるのかを考察する。

第3章　注
（1）　この点に関しては、国連が先住民宣言を受けて2008年に作成した先住民問題に関するガイドラインでも、同様の趣旨の記述がみられる。同ガイドラインは、先住民の天然資源は彼らの土地と領土の生きた統合的な構成要素であり、この概念には地表と地下、水、森林、氷、大気といった環境全体が含まれると述べている。そして、先住民のサブシステンスと開発に必要な資源に対する先住民の権利は尊重されるべきであるとする一方、先住民の土地にある地下資源が国家によって所有されている場合にも、先住民はこれら資源の開発に対する自由な事前のかつ情報に基づく合意に対する権利を有し、また便益分与の取り決めに対する権利を有すると述べている (United Nations Development Group 2008:17)。

（2） この点については、例えば Anaya（2005:241-242）、Linde（2009:14）を参照。
（3） 以下の記述は、主に Chaffee（2008:115-116）、Skinner（1997:83）による。
（4） 以下の記述は、ANCSA の条文のほか、藤田（2012:638-647）、Chaffee（2008:116-123）に依拠している。
（5） アラスカにおける保留地は、1934年のインディアン再組織法を受けて1936年に成立した「アラスカ再組織法」（Alaska Reorganization Act）の下で進められたが、結局6カ所しか作られなかった。その理由としては、河川や沿岸へのアクセスを制限する保留地に商業漁業者や缶詰業者が反対したこと、当時の準州知事を含む政治家が分離政策に反対していたこと、保留地が狩猟・漁撈に十分な大きさではないなどの理由で先住民自身が反対する場合があったこと、などの理由が挙げられる（Korsmo 1994:90）。
（6） corporation は「法人」とも「会社」とも訳しうるが、本章では地域会社・村落会社のように具体的な組織をさすばあいには「会社」とし、それ以外の主に法制度上の概念をさすばあいには「法人」と訳し分けることとする。
（7） Kentch（2012）によれば、アラスカ先住民会社の収入は2004年に総額で44億7000万ドルであり、うち1億1750万ドルを株主への配当として分配した。一人当りの年間配当額はゼロから2万5000ドルまで格差がある。1973年から1998年まで、ASRC の株主への配当金は年平均でおよそ600ドル（1998年価格）であった（Kentch 2012:818）。
（8） 対先住民政策における「法人モデル」の萌芽は、1934年の IRA にみることができる。同法第17条は、内務長官が成人インディアンの請願によって部族に法人設立の特許状を発出しうることを定めている。ただし、IRA の法人は部族政府を支援するための経済組織として作られたのに対して、ANCSA の法人はあくまで部族政府から独立した営利企業であり、部族政府に対してではなく株主に対して義務を有する点で大きな違いがある。しかし、IRA 法人は先住民が法人制度下で機能しうるという考え方を浸透させ、ANCSA の先住民会社制度への道を切り開いたのである（Skinner 1997:42, 58）。
（9） 計画の現状とグウィッチンの反対運動については、井上（2003）を参照。
（10） 1972年にデンマークで行われた EEC 加盟の国民投票では、グリーンランド住民は賛成28.5%、反対68.9%であった。ホーム・ルール導入後、1982年にグリーンランドは再度 EEC 加盟の住民投票を行い、賛成46.1%、反対52.0%で1985年に EEC を脱退した（Lyck and Taagholt 1987:52）。
（11） イヌヴィアルイト地域会社（以下 IRC と略）は1984年のイヌヴィアルイト最終協定により設立された会社で、協定により獲得した 91,000 km^2 の土地（うち 13,000 km^2 は石油・ガス・鉱物の地下権付き）を保有している。IRC は居住地域にある6つのイヌヴィアルイト・コミュニティが有する「コミュニティ会社」（community corporation）の代表により運営され、イヌヴィアルイト土地会社、イヌヴィアルイト投資会社、イヌヴィアルイト石油会社、イヌヴィアルイト開発会社のほか、北極圏・カナダ南部・海外に30以上の会社を事業展開している。IRC 内にあるイヌヴィアルイト土地管理部（Inuvialuit Land Administration）は、イヌヴィアルイト所有地を管理するほか、配分資金管理を行うイヌヴィアルイト・トラスト（Inuvialuit Trust）を管理している。18歳以上の全てのイヌヴィアルイトはトラストの譲渡不能株式を受け取り配当を受ける。2012年の配当金は総額201万8865カナダドル、一人当り438.68カナダドルが4174人に支払われた（IRC のウェブサイトによる）。
（12） この点、最も初期に締結された「ジェームス湾および北ケベック協定」では状況は若干異なっている。同協定では、土地を I～III の3つのカテゴリーに分けている。協定の前文「本協定の哲学」では、これらは次のように説明されている。カテゴリー I は自決権に基づき先住民の排他的利用のために割当てられるもので、当該先住民が通常居住しているコミュニティの内部および周

辺地域である。鉱物資源に関する活動を行うには先住民の同意が必要であるが，鉱物権および地下権は引き続きケベック州に属する。カテゴリーIIは先住民が狩猟・漁撈・わな猟を行う排他的権利を有するが占有に関する特別な権利はもたない土地である。ここでは，鉱物の探査と技術的調査は自由に行うことができるが，先住民の狩猟・漁撈・わな猟の権利を不当に侵してはならない。そしてカテゴリーIIIは，先住民に対して排他的権利や特権が与えられない土地である。先住民は以前と同様に捕獲活動を追求することはできるが，ケベック州の公有地に関する規定に従い全住民が等しくアクセス・利用できる。以上が土地のカテゴリーの説明である。「本協定の哲学」は，政府と先住民の交渉における「指導的原則」として，①ケベックはその領土の資源と領土全体をその全住民のために用いる必要があること，②先住民はケベックの他の住民とは異なる文化と生活様式を有していること，の2つを挙げている。また「本協定の哲学」は，クリーとイヌイットという本協定の当事者である2つのマイノリティが絶滅の危機に直面しており，ケベック政府が彼らの文化に「生き残りの機会」を与えなければ彼らの集団としての運命が閉ざされてしまうと述べ，クリーとイヌイットはケベックの「統合的部分」であるが同時に生き残りが脅かされているマイノリティであることが強調されている。このように，本協定ではケベック州の上位主権を前提として論理が組み立てられていることが，後の協定との土地に関する制度の違いとなって現れているものと思われる。

(13) ノルウェーの公式統計では住民のエスニシティに関する情報は集められていない。ノルウェー統計局の発行している『サーミ統計集』は，主にサーミ評議会の活動地域であるサルトフィレット以北3県のデータに基づいて作成されている。そのため，南部のサーミ居住区域が無視されていることが本統計の問題点となっている (Statistics Norway 2010:8-10)。

(14) 同法の英訳は未見。以下の記述は，Einarsbøl (2005)，Beach (1994) などによる。

(15) 以下の記述は，各種法令のほか，福島 (2004)，Hansen et al. (2008)，Statistics Norway ウェブサイトなどによる。

(16) ただし 2009 年に成立した「鉱物法」(Minerals Act) では，鉱物資源の管理と利用に関して考慮すべきことの1つにサーミの文化，商業活動と社会生活の基礎を挙げ（第2条），フィンマルク県で探査や開発を行う際には，サーミ議会やフィンマルク・エステート，またトナカイ牧畜の地域委員会に告知や情報提供を行うものとされるなど（第10・13条），サーミに対する一定の言及がみられる。

(17) 以下の説明は，主に先住民権利リソースセンターのウェブサイト
(http://www.galdu.org/govat/doc/eng_damning.pdf#search=%27altakautokeino+damming%27)
による。

(18) サーミ法の主な条文を示す。法の目的は，ノルウェーにおけるサーミ民族が自分たちの言語・文化・生活様式を守り発展させることができるようにすることである（第1-1条）。サーミ民族は，サーミ住民の中から選ばれる自分たち自身の全国規模のサーミ議会を持つ（第1-2条）。サーミ議会の職務は，議会の見地からとくにサーミ民族に影響を与えるすべてのことである（第2-1条）。他の公的機関は，サーミ議会の業務の範囲内にあることについては，意思決定の前にサーミ議会に意見を表明する機会を与えなければならない（第2-2条）。選挙は4年に一度，ストーティング選挙と同日に行われる（第2-3条）。13の選挙区からそれぞれ3人ずつが選ばれる（第2-4条）。有権者の資格を有するのは，自分をサーミであると考え，同時に(a)サーミ語を母語としている，(b)サーミ語を母語とする親か祖父母あるいは曽祖父母（いずれも単数一片山）を有していること，(c)サーミ有権者登録に現在あるいは以前登録していた人の子供，のいずれかの条件を満たす者である。該当者は居住自治体において有権者登録をすることができる（第2-6条）。

(19) また Fitzmaurice (2009:112-113) は，フィンマルク法が鉱物法，森林法，自然保護法，自動

車交通法，タナ川サケ漁業法，野生生物法などと並立する法であり，こうした過剰な法制は様々なレベルのサーミの参加を必要するため，多くの場合においてサーミの自決が排除されると論じている。
(20) 以下の記述は，安達（2007），本村（2005），田畑（2008），金野（2008），日臺（2010）などによる。
(21) Blakkisrud（2006:38-40）を参照。なおカナダと比較するとロシア北方の人口は1460万人過剰であるとの研究もある（Heleniak 2009:134）。
(22) Øverland（2009）の事例によれば，2005年，カレリア議会はヤブロコと共同で先住少数民族の人口シーリングを5万人から7万人に引き上げることを提起した。カレリア人人口は6万5000人で，シーリングが引き上げられれば先住民の特権を享受することができる。しかしヤブロコの政治力の小ささもあって，本提起はほとんど注目されなかった。また同論文では，「北方地理バイアス」により南方民族が排除されている理由としてイスラムの問題が指摘されている（Øverland 2009:168-169）。
(23) 例えばILO169号条約では，先住民を次のように定義している：(a)独立国における種族民で，その社会的，文化的及び経済的状態によりその国の共同社会の他の部類の者と区別され，かつ，その地位が，自己の慣習もしくは伝統により…全部または一部規制されているもの，(b)独立国における人民で，征服，植民または現在の国境の確立の時に当該国または当該国が地理的に属する地域に居住していた住民の子孫であるため先住民とみなされ，かつ，法律上の地位のいかんを問わず，自己の社会的，経済的，文化的および政治的制度の一部または全部を保持しているもの（第1条）。なお国連先住民宣言には，先住民の定義は明記されていない。
(24) Fondahl et al.（2001:553）を参照。なおサハ共和国の法律では，土地はサハ共和国人民の財産であるとしながら，①地方政府はオプシチナの伝統的な活動を支えるのに十分な土地の割当を保証する，②その土地においてオプシチナは伝統活動に要求される再生天然資源を無償で利用する恒久的な権利を享受する，③オプシチナは土地税の支払いを免除される，④森林の所有権は政府に属するがその生業的利用は認められ，またオプシチナは木材資源の商業利用を申し込むことができ，ライセンス取得の優先権を有する，⑤オプシチナは狩猟・漁撈その他の伝統活動の生産物を共同で所有する，⑥オプシチナはその土地の植物相・動物相の持続的生産性を保持する責任を負う，⑦政府による土地の譲渡は拒否できないが譲渡は補償を必要とする，⑧オプシチナに割当てられた土地におけるいかなる工業その他開発も先住民の住民投票による承認を必要とする，などの点が定められていた（Fondahl et al.2001:552）。
(25) 連邦法制定以前にオプシチナの制度化を進めていた地域にはサハ共和国，ハバロフスク地方，サハリン州，エヴェンキ自治管区，チタ州などがあり，一方，伝統的自然利用領域の制度化を進めていた地域にはコリャーク自治管区，ヤマル・ネネツ自治管区，カムチャツカ州，イルクーツク州，沿海地方などがあった（Fondahl 2001:547）。
(26) Шапхаев С.Г., «Традиционное природопользование и особо охраняемые природные территории» (http://etno.environment.ru/news.php?id=86) を参照。
(27) エリツィン政権下で1992年に設立された北方社会経済開発国家委員会（ゴスコムセーベル）が，数度の組織改編を経たあとプーチン政権下で2000年に結局廃止され，その機能と人員のほとんどが経済発展・貿易省に移されたのは，プーチンの機能主義的・市場主義的北方政策を象徴する出来事の1つであった（Blakkisrud 2006:30）。

第4章
気候変動下における先住民の適応過程

はじめに

　前章では，これまで北極海沿岸諸国が北極圏の資源開発，とくに枯渇性資源の開発体制に自国の先住民をどのように組み込んできたのかを分析した。気候変動の進展は，北極開発のための従来的な「開発体制」を，「積極的適応体制」へと進化発展させる必要を生じさせる。前章で述べた先住民統治の仕組みは，積極的適応体制においても引き続き統治性の根幹をなすものであるが，開発体制から積極的適応体制への転換において必要とされるのはそれだけではない。北方先住民の経済においては，海洋獣の狩猟やトナカイ放牧など，再生可能資源に依拠した生業がなお重要な位置を占めており，こうした生業には，気候変動に対して脆弱でありその影響をとくに受けやすいという性質がある。つまり北極海沿岸諸国は，気候変動により可能となる北極開発を追求・実現する過程において，もっぱら気候変動の「被害者」ないし生活権の「権利を侵害された者」として現れる生業従事者としての先住民に対し，どのように対処するのかという問題に取り組まなければならない。これは気候変動の否定的影響に対する「消極的適応」の問題である。第1章で述べたように，新自由主義的統治性は，この問題を，気候変動の「被害者」を「適応者」へと転換することによって行おうとする。北極圏においてはいまだ本格的な消極的適応政策は展開をみせていないが，気候変動の影響そのものはすでに北極圏において顕在化しており，そのプロセスを分析することによって近未来を展望することは可能である。

　本章の内容は大きく2つの部分に分かれる。第1・2節は，適応者に関する理論的考察である。その際，主要な検討の対象とするのは，カナダ出身の生態

学者 C. S. ホリングを中心としてこの間深化・発展させられてきた「レジリアンス」に関する一連の業績である。ホリングらは，後にみるように，生態系および社会経済システムを複雑系ととらえる見地から，レジリアンスを「変化を取り扱い，発展を継続する能力」と規定して，両システムの適応能力の根幹にレジリアンスの概念を据える独自の理論を発展させてきた。また彼らは積極的適応を重視する観点から，持続可能性の概念そのものを，これまでの緩和中心の規定から適応中心の規定へと大きく変えようとしている。さらに，これらの論者たちは学派形成においても積極的であり，これまで彼らの活動はまさに「レジリアンス学派」と呼ぶべき一つの理論的勢力を形成してきたといっても過言ではない[1]。レジリアンス論は代表的な気候変動の適応理論の1つであり，その内容を理解することは現実の適応政策を分析する上で有益である。

続いて第3・4節では，北極圏における先住民の適応の可能性と限界を，その生業に焦点を当てて具体的に分析する。北方先住民の生業には大きく①内陸狩猟・漁撈型，②海洋狩猟型，③馬牛飼育型，④トナカイ牧畜型の4つの類型がある[2]。これらの生業のうち，本章では，とくに海洋狩猟型とトナカイ牧畜型を取り上げる。具体的には，海洋狩猟型生業はカナダのイヌイットを，トナカイ牧畜型は主にノルウェーのサーミを分析対象とし，前者を第3節で，後者を第4節で扱う。

第1節　生態系とレジリアンスの概念

レジリアンスとはそもそも生態学の分野において論じられてきた概念であるが，一般に，同分野にレジリアンスの概念を初めて導入したのは Holling (1973) であるとされており，その意味でこれは「レジリアンス学派」の黎明を告げる記念碑的な論文であると言うことができる。ホリングはこの論文において，まずシステムの「安定性」(stability) と「レジリアンス」(resilience) という2つの特性を区別すべきであると論じている。ホリングの定義によれば，システムの安定性とは「一時的な攪乱の後に平衡状態 (equilibrium) に回帰するシステムの能力」であり，システムが攪乱を受けた後により迅速に平

衡状態に戻るほど、また振幅が小さいほど、そのシステムは安定的であるとされる。これに対して、システムのレジリアンスとは、「変化と攪乱を吸収し、個体群間ないし状態変数間の同じ関係を維持するという、システムの持続性と能力の尺度」を意味する。

この2つの特性の違いを明らかにするために、ホリングは例をあげながら以下のように説明している。カナダ東部のあるモミの森林では、1700年代の初めからこれまでにハマキガの幼虫の6回の大発生があり、その大発生の間の時期は、ハマキガ幼虫は非常に個体数の少ない種となっている。大発生が起きるのは、例年にない乾燥した年が続いた時である。通常の状態では様々な天敵がハマキガ幼虫の数を制限し、その個体数を低い平衡の近傍に維持しているが、乾燥した年が続いた時には、森林において支配的な種であるモミの成熟林の周囲でハマキガ幼虫が急速に増加し、捕食者と寄生者の支配からエスケープする。大発生が起きると、ハマキガ幼虫に対する感受性の強いモミの成熟林の大規模な崩壊が生じ、より幼虫に対する感受性の低いトウヒやシラカバが残る。その後、若いモミが次第に生長してくると、混雑に弱いトウヒやシラカバは繁殖を妨げられ、結果として再びモミが支配的な成熟林・超成熟林が生み出される[3]。

生態系のこのふるまいは、大きな振幅を有する安定的リミットサイクルとみなすことができる。もしわれわれが、以上の現象をハマキガ幼虫とその天敵との関係だけに注目して考察するならば、個体数が大きく振動しているという意味でシステムは不安定であるということができる。しかし、ホリングによれば、この振動は、ハマキガ幼虫とその天敵、およびモミとそれに付随するトウヒ・シラカバといった樹木の持続性を維持する本質的な特徴なのである。モミとトウヒ・シラカバとの関係は、通常の時期はモミの方が競争において有利であるが、幼虫の大発生時にはトウヒ・シラカバの方が有利となる。そのため、ハマキガ幼虫と森林との相互作用は、もしそれがなければ競争で排除されてしまうトウヒ・シラカバを維持し、そのことによって森林の生物多様性を維持している。また、この振動を通じて、森林の世代が置き換わり、幼虫の次の世代の食糧供給とシステムの持続性が保証されることになる。大きな振幅という意味での不安定性が、逆にシステムの持続能力をもたらしているのである。

以上の例にみられる「安定性」と「レジリアンス」の相違は，システム論的に言えば，一つの平衡点（equilibrium）を有する大局的安定性を特徴とする線型的なシステムと，複数のアトラクター領域（domain of attraction）を有する局所的安定性を特徴とする非線型的なシステムとの相違として示すことができる。Ludwig et al. (1997) にしたがい，その違いを数学的に表現すれば次のようになる。

大局的安定性を有する線型システムは，例えば以下の式で表すことができる。

$$dx/dt = h(\alpha) - x \tag{1}$$

ここで α は外生変数である。その際もし $x = h(\alpha)$ なら $dx/dt = 0$ となり，したがってシステムは単一の平衡点をもつ。もし $x < h(\alpha)$ なら $dx/dt > 0$ であり，$x > h(\alpha)$ なら $dx/dt < 0$ となるため，このシステムは安定的である。この関係では，出発点がどこであってもシステムは必ず平衡点に収束する。

一方，局所的安定性を有する非線型システムは，例えば次のような式で表される。

$$dx/dt = -f(x) = -x(x^2 - \alpha) \tag{2}$$

この関係では，もし $\alpha < 0$ なら $x = 0$ が唯一の平衡点となり，システムは大局的安定となる。しかし，$\alpha > 0$ の場合には，システムは2つの均衡点を持つようになる。すなわち，$x > \sqrt{\alpha}$ なら $dx/dt < 0$, $0 < x < \sqrt{\alpha}$ なら $dx/dt > 0$, $-\sqrt{\alpha} < x < 0$ なら $dx/dt < 0$, $x < -\sqrt{\alpha}$ なら $dx/dt > 0$ となり，もし初期状態が $x > 0$ なら，x は $x = \sqrt{\alpha}$ の平衡点に向かうが，もし初期状態が $x < 0$ なら，x は $x = -\sqrt{\alpha}$ の平衡点に向かう。各平衡点は局所的に安定的であるが大局的に安定ではなく，また $x = 0$ の不安定な線上ではある安定状態からもう一つの安定状態へとフリップすることがあり得る。以上を示したものが図 4-1 である。これは非線型方程式の熊手型分岐ないしピッチフォーク分岐（pitchfork bifurcation）と呼ばれるものである[4]。

ホリングは，システムの特性に関するこの2つの概念の相違が，環境科学をこれまで形成してきた2つの主要な学問分野である物理学・工学と，生物学・生態学との観点の相違から生じてきたと考えている[5]。そして，生態系に関

図 4-1　非線型システムの局所的安定性

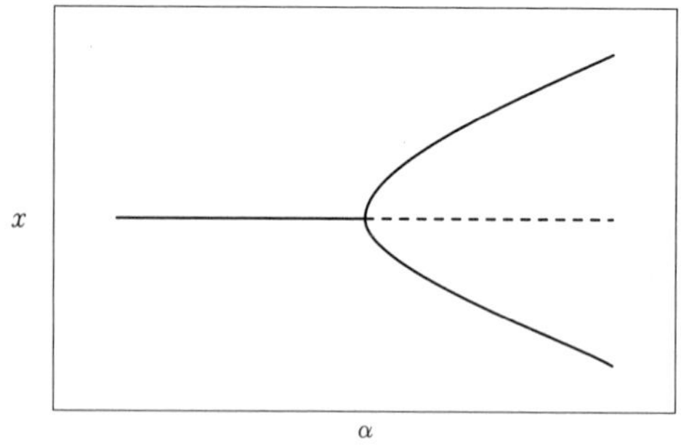

出所：Ludwig et al. (1997).

するこれまでの実証的な分析から自然システムの鍵となる特性が導かれると述べ，そのような特性として以下の諸点を指摘するのである（Holling 1996, Gunderson et al. 2002）。

① 自然における変化は連続的でも漸進的でもない。むしろそれは気まぐれなもので，バイオマスや栄養分のような自然資本の緩慢な蓄積の時期が，内性的・外生的な自然の撹乱もしくは人間によって引き起こされたカタストロフの結果としての，自然資本の突然の放出と再組織化によって時々中断される。

② 自然の空間的な特性は単一でもなければ規模に関して不変でもない。むしろ，葉からランドスケープ，そして地球に至るまで，生産性と構造はつぎはぎで不連続的である。幾つかの異なる規模の範囲があり，それぞれが異なる建築上のつぎはぎ性と構造特性を有し，それぞれがある特定の非生物的・生物的過程によってコントロールされている。それゆえ，小から大へのスケール・アップは，単純な総計のプロセスではあり得ない。非線型的な過程が，ある範囲の規模から別の規模へのシフトを組織している。

③ 生態系は，その近くにとどまろうとするホメオスタティックなコントロールをともなう単一の平衡を有しているわけではない。むしろそれは平衡から離れようとする不安定化力と多重的平衡（multiple equilibria）を特徴としており，状態間の運動が構造と多様性を維持している。生産性と生物地球化学的循環を維持する上では安定化力が重要であるが，多様性，レジリアンス，機会を維持する上では不安定化力が重要である。

④ 規模から独立に一定した収穫を達成するために固定的な規則を適用する政策や資源管理は，システムのレジリアンスを失わせる。そうした管理の下では，システムは以前は吸収できた攪乱に直面して突然崩壊する。生態系は，不確実で予測不可能な多重的特徴を有する動的なシステムである。それゆえ，管理は柔軟かつ適応的でなければならない。

このように，ホリングによれば，生態系は非線型的なダイナミクス，閾値効果，複数のアトラクター，制限された予測可能性といったレジリアンス的な特徴を有しており，彼は環境科学への工学的アプローチが，こうした自然の特性をこれまで見落としてきたと批判する。ホリングは，自然の安定性に関する2つのアプローチの違いを表現するために，「工学的レジリアンス」と「生態系レジリアンス」という2つのレジリアンス概念を区別することを提起している。「工学的レジリアンス」(engineering resilience) は，生態系の効率性，一貫性，予測可能性に焦点を当てるが，これは「絶対的安全」(fail-sale) に対する工学者の願望の中核をなすものである。工学的レジリアンスは，安定平衡の近傍におけるふるまいと，摂動 (perturbation) の後にシステムが安定状態に接近し平衡を回復するスピードに焦点を当てる。またそれは，本質的に変化に対して抵抗的であって，撹乱後に以前と同じ状態をいかに回復するかが問題となる。これに対して，「生態系レジリアンス」(ecological resilience) は，永続性，変化，予測不可能性に焦点を当てる。この定義は，平衡の定常状態から遠く離れた条件を重視する。この場合レジリアンスは，システムがその構造を変化させる前に，ふるまいとコントロール変数やプロセスを変えることによって吸収することのできる撹乱の大きさによって測られる (Holling 1996)。

さらにホリングらは，工学的なレジリアンスの理解に基づいて行われる自然管理を「指令・統制」(command and control) と呼び，農薬による害虫駆除やプランテーションのような単一作物栽培などを例に引きながら，そのあり方を批判的に論じている (Holling and Meffe 1996)。彼らによれば，指令・統制型自然管理は，扱う問題が一般に単純であり，原因と結果が線型の関係を有していると暗黙のうちに想定している。しかし，この管理方法が複雑で非線型的自然世界に適用され，線型の対象と同様の予測可能な結果を期待して

それが得られないときには，深刻な生態的・社会的・経済的反作用がもたらされる。指令・統制型自然管理は，われわれにほとんどそのメカニズムが分かっていない高度に複雑で可変的な自然の生態系コントロールを，表面上は完全にわれわれのコントロール下にあるように見える工学的な構造物とその操作に置き換えようと試みる。その目的は，予測不可能で「非効率的」な自然のシステムを，予測可能で経済的に効率的な方法で生産物を生産するシステムに変えることである。そして予期しなかった環境問題が現れると，確実性に対するアプリオリな期待が満たされず，結果的に「驚き」(surprise) と危機がもたらされる。そうした驚きと危機は，ホリングらによれば，再生可能資源管理に対する指令・統制型自然管理の不可避の帰結であり，彼らはそれを「自然資源管理の病理」と呼ぶ。

以上がホリングらによるレジリアンス論の概要である。レジリアンス学派の主張の中でとくにみるべき点は，近代の自然観および自然管理における「工学的発想」の問題点を指摘したことにある。彼らはその理論的本質を，工学的発想の線型的性質に求めた。そしてこうした資源管理の発想が，非線型的な性格を有する生態系＝再生可能資源の管理にとっては決定的に不十分であることを理論的に明らかにしたのである。また，こうした工学的発想が，一種の生産力主義の立場に立ち，自己完結的・自己持続的な自然システムの中から１つの構成要素を選択し，他の構成要素との関連を無視してその生産を最大化できるという前提のもとに自然管理を行ってきた点も，彼らの批判の通りであろう。彼らは明示的には論じていないが，近代における工学的発想が，枯渇性資源の開発過程の中で発達してきたという側面を有している。そこにおける「資源管理」とは，要するに地中に埋蔵されている化石燃料や鉱物資源などの地下資源を，いかに効率的に地上へ物理的に移動させるかという，それ自身としては単純な線型的な操作活動から成り立っている。また，近代の機械工業も，基本的には枯渇性資源を物理化学的に加工し結合する生産過程に過ぎないものである。こうした工学的実践の中から生まれてきた資源管理の発想が様々な問題点を抱えていることは，わが国においても例えば河川管理のあり方などを対象として繰り返し指摘されてきた。ホリングらの議論は，工学的発想の構造をレジリアンスという概念を用いて数学的にクリアな形で提示したところに大きな意

義を有していると言えよう(6)。

このように，ホリングらのレジリアンス論は，これまでの開発のあり方と資源管理，とくに再生可能資源に対する管理のあり方に深刻な反省を迫る極めて興味深い内容を有しており，その限りにおいては，彼らの議論は十分に首肯しうるものである。しかし，彼らはそれにとどまらず，このレジリアンス概念をさらに人間の社会・経済に拡張し，独自の社会構成体論を作り上げるのであり，その辺りから話がおかしくなってくる—ように私には思われる—のである。その内容を検討するのが次節の課題である。

第2節　社会生態系レジリアンスと適応的持続可能性

(1) 生態系レジリアンスから社会生態系レジリアンスへ

ここでは，レジリアンス学派のさらなる理論展開の要点を，同学派の最近の代表的な著書 Gunderson et al. (2002) や，学派の理論的発展を要領よく整理した Folke (2006) などに依拠しながら，できる限り簡明に記述することを試みたい。

図 4-2　自然に関する4つの神話

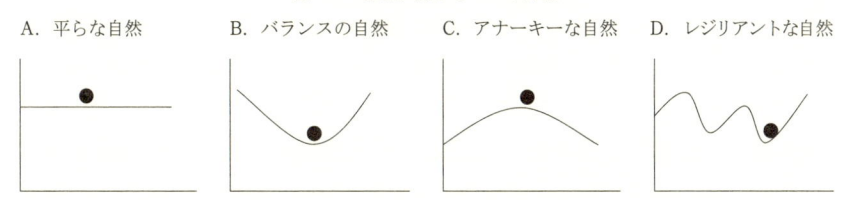

A. 平らな自然　　B. バランスの自然　　C. アナーキーな自然　　D. レジリアントな自然

出所：Gunderson (2002:11), Holling (1996:35) などを参考に筆者作成。

彼らはまず，自然がどのように機能しているかを説明する「神話」として，以下の4つの自然観を指摘する。これらはそれぞれ，自然の安定性，安定性に影響を与えるプロセス，適切な政策などについての理解が異なっている。図4-2は，それぞれの自然観における安定性のイメージを二次元座標上にランドスケープとして視覚化したものである。この図では，システムのダイナミクスがエネルギーのポテンシャル場におけるボールとして表現されている。以下，そ

れぞれの自然観をみてみよう。

　A．平らな自然（Nature Flat）：これは，安定性に影響を与える力がほとんど・全く存在しないシステムである。それゆえ自然を変化させる人間の力にもほとんど限界が存在せず，人間の活動に対する自然からのフィードバックや帰結も存在しない。ボールの位置に影響を与えるプロセス（自然の状態）は，ランダムで確率論的である。このような自然観では，政策の「正しい」価値と「正しい」タイミングが選ばれさえすれば，自然は人間のコントロールと支配に対して無限の展性と従順性を有しており，人間の才能と知識が制約を全て乗り越える場合には，指数的な成長を実現しうる。

　B．バランスの自然（Nature Balanced）：これは自然を平衡状態ないしその近傍にあるとする観点である。このシステムは大局的安定性を有し，もし自然が攪乱されても，負のフィードバックを通じて平衡状態に戻る。これは持続可能な最大限の収穫，そして動物と人間にとって固定された収容能力を達成するという神話である。この自然観は，ダイナミックなシステムに静態的な目的を押しつけるものであり，ロジスティック成長の規定を支持している。そこでは，持続的な平原へ向けた移行へと社会をいかに導いていくかということが課題となる。これはブルントラント委員会，世界資源研究所など，グローバルな資源・環境政策の改革を求める組織の観点である。

　C．アナーキーな自然（Nature Anarchic）：このシステムは，大局的に不安定である。それは成長と崩壊の双曲線的なプロセスに支配されている観点であり，成長の後には必ず減少が訪れる。この自然観は根本的な不安定性の観点であって，そこでは持続可能性は自然に対する要求を最小にした分権的システムにおいてのみ可能である。またこの観点はいかなる政策のカタストロフも避けがたいと考え，「スモール・イズ・ビューティフル」の立場からそれを局地化しようとする。また，ここでは「予防原則」の観点が支配し，社会活動は現状維持を重視する。

　D．レジリアントな自然（Nature Resilient）：これは自然が多重安定的状態（multistable state）を有するとみる観点である。それらのダイナミクスは，不連続な出来事と非線型のプロセスによって組織されるサイクルの結果である。不安定性が，安定性と同様にふるまいを組織化する。これはシュムペー

ターの経済学の観点であり，適応的な生態系・経済・社会・政治・経営アプローチの見方である。しかしこの見方は，静態的な安定的ランドスケープの観点であって，図に示されるポテンシャル場の等高線において，アトラクター領域間の移動を可能とする変化サイクルは確かに存在するが，等高線のランドスケープそのものは，時を超えて固定化されている。

　以上がホリングらの論ずる4つの自然観の内容であるが，ここまでは，より精緻化されてはいるものの前節で紹介したレジリアンス論と本質的にほぼ同様の内容の議論が展開されている。そして，平らな自然・アナーキーな自然・バランスの自然に対するレジリアントな自然観の優位性が主張されているのも前節の通りである。ところが，彼らはそこからさらに一歩を進め，「このレジリアントな自然で十分であろうか？」という問いを立てる。彼らの答えは否定的である。なぜなら，「こうしたシステムは，いかなる根本的な方法でも変化しない」からである（Gunderson et al.2002:31）。レジリアントな自然は，大きな攪乱に直面しても，変数はシフトするがシステムはその構造を維持する。しかし，このような自然観では，地質時代をまたがる自然のランドスケープの劇的に変化する性格を説明できない。例えば，アメリカを代表する豊かな湿地自然のエヴァーグレーズは，何万年か前（これは地質時代の枠組からすればごく最近である）まで乾燥したサバンナであった。もしわれわれがこの時代を生きてきたならば，われわれはこのサバンナを望ましい原始状態として維持することを追求しただろうか。システムを原始の静的状態に保持するという目標は，果たして望ましいことなのか。彼らはこのように論を進め，レジリアントな自然という構造的に静的な観点から，「進化する自然」(Nature Evolving) という，「構造的にダイナミックな観点」への移行が必要であると主張するのである。

　表4-1は，この「進化する自然」を含む5つの自然観の特徴を表したものである。「進化する自然」における自然観は，進化的かつ適応的であり，複雑系，非連続的変化，カオスと秩序，自己組織化，非線型系のふるまいなどによって特徴づけられる。「進化する自然」が持つべき能力は，「適応能力」(adaptive capacity) である。それは不確実性と「驚き」に柔軟な方法で反応可能であるために，変化に際して攪乱を和らげるための選択肢を維持し，機

表 4-1　自然に関する 5 つの神話の特徴

	安定性	プロセス	政策	帰結
平らな自然	なし	確率論的	ランダム	試行錯誤
バランスの自然	大局的安定	負のフィードバック	最適化ないし平衡への回帰	驚きの病理
アナーキーな自然	大局的不安定	正のフィードバック	予防原則	現状維持
レジリアントな自然	多重的安定状態	外生的インプットと内的フィードバック	変化性の維持	局所的規模における回復もしくは適応構造的驚き
進化する自然	シフトする安定性のランドスケープ	多重的規模と不連続的構造	柔軟で積極的な適応探査	積極的な学習と新しい制度

出所：Gunderson (2002:11).

会を開く新しいもの，一種の「驚き」を創造する能力である。生命系は，もし適応能力が継続的に失われてしまえば，望ましい状態や軌跡に留まることはできない。

　それでは，自然にこのような変化への適応能力をもたらすものは何であろうか。彼らによれば，それは「人間のふるまいと創造性」である。変化と極端な転換は，人間の進化の歴史の一部であり続けてきた。人間は学習能力を有し，人々の適応能力が，環境の変化に受身的に耐えるだけではなく創造しイノベーションを行うことを可能にしてきたのである。彼らは次のように主張する。「そうした特性の基礎にあるのは，ひとたび必要が顕在化すれば希少な原料を代替し漸進的に成功的な矯正政策を発展させることのできる無限の能力を，人間が有しているという経済学者の仮定」である (Gunderson et al.2002:18)。

　フォルケらは，これまでの主流派生態学が，自然システムと人間システムを全く別のものとしてとらえ，あるいは両者を画然と区別できるものと想定してきたこと，人間および人間行為を自然システムの外部として排除し，生態系の発展と社会のダイナミクスの相互依存とフィードバックを排除してきたことを批判している。そして彼らは，自然システムと人間システムの統合性を強調するために，「社会生態系」(social-ecological system) という概念を提示する。そしてそのとき，レジリアンスの概念も，前節で述べた「生態系レジリア

ンス」から,「社会生態系レジリアンス」(social-ecological resilience) へと進化発展するのである (Folke et al.2005, Folke 2006 などを参照)。

表4-2 レジリアンス概念:より狭い解釈からより広い社会・生態学的文脈まで

レジリアンス概念	特徴	焦点	文脈
工学的レジリアンス	復帰時間,効率性	回復,一貫性	安定した平衡の近傍
生態系レジリアンス	緩衝力,ショックへの抵抗,機能維持	持続性,頑強さ	多重平衡,安定したランドスケープ
社会生態系レジリアンス	撹乱と再組織化,持続と発展の相互作用	適応能力,転換力,学習,イノベーション	統合的システムフィードバック 規模間のダイナミックな相互作用

出所:Folke (2006:259) を一部修正。

表4-2は,一連のレジリアンス概念の特徴を整理したものである。従来,レジリアンスの概念は,生態系レジリアンスを含め,撹乱に対する持続や強さだけに関するものと考えられてきた。しかし,撹乱はまた構造の進化やシステムの刷新,新しい軌跡の出現といった機会を開くものでもある。社会生態系レジリアンスは,そうした機会を利用し,継続的な発展を可能とする適応能力を供給する。社会生態系レジリアンスは,撹乱と変化に耐える能力を越えて,適応,学習,自己組織化など,変化を機会ととらえ発展を遂げる能力を内包する理念として構築されているのである。

(2) 持続可能性概念の変容

以上,レジリアンス論における生態系レジリアンスから社会生態系レジリアンスへの変質がもつ意味を,気候変動をめぐる戦略的言説の文脈の中に据えて考えてみよう。

第1章では,気候変動戦略を,「緩和中心-適応中心」および「積極的適応-消極的適応」という2つの次元において類型化するアプローチを提唱した。そこでは両次元の組み合わせによって4つの戦略を有するマトリックスが形成されるが,これまで国際社会において主流であった戦略は,言うまでもなく「緩和中心・消極的適応」のそれであった。気候変動に関わる概念や制度の国際的・国内的な枠組みは,1980年代後半から本格的な構築の取り組みが始まったといってよいが,それ以来,気候変動に関わる概念や制度の多くが,

「緩和中心・消極的適応戦略」の考え方に基づいて構築されてきたのである。

　これに対して，これまで検討してきたレジリアンス学派の社会生態系レジリアンス概念は，環境の変化を機会ととらえ，新しい構造やイノベーションを生み出していこうとする姿勢において，明らかに「適応中心・積極的適応戦略」の理念と適合的である。そこから，レジリアンス学派による，緩和概念を中心に構成された概念的・制度的枠組みを，適応概念中心の枠組みに組み替えていく試みが始まる。その組み替え作業の中心に位置するのは，適応中心主義に基づく「持続可能性」概念の再構築である。すなわち，従来型の緩和中心主義に基づく持続可能性概念をいまかりに「緩和的持続可能性」と呼ぶとすれば，レジリアンス学派はこの古い持続可能性概念を破壊し，いわば「適応的持続可能性」へと再構築することをめざすのである。

　これまで，この点を最も意識的に追求してきたのはドーヴァーズとハンドマーである。以下主に彼らの一連の論文に寄りつつ，緩和的持続可能性から適応的持続可能性への転換の重要なポイントを挙げるならば，少なくとも以下の3点を指摘することができるであろう。第1に，緩和的持続可能性の原則である「世代間衡平」(intergenerational equity) に対する態度が大きく変化する。持続可能性概念の最も標準的な定義は，ブルントラント委員会の「持続可能な開発とは，将来世代が自らの必要を満たす能力を損ねることなく，現代世代の必要を満たすような開発のことである」という定義である。この定義にも明らかなように，緩和的持続可能性においては世代間衡平の原則がその中心に据えられている。これに対して Dovers and Handmer (1992) は次のように論じている。近代科学に基づくリスクマネジメントとは，不確実性を減少ないし根絶させることであり，自然環境に対するコントロールを最大化することを強く渇望してきた。このプロセスの重要な一部をなしてきたのは不確実性を無視することであった。また若干の予期されるリスクに対しては，計画によって不確実性の減少が試みられた。しかし，資源の消耗と劣化，汚染と廃棄物，社会と人間の条件に関わる諸問題など，持続可能性の諸問題は，相互関係・相互依存の中に存在する複雑な要素からなる圧倒的にシステム的な現象である。したがって，どれだけデータを集め分析が行われたとしても，不確実性やリスクは常に存在する。これは，事実上われわれが「無知」(ignorance) の中での

マネジメントの仕方を学ばなければならないことを意味する。われわれのエネルギーと信念を全て不確実性の減少やその無視につぎ込むのではなく，不確実性と変化のもたらす影響を減少させる戦略を発展させなければならない。自然システムと同様，人間システムも不確実性と予期しないショックを取り扱うのに十分なほど柔軟である必要がある。彼らはこのような認識から，先に述べたブルントラント委員会の定義に代えて，次のような定義を提示する。

・持続可能性（sustainability）とは，内性的もしくは外生的な変化に無期限に抵抗しもしくは適応する人間・自然ないしその混合システムの能力である。
・持続可能な開発（sustainable development）とは，それゆえ現在の人々の必要に応えながら，システムの特性を維持し促進する意図的な変化と改善の道筋である。

　この定義にみられるのは，「転換可能性」ないし「転換力」（transformability）としての適応能力である。レジリアンス学派のウォーカーによれば，転換力とは「代替的な望ましくないレジームが不可避ないし起こってしまったときに，別の種類のシステムへと変化する能力」のことであり，それは3つの構成要素から成る：① 拒否の状態を越えること，そしてラディカルな変化の必要を認めること。② 変化のための選択肢を持つ，ないし創造すること。③ 変化の能力。そして彼は，社会生態系としての北極において，転換可能性に基づく「転換的変化」（transformational change）を実現すべきことを説くのである（Walker 2012:8-9）。他方，彼らの持続可能性の定義からは，将来世代ないし世代間衡平の考え方が完全に拭い去られている。その理由は，彼らの前提する複雑系のシステム論的世界は恒常的な変化や不確実性と無知の存在を常態としており，そうした世界においては現在世代と将来世代の間の財の世代間分配という考え方が，原則的に成立しえないからであろう。

　第2に，以上述べたことの帰結として，緩和的持続可能性概念の提示する気候変動の対策原則である「予防原則」が批判される。予防原則の代表的な定義の一つである1992年国連環境開発会議で採択された「環境と開発に関するリオ宣言」の第15原則では，「環境を保護するため，予防的方策は，各国により，その能力に応じて広く適用されなければならない。深刻な又は回復し難

い被害のおそれが存在する場合には，完全な科学的確実性の欠如が，環境悪化を防止するための費用対効果の大きい対策を延期する理由として，用いられてはならない」と述べられている。予防原則は，国連の諸条約やEUにおいて広く受け入れられ，重要で有効な原則として推進されてきた。予防原則の内容は，おおむね次の諸点に集約することができる：① 持続可能性問題においては，不確実性は不可避である。② 発展の意思決定や継続する人間関係の結果としての環境影響の深刻さに関する不確実性は，環境保護措置の回避や遅れの口実とすべきではない。③ この原則は，環境被害が明らかになった時に単にそれに反応する防御的なアプローチよりも，先行的・予防的なアプローチを推奨する。④ 立証責任は環境保全の主張者から，環境を損なう恐れのある行為を企てる者へ移行する (Dovers and Handmer 1992:93)。

しかし，ドーヴァーズらは，変化・不確実性・無知の支配する世界では，深刻な環境被害を予測しそれを防ごうとする予防原則はパラドックスに陥ると主張する。というのは，意思決定者は不確実・未決定で知られていないものについて予想しなければならないからである。彼らの観点からすれば，予防原則の予想・予防的反応は内在的な限界を有している。予防原則は，問題を発見してそれを回避しようとするものであるが，このアプローチには，無知の内容を同定し，それを削減ないし消滅させることによって，極めて低い無知のレベルを達成できるという信念がある。その意味でこれは「試行無錯誤」(trial without error) と呼ぶべきものである。しかし，このアプローチは基本的にリスク回避的であり，変化を怖れているがゆえに，持続可能性問題を扱うことができない。一方，彼らが対置するのは「試行錯誤」(trial and error) のアプローチである。このアプローチはまだ知られていないことを扱うために変化を利用し，いかに立ち直るかを学習する。重要なのは，人的・組織的・物的資源を急激に変化し予期せぬことが発生する状況に適合させる柔軟性であり，即興的に適応する能力である (Dovers and Handmer 1995:94, Handmer and Dovers 2002:194)。このように，ドーヴァーズらは，不確実性への予防原則とは異なる対応としてレジリアンスを位置づけている。すなわち，変化を怖れ，変化を予防する態度から，変化を積極的に受け入れてそれに適応していく態度への移行である。

第3に，これまで述べてきたような適応的持続可能性の不確実性やリスクに対する態度においては，従来，緩和的持続可能性の関心の中心にあった「脆弱性」に対する配慮が必然的に低下する。IPCCの『気候温暖化レポート』では，「脆弱性」は「気候変動性や極端な現象を含む気候変動の悪影響によるシステムの影響の受けやすさ，または対処できない度合いのこと」と定義されている（IPCC 2007:139）。脆弱性への配慮は，持続可能性概念における「世代内倫理」を代表するものである。例えば，脆弱性の観点を重視するAdger et al. (2009) は，レジリアンスの構築と脆弱性の低下という目標の間にはトレード・オフが存在すると述べている。レジリアンス・アプローチはシステム全体の進行中の構造と機能のあり方をさらに促進しようとするが，脆弱性アプローチは，最も危険にさらされている個人や生態系に焦点を当て，システム全体の頑健性とレジリアンスを犠牲にしてそれらを保護する適応を求めるからである（Adger et al.2009:342)[7]。こうした脆弱性重視の考え方に対して，ドーヴァーズらは，変化と不確実性を回避し現状を維持するために膨大な資源が投入される「抵抗と維持」型の「反応的レジリアンス」(reactive resilience) ではなく，「公開性と適応力」に基づく「先行的レジリアンス」(proactive resilience) を重視すべきことを主張する。彼らによれば，先行的レジリアンスは，高いレベルの柔軟性を通じて脆弱性を減少させる。その鍵となる特徴は，基本的な機能上の想定を変化させ，それによって制度構造を変化させ，新しいものに適応するシステムの能力である。

表 4-3 持続可能性の2つの概念

	編成原理	対策原則	適応政策の対象
緩和的持続可能性	世代間衡平	予防原則	脆弱性
適応的持続可能性	転換可能性	試行錯誤	レジリアンス

以上をまとめたものが表4-3である。表に明らかなように，レジリアンス学派によって，持続可能性の概念が「変化の哲学」の下に根本的に脱構築されていることが分かる。

これまでみてきたように，社会生態系レジリアンスの理論では，環境を改変することによって変化に適応する人間の「適応能力」が前面に押し出されてい

る。そしてその理論における道具立ての多くは，経済学から取り入れられたものである。とくに不確実性やリスク，より本質的には「無知」の重要性を強調する点は，明らかにオーストリア学派の影響であろう。その意味で社会生態系レジリアンスの概念は，生態系レジリアンスとは異なって，極めて市場主義的な性格をもつ。

またそこでは，脆弱性からレジリアンスへの重心変化にともなって，気候変動下における「被害者」がホモ・エコノミクス的な主体としての「適応者」に転化する。ここでいうホモ・エコノミクスとは，フーコーが新自由主義的統治の対象として指摘した人間類型を念頭においている。すなわちそれは，まず第1に，法権利の主体としてではなく利害関心の主体として構成されるものである。フーコーによれば，新自由主義的統治性において，利害関心が初めて「直接的であると同時に完全に主体的であるような一つの意思形式」として現れる。そして利害関心の主体としてのホモ・エコノミクスは，「法権利の主体からはみ出し，それを包囲して，常にそれが機能するための条件をなす」（フーコー 2004:336-338）。第2に，ホモ・エコノミクスとは「現実を受容する者」であり，「環境の可変項における変容に対して体系的なやり方で反応する」者である。現実受容者としてのホモ・エコノミクスは，統治が扱いやすいものとして，つまり「環境のなかに人為的に導入される体系的な変容に対して体系的に反応する者」として現れる。新自由主義的統治性は，権利を放棄し（より正確には，権利を利害関心に変容させ）現実を受容するホモ・エコノミクスに社会成員を再編することによって，彼らを「すぐれて統治しやすい者」とするのである（フーコー 2004:331-333, 338）。気候変動における「適応者」もこのフーコーの規定するホモ・エコノミクスと同様である。適応者は権利をもって気候変動に抗するのではなく，気候変動を受容し，自らの利害関心に応じてそれに反応する。適応者の主体性とは，気候変動を1つの所与として受け入れ，それに反応する主体性である。社会生態系レジリアンス論は，環境世界に拡張された市場理論であり，適応者は市場主義的環境主義におけるホモ・エコノミクスである。

第3節　海洋狩猟型生業における適応過程

　本節および次節では，前節までの議論をふまえ，北方先住民の生業経済に焦点を当てながら，気候変動下における先住民の適応能力とその限界について考察する。序論において，社会経済空間を市場―コモンズ，枯渇性資源―再生可能資源という座標軸で区分する資源空間図式という分析枠組を提示した。本章の分析の中心的な問題関心は，生業経済の資源空間的構造に対して気候変動がどのような影響を与えるかということである。そのために，本節・次節では市場―コモンズという体制面に加え，枯渇性資源―再生可能資源というシステムの素材的側面が考察の対象として明示的に導入される。

　まず本節では，カナダ・イヌイットの海洋狩猟型生業を取り上げる。海洋狩猟型生業は，主にセイウチ，アザラシ，カリブーなどの大型海洋哺乳類の狩猟とその肉の自家消費に基づく生業である。海洋狩猟型生業経済の重要な特徴としては，以下の点を指摘できる。第1に，いわゆる食物分配（food sharing）というコモンズ的な実践を経済の編成原理としていることである。食物分配は狩猟採集社会に広範にみられる実践であるが，イヌイットの海洋狩猟型生業に関しても，ハンター間や親族を中心とするコミュニティ内部において，獲物のシェアリングが日常的に行われている。岸上（2007:27-30）によれば，食物分配は内容的にはさらに分与，交換，再・分配に類型化されるが[8]，分与や再・分配は言うにおよばず，ここでいう「交換」も即時的でない遅延的交換や異なるモノ・サービス・感謝が交換される非対象的交換など儀礼的性格の強いものであり，いずれにせよ食物分配は貨幣や市場を媒介としないコモンズ的な分配方式であると言える。また，食物分配の実践の背後には動物や環境に対するイヌイットの非財産的・非所有的な観念があり，採取された食物はハンター個人の排他的な使用に供されるべきではなく，動物はその捕獲後でさえも全員のものであるという考え方がうかがえる（Wenzel 1991:139）。ここには，狩猟という労働実践に関して，共有物としての自然が労働を通じて私有化されるというロック的・近代的労働観とは異なり，労働後も生産物の内に自然の共有

性が維持されるというコモンズ的な労働観が現れている。本書の資源空間図式に当てはめれば，海洋狩猟型生業は原理的・本来的にコモンズ＝再生資源空間に属する経済実践とみなすことができよう。

しかしながら第2に，現代の海洋狩猟型生業は，貨幣や枯渇性資源をその不可欠の構成要素としている。海洋狩猟型生業に対する貨幣経済の影響は，19世紀に本格化した毛皮交易にさかのぼることができ，戦後の集住化政策も貨幣経済の浸透に大きな役割を果たしたが，その影響が決定的となったのは，1960年代から70年代にかけて進展したスノーモービル，船外機付きカヌーなどの新技術の導入である。これら新技術の導入によって狩猟・漁撈はより容易なものとなったが，機器やガソリンの購入，メンテナンスや修理のためには現金が必要であり，新技術が定着した1970年代後半には，イヌイットの海洋狩猟型生業は貨幣収入なしには成り立たなくなった。つまり現代のイヌイット経済はコモンズ＝再生資源空間と市場＝枯渇資源空間の両者にまたがる経済実践として構成されており，これは一般に混交経済（mixed economies）ないし二重経済と呼ばれている。

ただし一口に混交経済といっても，その構造は時代によって異なっている。それは大きく1983年のEECによる毛皮輸入禁止措置の前と後に分けることができよう。1960年代から70年代にかけての混交経済は，新技術の導入にともなう貨幣需要を，西側先進国への毛皮輸出による現金収入でまかなうものであった。ここではこの混交経済の初期形態を，ウェンゼルの言葉を援用して「ブリコラージュ」（bricolage）と呼ぶことにする[9]。ここで私はブリコラージュを，コモンズ＝再生資源空間を主体とし市場＝枯渇資源空間を副次的要素として組み込んだ混交経済の一形態，そして生業による生産物を外部市場に販売することによって自立的な貨幣フローを実現する，市場＝枯渇資源空間への生業の適応形態として定義する。そこでは貨幣は一般的な交換手段というよりも生業を促進するための「特定目的の価値」を有する狩猟の一投入物に過ぎぬものであり，賃労働もまたもっぱら狩猟を実施するための貨幣獲得手段の一つとして位置づけられる（Wenzel 1991:112-113，岸上 2007:125）。また，生業とは本来，利潤を求める成長戦略よりも定常性を重視する生存戦略を指向するものであり，また単なる経済行為であるだけでなく文化的な行為として，ブル

デュー流に言えば狩猟という実践（プラクティス）を通じて人間と動物・環境の統一世界を再生産する行為として行われるものであるが，ブリコラージュにおいては，そうした生業の有する生存的・文化的性格が保持される[10]。

しかし，EECによる1983年のアザラシ毛皮輸入禁止措置は，イヌイットの生業に大きな打撃を与えた。生業がその実施に不可欠な現金収入を得るための販路を失ったからである。その後イヌイットは，現金収入の獲得源をカナダ政府や州政府から受け取る賃金や各種補助金・失業手当に求め，またイヌイットの狩猟活動を支援する「ハンター・サポート・プログラム」を利用することにより，生業と食物分配の実践を維持してきた（岸上 2007:281）。ここにおいてイヌイットの混交経済は，生業それ自身が毛皮交易という市場関係を通じて市場＝枯渇資源空間を取り込む自立的なブリコラージュから，政府の移転支出や賃労働という外部からの資金供与によって支えられる疑似ブリコラージュ的な経済へと転化した。それは岸上（2007:281）が言うように，イヌイット社会が「国家を受け入れ，国家との政治交渉に基づいて関係を打ち立て，国家を利用」してきた成果であり，イヌイットの主体性と適応能力の現れであるといってよいが，同時にブリコラージュがその自立性を失う過程でもあった。

第3に，上述の混交経済のサブシステムとして，伝統的食料と店頭購入食料（store foods）の両者から構成される独特の混交的な食料システムが形成される（以下の記述は，主にFord 2009aによる）。伝統的食料は，様々な地域で採取される家畜化されていない野生生物種からなり，最も一般的なものにはワモンアザラシ，カリブー，北極イワナ（arctic char），ベルーガ，イッカク，野生のベリー類などがある。伝統的食料は「カントリー・フード」とも呼ばれ，社会的・文化的にも重要な意味を有している。伝統的食料はここ何十年かの間にとくに若年世代の間で消費量が減少してきたが，調査によっては食料の4割から過半が伝統的食料源から得られており，イヌイットの食事において（とくに年長世代の間で）依然として重要な位置を占めている。また一般に伝統的食料は健康的にも優れているとされる。伝統的食料の生産・加工・分配・消費は拡大家族単位（extended household unit）を基本単位とし，野生生物は家計メンバーによって獲得され，家計内ないしコミュニティ内部で分配される。伝統的食料は食物分配が行われ，その方式は地域ごとに多様であるが，

伝統的食料を貨幣と交換したがらない点は共通している。

　一方,店頭購入食料は「南の食料」(southern foods) とも呼ばれ,過去半世紀の間にその重要性を増大させてきた。とくに若年世代にとって店頭食料は主要食料源である。しかしその質は伝統的食料に比べ一般に低く,新鮮な食料は高価であり,安価なジャンク・フードの摂取は肥満の原因ともなっている。店頭食料は空輸で定期的に,また夏の解氷時に年1度海上輸送でコミュニティにもたらされる。店頭食料の生産・加工はコミュニティ外部(カナダ南部や海外)の産業的な食料システムによって行われる。店頭食料のアクセスは貨幣経済によって支配されており,食物分配が行われることはまれである。

　イヌイットの混交的食料システムにおいて留意すべきは,両者が孤立しているのではなくしばしば相互作用的に機能する点にある。一般に,何らかの環境ストレスのために野生生物へのアクセスが制限される場合や狩猟の装備が故障して修理の金銭的余裕がない場合などは店頭食料への依存が増大し,逆に貨幣へのアクセスが制限されていたり店頭食料価格が高いなどの経済ストレスがある場合には,伝統的食料への依存が増大する。また,ガソリン価格の上昇は狩猟のコストを増大させるため,店頭食料への依存の増大や場合によっては食事そのものの減少を強いられることがある。

　以上がカナダ・イヌイットの生業経済の主な特徴である。次に気候変動に対する彼らの適応過程であるが,ここでは,2000年代半ばにフォードらが2つのイヌイット・コミュニティに対して行った一連の研究を紹介したい[11]。これらのコミュニティでは,すでに気候変動との関連が疑われる以下の気象条件の変化が観察されている。① 天候:予測不能性の増大と異常気象の増大。天候予測は狩りのリスクを察知し回避する上で重要であり,予測不能な天候と突然の天候変化はハンターのリスクを増大させ,また天候が安定するまで狩りにより多くの時間を費やすよう強いられる。② 風:風向・風力・頻度の変化と予測不能性の増大,強風化。風力・風向の突然の変化と強風化はイッカクやセイウチ猟の障害となり,ボートを用いる夏の猟場のアクセスに制限をもたらす。③ 海氷:凍結時期の遅延化と解氷時期の早期化,海氷の薄氷化と不安定化,氷の形成時間の長期化。これらにより海氷上の移動のリスクが増大し,猟場へのアクセスが遅れる。④ 雪:陸上の雪の減少,降雪時の氷上の雪の増大,

ブリザードの増加。雪の減少は狩猟用装備にダメージを与える。氷上の雪が薄氷を隠しハンターのリスクを増大させる（Ford et al.2008:51）。

　表5-4は，こうした気象条件の変化に対してイヌイットがどのように適応してきたかを示したものである。その内容は，気候変動によりもたらされるリスクの回避・最小化・共有などからなっている。これらの多くは天候変化に対処するためイヌイットが伝統的に用いてきた戦略であるが，気候変動とともにその重要性と使用頻度は増大している。イヌイットの適応能力を決定し促進する要因として，フォードらは以下の4点を指摘している。①イヌイットの伝統的知識と土着スキル：世代を通じて受け継がれる知識と個人的経験から，ハンターは狩りの内在的危険，リスクの評価方法，狩りの準備，緊急事態への対処方法を学び，狩りのリスクの最小化と機会の最大化を実現する。イヌイットの伝統的知識は高度に経験的であり，観察と試行錯誤によって常に拡大・進化する。②強い社会的ネットワーク：拡大家族内部の高水準の相互依存と集合的なコミュニティの責任感が，セキュリティの増大とリスクの低下をもたらす。社会的ネットワークは食料・装備・知識のシェアリングを促進し，危機への迅速な反応を保証するとともに，変化する気象条件の中で狩りを行う時間・金・知識を持たない者の食料安全保障を支えている。③資源利用の柔軟性：イヌイットは狩りの対象種や猟場を切替えることにより，気象条件の変化に機会主義的に適応する。④制度的支援：連邦政府，ヌナヴト政府，ヌナヴト土地権益協定下で形成されたハンター支援の各種制度[12]からの貨幣移転は，もともと気候変動リスクを扱うために設計されたものではないが，気候変動の適応に対する金銭的支援を提供する上で重要な役割を果たしている（Ford et al. 2007:154-156）。

　このように，総じて現在イヌイットは気候変動に対して高い適応能力を示しているといってよいが，その一方で気候変動に対してイヌイット社会が有する脆弱性も明らかになりつつある。第1に，表4-4にあるように，気候変動に対する適応措置の多くは追加的な支出を要するため，貨幣へのアクセスの有無によって気候変動の「勝者」と「敗者」が生ずることである。例えばボートやガソリン購入が可能な者は，オープン・ウォーターの時期が長期化した年にその機会を活用することができるが，貨幣へのアクセスを持たない者はそうした余

表 4-4 気候変動下においてイヌイットが用いている戦略

リスク	適応戦略	適応のコスト
天候・風・氷の予測不能性	ハンターは潜在的なリスクを予想して追加的な食料・ガソリン・装備を持っていく ハンターは可能な場合には他の人と共に行動する 天候が悪くなりそうなら陸上ないし氷上の移動を回避する インマージョンスーツ、衛星電話などの新しい装備を携行する	追加的な装備を購入するコストは、収入が限られている者にとっては禁止的 ある時期の移動を回避することは、伝統的食料の不足と店頭食料購入の増加をもたらす 新しい装備はしばしば高価である
夏のボートにとっての高波・嵐	移動の前に避難所のある安全な場所を同定 適切な条件になるまでコミュニティで待機	待機が収穫の減少と店頭食料購入の増加をもたらす あるエリアを回避することがガソリンコストと狩猟時間の増大をもたらす
雪が薄い氷を覆う	雪で覆われたエリアを回避 移動中の追加的注意	あるエリアを回避することがガソリンコストと狩猟時間の増大をもたらす
猟場へのアクセス可能性の低下	猟場がアクセス可能になるまでコミュニティで待機 狩りの動物種と猟場の切替え 伝統的食料のシェアリング	待機が収穫の減少と店頭食料購入の増大をもたらす 全員が動物種の切替えのスキルを持っているわけではない

出所:Ford et al. (2008:53)。

裕はなく、また安定した食料調達を維持することも困難となる。第2に、気候関連のストレスのみならず、コミュニティ外部からの経済関連のストレスが相乗的な影響をコミュニティに与えることがある。上記事例の場合で言えば2006年がそうした年に当る。その年は気候条件の悪化にガソリン価格の上昇が重なって、上述の適応措置は多くの者には採用不可能となり、また狩猟の減少による伝統的食料の不足を店頭食料で埋め合わせることもできなかった。気候・非気候ストレスの相互作用による影響は、多くのコミュニティ成員の適応能力を圧倒するものだったのである(Ford 2009a:95-96)。第3に、若年世代における伝統的知識と土着スキルの低下、および社会的ネットワークの弱体化が、その適応能力の低下をもたらしている。生業活動は若年世代のイヌイットにとってもいまだ重要ではあるが、狩猟にコミットメントや関心を示す若者は減少している。南部によるイヌイット児童への教育要求がこの傾向の原因およ

び促進要因となり，狩りに参加する時間の減少，賃金雇用への依存の増大，社会規範の変化，若年世代と年長世代の断絶などにより，伝統的知識とスキルが失われつつある。また貨幣の重要性の増大が社会の分断と緊張をもたらし，伝統的食料はいまだ広くシェアリングされているものの，装備のシェアリングは以前より少なくなっている（Ford et al.2007:156-157）。

　将来の脆弱性を予測する場合，世代間の差異の問題はとくに重要である。一般にある個人・集団ないしシステムの脆弱性は，露出感応性（exposure-sensitivity）と適応能力の関数として表すことができる。露出感応性は，リスクをもたらす気候条件に対するシステムの敏感さの程度を示すものであり，適応能力は露出現象を扱い，計画化し，適応するシステムの能力を示す（Ford 2009a:88, Ford et al.2008:46）。いま，イヌイットの年長世代と若年世代の両者がおかれている脆弱性の性格を図式的に示せば，表4-5のようになるであろう。伝統的知識と土着スキルを有する年長世代は気候変動に対する高い適応能力を有するが，狩猟と伝統的食料に依存する彼らの生活様式は気候変動に対する露出感応性も大きい。逆に，伝統的知識とスキルの不十分な若年世代は適応能力は小さいが，狩猟以外の仕事に従事し店頭食料に依存する生活様式は，気候変動に対する露出感応性も小さい。賃労働などの非生業的就労形態や産業的に生産される店頭食料は，気候変動の影響をより受けにくいからである。

表 4-5　イヌイットの世代別脆弱性

	露出感応性	適応能力
年長世代	大	大
若年世代	小	小

　この図式は，今後，現在の若年世代が社会の中心的位置を占めるにつれて，気候変動への適応が生業と伝統的食料のさらなるウェイトの低下として――われわれの言葉で言えば，コモンズ＝再生資源空間から市場＝枯渇資源空間へのイヌイット経済のさらなるシフトとして――行われる可能性が高いことを示している。この点に関するフォードの態度は両義的である。すなわち彼は一方では，生業を維持する方向で，先住民の伝統的知識と参加を重視した次のような政策提言を行っている：① 政府やイヌイット団体の提供する文化保護プログラ

ムを活用し，狩猟知識・スキルの世代間伝承を推進する，② 野生生物管理制度とくに狩猟用動物の割当制度の運営に現場の知識を有するコミュニティを参加させ，制度の柔軟性とコミュニティの適応能力の向上をはかる，③ ハンター・サポート・プログラムを気候変動に対処するための制度として強化・拡充する (Ford 2007:158-161)。しかし彼は他方では，「もしイヌイット社会が賃金経済と店頭購入食料消費の重要性の増大という現在の方向に従って進化していくならば，気候変動の最悪の影響が姿を現した時に，カントリー・フードは文化的・経済的により重要ではなくなっているかも知れない」(Ford 2009b: 125) と述べ，生業放棄もやむなしと受け取れる認識を示している。彼は，適応に対する障害の決定因は気象条件そのものの変化の物理的性質ではなく，「適応への限界とは文化的な性格のものである」と述べているが (Ford 2009b: 125)，これは言い換えれば，文化に対するこだわりを捨ててしまえば適応に限界はなくなる，ということである。

　前章でみたように，カナダにおける先住民統治は，新自由主義的統治性の性格を色濃く有している。上述の適応過程に関する分析から，新自由主義の適応に関する環境統治について，幾つかの特徴を見出すことができる。第1に，新自由主義的統治性の下では，気候変動の適応過程は生態系レジリアンスと社会生態系レジリアンスの対立として現れる。前節で述べたように，生態系レジリアンスは既存の機能の維持を重視し，社会生態系レジリアンスは発展と転換力を重視する。Walker (2012:6) の定義に従えば，生態系レジリアンスにおけるレジリアンス概念は，「外部からの影響を吸収し，再組織し，同じ方法で機能し続けるシステムの能力」であり，社会生態系レジリアンスにおけるそれは，「ある配置（安定ドメイン）から別の配置へのレジームシフトを行う能力」である。上述の未来予測に関するフォードの立ち位置の両義性，さらにすでにみた先住民社会における世代間対立は，このようなレジリアンス概念の対立を表現するものである。

　第2に，現実世界における気候変動の適応過程の分析は，社会生態系レジリアンスのいう「転換力に基づく転換的変化」が，実際には何を意味しているのかを明らかにする。それはコモンズ＝再生資源空間から市場＝枯渇資源空間への先住民の社会経済のシフトであり，ブリコラージュの最終的な放棄である。

ここにおいて，社会生態系レジリアンスの概念は，再生可能資源の論理を体現する生態系レジリアンスとは異なり，工学的レジリアンスと同様の枯渇性資源の論理を体現する概念として現れる。すなわちそれは，根本的には太陽エネルギーによって制約され，経済的価値だけではなく社会的・文化的な価値をも内包した再生資源空間から離脱することによって，自らの無制限の適応力と「発展を継続する能力」を発揮しようとする。前節では，気候変動の適応者が「現実受容者」たるホモ・エコノミクスとしての性格を有していることを指摘した。適応者にとっての「現実」とは何か。それは枯渇性資源，とくに化石燃料の大量消費からその生命力を得ている「炭素資本主義」（carbon capitalism）である。現実世界における気候変動の適応過程の分析は，新自由主義的統治性の素材的側面とその資源空間的本質を明らかにするのである。

第4節　トナカイ牧畜型生業における適応過程

　次に本節では，トナカイ牧畜型生業を検討する。トナカイ牧畜型は，ユーラシアの各地で出現し北極圏に広く拡大した生業形態である。その特徴としてまず指摘しておくべきことは，トナカイ牧畜は，歴史的にみて，北方先住民の生業の中で市場経済や産業経済の影響に対して最も耐性のあるレジリアントな生業形態であったことである。ゴロヴネフによれば，トナカイ牧畜の歴史には3つの大きな画期があったとされる[13]。① 1600年頃の「トナカイ革命」：トナカイの飼い慣らしと飼育の実践は初期鉄器時代に始まるが，当初トナカイは移動手段および狩りのおとりとして用いられており，それがこの時期に放牧による大規模飼育に移行した。トナカイ革命をもたらした要因については諸説あるが，興味深いのは「反国家起源説」とでも呼ぶべき説である。それによれば，当時成立したロシアの国家権力に対する先住民族の自立への願望が，遠隔のツンドラ地域へ撤退するための移動性の重要性をもたらし，そこで自立的生業を営むために大規模な群れを必要としたのだという。実際，ネネツとチュクチはロシア権力に1800年代まで反抗しており，遠隔地のツンドラ地帯にいる先住民は，長きにわたってロシアから事実上独立を保っていた。トナカイが，彼ら

の社会的・経済的自立の基盤となったのである。②18・19世紀の「トナカイ資本主義」：トナカイ牧畜者は，自己のトナカイを他の生業に従事する先住民の毛皮や魚と交換していたが，このトナカイ交易が一部の牧畜者を資本家へと変えた。その最も顕著な例はコミ＝ズィリャンである。彼らはロシアの最も先進的な牧畜資本家であり，18・19世紀には，雇用労働と貨幣利用に基づく市場志向の大規模なトナカイ飼育の独自のモデルを作り出した。それはいかなる国家支援からも独立した，民族的に発展した北方資本主義であった。③20世紀の「国有化」：この変化はトナカイ牧畜の「産業化」をともない，西側資本主義やソ連社会主義のモデルに従った様々な方法で，北方ユーラシアの全域で生じた。ソ連では，トナカイ牧畜の集団化（1930年代・50年代），遊牧民の定住化と小村・キャンプから大居住区への移住（1960年代）という一連の強制的な制度改革が行われ，伝統的な放牧管理制度や交易のネットワークが破壊されるとともに，国家によるトナカイ牧畜の産業化と飼育頭数の増大が図られた。また後にみるように，ノルウェーのサーミに対しても国家主導による産業化が推進された。このように，トナカイ牧畜は反国家的な自立的・自足的経営から市場化・国有化・産業化といった変転を経験し，それらに適応しつつ現在まで生業として存続してきたのである。

　トナカイ牧畜と気候変動との関連について，本節では主にノルウェー・フィンマルク県のサーミによるトナカイ牧畜を取り上げる（以下の記述は，主にTyler et al.2007による）。フィンマルク県はノルウェーの最北にあり，面積が最も広く人口が最も少ないカウンティである。フィンマルクのトナカイは16万5000頭，登録しているトナカイ所有者はおよそ2000人で，それぞれ，ノルウェー全国におけるトナカイの73％，サーミのトナカイ所有者の75％を占める（2004年）。ここでは移動放牧の方法が行われており，群れの規模は100頭〜1万頭で，典型的には夏期に海岸で，冬期に内陸で放牧が行われる。冬期のトナカイ飼養条件は主にスノーパックの質によって決定され，とくに解凍と再凍結の繰り返しはスノーパックの密度・強度の増大につながり，スノーパックの下にある牧草を掘り起こすことが困難になる。そうした解凍・再凍結のサイクルは海岸地域の方が頻度が高いため，一般に冬は内陸の方が飼養条件が良好であり，それが冬に内陸部に移動する理由である。

第4節　トナカイ牧畜型生業における適応過程

　フェノスカンディア北部の気候変動では，今後20～30年で10年当り0.3～0.5度の年間平均気温の上昇と10年当り1～4％の年間降水量の増大が予測されている。気温と降水量の上昇は牧草地に様々な影響を与えることが考えられるが，とくに，冬期の温暖化と解凍・再凍結の頻度の増大によるスノーパックの質の悪化や，積雪の増大による飼草の利用可能性の低下が懸念される。ただしこの点について注目すべきは，フィンマルクはもともと天候の変異性・変動性が大きく，これまでもかなりの気象パターンの変化を経験してきたということである。例えば，ノルウェー北端のカラショクの冬の平均気温は1961-1990年平均を6度以上下回る年から7度以上上回る年まで変化しており，冬の降水量は1961-1990年平均の30％から200％の年まで変動がある。1968-2005年の間に，トロムソの気象ステーションで雪が最終的に融けた日には45日の差がある。連続する年の間でもかなりの違いがあり，そのためサーミの間では「ある年は別の年の兄弟ではない」ということわざがあるほどである。また，前世紀では1900-1935年と1980-2000年の間に年平均気温は10年当りおよそ0.5度上昇し，1945-1965年の間にカラショクの年間降水量は20％上昇している。このように，前世紀の間，サーミのトナカイ放牧は今後予測されるのと少なくとも同程度の気候変動にさらされてきたのである。サーミがこうした変動を生き残ってきたのは明らかであり，その反応状況を検討することは気候変動の未来を考える上で重要である。

　気象パターンの変化に対するサーミの対処方法を一言で言えば，それは群れと地形の多様性を利用することである。トナカイ放牧者は伝統的に，群れを構成するトナカイの年齢・性・大きさ・色・気性などの多様性を維持してきた。多様性のある群れをサーミは「美しい群れ」と呼ぶが，それは予測不能で望ましくない気象条件の変化に対する脆弱性の減少を目的とした対処戦略であり，単一的な純粋育種による高生産性の確保という近代的モデルに対するアンチテーゼでもある。サーミの伝統的な群れの編成では，一見「非生産的」な動物も，群れ全体の生産性の向上に貢献する役割を有している。例えばフィンマルクにおける1960年代のトナカイの群れは25～50％が大人のオスで，その半分から3分の2が去勢されていた。オスは群れの牽引者として群れの分散を防ぎ，メスの活動水準を低く保つことによってその純エネルギー獲得量を増大さ

せる。また力の強いオスはスノーパックを破壊して，その下にある食草へのアクセスを可能にする。一方，地形の多様性は，状況の変化に合う代替的選択肢を放牧者に与える。サーミの移動放牧では，冬の牧草地への移動・退出のパターンに影響する基本条件はスノーパックの状況である。放牧者は雪がどのように着定し，移動し，固まるかを観察し，その物理的な質を形態・植生・年間の時期・動物の状態との関連で評価した後に，どこへどう動くかを決定する。また，サーミの放牧はシイーダ（siida）という血縁的集団を単位としているが，隣接するシイーダの間では，他のシイーダの冬の飼草条件が悪い場合に自己の牧草地エリアの利用を許す「雪の交換」と呼ばれる実践が行われることがある。これら地形の多様性の利用は，トナカイ放牧者の移動の自由を条件としている。

このように，サーミによる可変的で予測不能な天候への対応は，多数の生態的・気候的ニッチの利用に基づいており，多様性による柔軟性とリスクの分散を図っている（Tyler et al.2007:197）。国連世界食糧計画は，食料セキュリティに関して，蓄積戦略（accumulation strategy）と多様化戦略（diversification strategy）という2つの戦略を区別している。蓄積戦略は家計の資源基盤の拡大を目的とし，食料備蓄の増大，信用スキームの利用，生産的投資と教育・訓練への投資などを含んでいる。これに対して多様化戦略は，リスク・パターンの異なる収入源の多様化を推進し，農業の多様化や出稼ぎと送金，雇用機会の多様化などを含む（Davies 2009:107）。サーミによる気候変動への対処戦略は，まさにここで言う「多様化戦略」の典型例であるということができる。トナカイ放牧者の伝統的知識と群れと地形の多様性を利用する柔軟性が，彼らの気候変動に対する適応能力をもたらしているのである。蓄積性よりも多様性を重視するサーミの伝統的志向性は，彼らの自然管理におけるコモンズ的性格を表すものといってよい。

ところが，気候変動に対するサーミの適応能力は，国内の社会的・制度的要因によって様々な制約を受けている。Tyler et al.（2007）によれば，そうした制約には生息地の喪失，捕食者の問題，牧畜に対する政府規制，トナカイ肉市場と価格の支配力の問題などがあるが[14]，本論との関係でとくに重要なのは生息地の消失と政府規制である。

もともとトナカイ牧畜は非常に土地集約的な生業形態であり，一般に，国土開発にともなって他産業との土地利用の競合性が増大する。とくに石油・ガス開発とパイプライン建設，水力発電施設と送電線，鉄道・道路建設など，開発とそれにともなう各種インフラ建設は牧草地の喪失をもたらし，また牧草地を分断することによってトナカイ放牧者の移動の自由を妨げる。さらに，鉱工業活動からの汚染や放射能汚染，土地の軍事利用などは，牧草地に大きなダメージを与える。ノルウェーにおいても事情は同様である。ノルウェーでは国土のおよそ40%がトナカイ放牧地に指定されているが，サーミはこの地域内において，少なくとも原則的には，土地所有の如何に関わらず非耕作地における動物の飼養の権利を有する。しかし，放牧者の地役権は，土地に対する排他的なアクセスや他の土地利用者からの保護を保証するものではない。トナカイ放牧にとくに大きな影響を与えているのは，水力発電施設をはじめとするインフラ建設である。ノルウェーは北方アルプス生態系の中で最もインフラ開発を推進した地域の1つである。例えば，1996年までに同国における高電圧送電線の総延長は2万3000km以上にのぼり，国土のおよそ75%を覆っている。水力発電と送電網の開発，スキー・リゾートと山小屋建設，鉄道・道路建設によって，トナカイの個体群は26の部分集団に分断・細分化された。山岳地帯のうち各種インフラ施設から5km以内にある土地は，1900年には総面積の10%以下であったが，現在では70%以上に達している（Nellemann et al.2003: 307-308,315）。バレンツ地域では，インフラ開発によって過去50年の間におよそ25%のトナカイ放牧地が失われた。フィンマルクの生産的な海岸放牧地の幾つかでは，この数字は35%に上る（Tyler et al.2007:199）。

トナカイ牧畜に対する政府規制も，トナカイ放牧者の柔軟性を奪っている。前章でも述べたように，ノルウェーにおけるトナカイ行政は農業食料省の管轄下にあり高度に集権化されている。現在のトナカイ行政を律する法律は1978年制定のトナカイ牧畜法である。この法律は，サーミによるトナカイ牧畜の経済的基盤を改善し，放牧者が近代社会に不可欠な経済的安定を達成することを目的としており，農業食料省は，フォード主義的な大量生産と工業的農業に対する信仰から，トナカイ牧畜の近代農業的食料生産システムとしての発展をめざしている。今日，中央行政府の設定する政策は，トナカイ所有ライセンスの

供与と飼養権の配分から，群れの規模・年齢・性別・重量構成のモニタリングと規制，生産割当の設定，屠殺に選別される動物の年齢・性別の構成，屠殺のタイミングと牧畜者がどの屠殺場に自分の動物を販売するかの決定に至るまで，事実上トナカイ牧畜のあらゆる側面に影響を与えている。こうした強い規制の下で進められたトナカイ牧畜の産業的育成は，様々な弊害をもたらすこととなった。例えば，すでに述べたように伝統的な群れの編成原理においては大人のオスが重要な役割を果たすが，オスを食肉生産にとって非生産的とみなす近代的なトナカイ産業化政策によって，現在では群れに占めるオスの割合はおおむね10％以下となり，群れを統率する役割はスノーモービルに取って替わられている。農業食料省によるトナカイ増産政策とその後の強制的削減政策，また血縁的放牧集団シイーダによって行われてきた牧草地管理の慣習を無視した「共通放牧地」の導入や，小規模な世帯単位で構成される「牧畜単位」の設定は，サーミによる伝統的な放牧実践を混乱させた（Tyler et al.2007:201, Reinert et al.2009:426-427）。

　以上述べてきたノルウェー・サーミのトナカイ牧畜生業における適応過程を，前節のカナダ・イヌイットによる海洋狩猟型生業と比較した場合，どのような特徴が見出せるであろうか。第1に，カナダの環境統治では適応過程が生態系レジリアンスと社会生態系レジリアンスの対立として現れたのに対して，ノルウェーの環境統治においては，適応過程は生態系レジリアンスと工学的レジリアンスの対立として現れる。上述のように，サーミの適応戦略の中心をなすのは群れの構成と牧草地の多様性を利用した柔軟性にあるが，群れの多様性と可動性を制限する国家の政策と規制によって大きく損なわれている。ノルウェーのトナカイ管理行政は，大量生産と工業的農業に対する強い信仰，集権的管理と先住民の自立性の欠如，詳細で硬直的な政府介入といった特徴を有しており，これらはまさに第1節で指摘した工学的レジリアンスの指令・統制型自然管理に当てはまるものである。Reinert（2006:537）は，1999年にスウェーデンのビョルン・ローゼングレン産業相がノルウェーを「最後のソビエト国家」と称した発言を取り上げ，サーミのトナカイ放牧者の観点からすればこれは正鵠を得た言葉であると評している。カナダとノルウェーにおける環境統治の相違には，こうした国家の性格の相違が大きな影響を与えていると考え

られる。

　第2に，生業経済の資源空間的構造に対して気候変動が与える影響である。これまで述べてきたレジリアンス概念の対立構造では，カナダ・ノルウェーのどちらにおいても，生態系レジリアンスはコモンズ＝再生資源空間で生業を営む者としての先住民が担っており，それを市場＝枯渇資源空間が掘り崩すという構造になっている。ただし，市場＝枯渇資源空間の影響は，海洋狩猟型生業においては，社会生態系レジリアンスとして，先住民社会の内部から作用するのに対して，トナカイ牧畜型生業においては，工学的レジリアンスとして，先住民社会の外部から，彼らを抑圧する国家権力として現れる。

　この市場＝枯渇資源空間の抑圧性が，最もむき出しの形で現れているのがロシアであろう。国際的環境NGO・グリーンピースが2012年に発表した報告書『ロシア北極　オフショア炭化水素開発：投資リスク』は，ロシアにおけるオイルスピル（石油流出事故）の驚くべき実態を明らかにしている[15]。それによれば，ロシア北極では，石油・ガス開発の安全な操業に対する投資が不十分なために，北極圏の環境に大量の石油が流出している。2010年と2011年だけで，それぞれ2万回以上の石油流出があった。主な原因はパイプラインによるもので，腐食や技術上・建設上の欠陥によるパイプラインの破裂，自動車のパイプラインへの衝突，パイプラインのメンテナンスや交換時の技術的要求の未順守などである。ロシア全土の年間石油流出量については各種の推計があるが，少ないもので年2000トン，多いものでは年2000万トンに及ぶとの推計もあり，グリーンピース・ロシアは少なくとも500万トンは毎年環境中に放出されていると推計している（アメリカのオイルスピルは年間1万5000トン，カナダは7700トン程度）。これは2010年のメキシコ湾における石油流出事故の6倍の量に当る。そして，年間流出量のうち少なくとも50万トンはシベリアの河川を通じて北極海に流れ込んでいると推測されている。こうした大規模な石油流出がもたらす油濁汚染は，生業に依存する先住民の権利を脅かしている。例えばヤマロ・ネネツ自治管区では，ガスプロムによる炭化水素開発のために，ヤマル半島でトナカイ牧畜を営む165世帯が牧草地を放棄せざるを得なくなった。ナディム川は商業漁業が完全に不可能となり，他の河川も産卵場所としての機能を失いつつある。また同自治管区では，飲料水における石油炭化

水素の濃度が最大許容濃度の10倍から35倍に達している。コミ共和国やハンティ・マンシ自治管区でも深刻な石油汚染がみられる。

　ロシアの北方先住民族団体であり，北極評議会の常時参加者でもあるロシア北方民族協会（Russian Association of Indigenous Peoples of the North, Siberia and Far East: RAIPON）は，北極圏におけるオイルスピルの実態に抗議し，オフショア石油開発のモラトリアムを求めていたが，これに対してロシア法務省は，2012年11月1日に「連盟の地位と連邦法との一致の欠如が疑われる」ことを理由にRAIPONの6ヵ月間の閉鎖を命じ，閉鎖期間中は北極評議会の会合にもRAIPONは欠席するという異常事態が生じた。一説には，ロシア政府は北極開発の障害となりつつあるRAIPONを解散させ，その代わりに新しい先住民団体を設立するつもりであったと伝えられている[16]。このロシア政府の暴挙に対しては，さすがに北極評議会内の他国の先住民族団体や政府関係者からも抗議や懸念の声が相次ぎ，2013年3月にRAIPONはその地位を回復するに至った。

　今後温暖化が進行し北極海の開発可能性が増大したとしても，ロシア科学アカデミー科学評議会議長のアレクセイ・コントロヴィッチが「北極における炭化水素資源の開発は，宇宙開発より難しい」と述べているように[17]，北極海のオフショア石油開発は技術的に困難を極める。すでに大陸部の石油開発においてさえ「世界最悪の石油汚染者」[18]と称されているロシアが，オフショア石油開発において同様の事態を引き起こす可能性は，現段階では極めて高いと言わざるを得ない。ロシアの石油・ガス開発は先住民に対して暴力的ともいえる抑圧的性格を示す一方，カナダ・アラスカ・グリーンランドのように先住民を石油・ガスの開発体制に組み込むこともなく，それゆえロシア先住民は開発の利益からも疎外されている。同様の構造は，ロシアほど極端ではないがノルウェーについてもあてはまるであろう。ロシアにおける先住民統治は北極評議会体制における最大の不安定要因の1つであり，その意味で同体制の「最も弱い環」なのである。

結論　2つの資源世界に引き裂かれた生

　以上本章では，気候変動の適応に関するレジリアンスの概念について理論的な検討を行い，それをもとに北方先住民の適応過程を具体的に分析した。本論でも述べたように，レジリアンス理論の最も重要な貢献は，気候変動問題がシステム論的な相互依存・相互作用の性格を有していることを指摘し，工学的な発想，および枯渇性資源の発想で自然と社会をみることの問題点を理論的に突き詰めて提示したことにある。確かに，レジリアンス理論は，気候変動と持続可能性問題に関する言説を，持続可能性概念それ自身をも含めて，もっぱら工学的観点・枯渇性資源の観点からとらえていたのではないかという反省をわれわれに迫るものである。そうした視点から，徹底した生態学的・再生可能資源的な観点に立つこと，そのことの重要性を，レジリアンス理論はわれわれに問いかけている。

　北方先住民族の適応実践は，本来の意味でのレジリアンス―生態系レジリアンス―の性格を有するものである。生業の担い手としてコモンズ＝再生資源空間に生きる先住民は，気候変動に対する高い適応能力を有している。しかし本章でみたように，彼らは同時に，市場＝枯渇資源空間によって侵食されつつあり，コモンズ＝再生資源空間の放棄を迫られている。海洋狩猟型生業を営むイヌイットは内部から蝕まれ，トナカイ牧畜型生業を営むサーミやロシアの諸民族は外部から抑圧されている。北方先住民の生は，コモンズ＝再生可能空間と市場＝枯渇資源空間という2つの資源世界の間に引き裂かれているのである。気候変動の進行と北極海の石油開発は，この動きをさらに促進するであろう。積極的適応体制それ自体が，消極的適応における適応者の基盤を掘り崩すのである。

　それは，市場＝枯渇資源空間に依拠して無限の経済成長を求める炭素資本主義の自己同化作用である。レジリアンス学派の変質は，その理論的反映にほかならない。すでにみたように，レジリアンス学派によるさらなる理論展開は，レジリアンスの概念を変質させ，ついには世代間衡平や予防原則，脆弱性への

配慮からなる持続可能性概念を解体するに至った。レジリアンス学派は，正統派的経済学と炭素資本主義の本質をなす生産力主義に汚染されてしまったのである。おそらく彼らが本当に求めていたのは「変化の哲学」であり，経済学の概念装置はそれを支えるために必要だったのであろう。しかし，経済の生態学的制約をふまえない変化の哲学は，必ず生産力主義に落ち込むことになる。枯渇性資源に依拠する「工学的レジリアンス」の批判から出発したレジリアンス学派がいくら「変化の源泉としての人間」という理念を掲げても，生産力主義を反省的にとらえない限り，いつのまにか枯渇性資源に逆戻りしている自分を見出すであろう。生態学的制約を突破して生産力主義を実現しうる道は，枯渇性資源の利用しかあり得ないからである。

第4章 注

(1) レジリアンス論の論者たちは，1990年代初頭に実施されたスウェーデン王立科学アカデミー・ベイジャー研究所（Beijer Institute）における調査プログラムを経て，2007年1月には同研究所とストックホルム大学との共同でストックホルム・レジリアンス・センター（Stockholm Resilience Centre）を設立している。また彼らはベイジャー研究所とホリングの所属する米フロリダ大学との間で「レジリアンス・ネットワーク」という調査プログラムをスタートさせ，これは後に「レジリアンス連盟」（Resilience Alliance）という研究者団体に発展し，現在に至っている。同連盟は現在，機関紙『エコロジーと社会』（Ecology and Society）を発行している（以上の記述は，Folke 2006, Resiliance Alliance HPなどを参照）。なお，本章では，レジリアンス学派の近年における重要な理論的展開である「パナーキー」（panarchy）の理論については，論旨との関係で全面的に省略している。その内容については，片山（2012a）を参照。

(2) この分類は，Andrei Golovnev, Module 8, Reindeer Herding and Traditional Resource Use（www.uarctic.org/BCS331mod8_2LLzd.pdf.file）による。それによれば，内陸狩猟・漁撈型は最も初期の生業方式であり，北方ユーラシア・北方アメリカに旧石器時代後期に広まり，地域の環境条件に応じて様々な形態をとっている。民族学的には，シベリアのユカギール，ヌガナサン，ケット，セルカップ，マンシー，ハンティ，エヴェンク，エヴェン，イテルメン，ニヴヒ，ナナイツ，ウルチ，ウデゲ，オロチ，北方アメリカの内陸エスキモー，アルゴンキアン，アサバスカなどが相当する。海洋狩猟型はセイウチ，クジラ，アザラシのような大型海洋哺乳類の狩猟を特徴とする生業で，チュクチ，コリヤーク，アリュート，イヌイット，ユピック，イテルメンなど，シベリア北東部とアメリカ北西部がこの型に属する。馬牛飼育型は，ドイツ語圏の人々により北方ユーラシア西部，スカンジナビアや隣接するロシア北方のポモール地域に導入された生業である。シベリアでは馬の飼育は古代には印欧族やトルコ系のステップ遊牧民によって，中世にはサハ（ヤクート）とロシア人によって導入された。カムチャツカを含む若干の北シベリア地域では，18世紀から馬の飼育が重要となった。トナカイ放牧型は，ユーラシアの各地で出現し（少なくともスカンジナビア，ウラル，アルタイ，チュコトカの4つの山岳近隣地域），北極圏に広く拡大したものである。トナカイ放牧の方法は地域によって様々であり，サーミ，ネツ，チュクチ，コリヤーク，エヴェンク，エヴェンなどが各々独自の民族スタイルを発展させ

てきた。
（3） 同モデルの数学的表現は，Ludwig et al. (1978)，Ludwig et al. (1997) などを参照。
（4） ピッチフォーク分岐については，例えば郡・森田 (2011:56) などを参照。これは複雑系や自己組織系における基礎的現象であり，例えばプリゴジンの著作などでもしばしば言及されている（プリゴジン 1997:58 などを参照）。
（5） 機械的なシステムは，それに作用する力が釣り合っているときに平衡にある。例えば，船が水に浮いているとき，重力と浮力が釣り合っている。通常の「自然のバランス」とは，この考え方を自然界に拡張したものである（Ludwig et al.1997）。
（6） また，生態学におけるレジリアンス論は，生態系の内部で種の多様性がいかに実現されているかを明らかにしている点でも興味深い。上述のモミとトウヒ・シラカバの関係にも現れているように，自然淘汰の環境下では，競争の過程を通じた劣勢の種の排除と画一性への圧力が絶えず存在する。そのような状況の下で，なぜ森林生態系は多様性を維持しているのか。それは，ハマキガという他者の存在によってである。ハマキガが，樹木の「混雑性」という競争の優劣判定基準とは異なる基準を森林生態系の中に持ち込み，通常の樹木の序列を逆転させるのである。つまり，レジリアンスは「反自然淘汰」的なのである。注目すべきは，多様性の維持が，何らかの超越的権力その他による競争の排除や制限によって維持されているのではなく，それ自体としては他の種と同等な種の存在によって，つまり競争の中における多様性それ自身によって維持されている点である。生態系が有するこのような多様性維持のメカニズムは，商品どうしの競争関係を代替性や補完性といったその2つの商品の関係だけで規定しようとする，経済学が有する通常の市場観とも異なっている。市場メカニズムはその中に競争を通じた画一性への指向を明らかに有しており，その意味でレジリアンス概念は「反自然淘汰的」であるとともに「反市場主義的」でもある。本来，市場における商品世界の多様性は，消費者の選好の多様性によって支えられているのであるが，現実の市場には画一性への指向が存在するのであるとすれば，そこにおける「単一規準性」は，誰が・何が，いかにして持ち込んだのかということが問題となる。私は，おそらく経済の素材面における枯渇性資源と体制面における貨幣がそうした単一規準性を市場経済にもたらしているのではないかと考えている。市場の多様性と画一性の問題は，市場メカニズムによる「自生的秩序」の形成を主張するオーストリア学派にとっても避けて通ることのできない問題である。さらに，安定的で唯一的な「均衡」(equilibrium) の存在に焦点を当てる伝統的経済学も，レジリアンス論の観点からすれば極めて「工学的」であり，そのアプローチの再検討が必要となろう。
（7） なお，適応における脆弱性の問題を重視する論者の中には，適応能力に与える市場経済の影響について，否定的な見解を有する者が多い。移行経済国ベトナムを対象に，洪水災害に対する地域社会の適応能力に市場経済化が否定的な影響を与えたことを実証的に論じた Adger (2000) の非常に興味深い論文を参照。また Adger (2003) は，気候変動への適応能力を考察する上で，ソーシャル・キャピタルの重要性を論じている。一般に，脆弱性アプローチの議論にはコモンズ論と親和的なところがある。ただし，レジリアンス学派の中でもフォルケなどはコモンズ的志向が強いようである。その一例として，フォルケらがコミュニティベースの資源管理構想である「適応共管理」(adaptive comanagement) について論じた Folke et al. (2005) を参照。
（8） 岸上の定義によれば，分与とは，ある人（集団）から別の人（集団）へのモノの一方向の移動のことであり，交換とはある人（集団）と別の人（集団）との間でモノが双方向的に移動すること，再・分配とはハンターが捕った獲物をハンター以外の人が接収し，他の人々に分与することである。最後に関しては，モノをセンターが集め分配するポランニーの「再分配」と区別するために「再・分配」という概念を用いている（岸上 2007:27-28）。
（9） Wenzel (1991 : 113) を参照。もともとブリコラージュとは，レヴィ＝ストロースがその著書

『野生の思考』において未開人の神話的思考の特性を表現するために用いた言葉である。彼はブリコラージュを「ありあわせの道具材料を用いて自分の手でものを作る」ことと定義し，「構造体をつくるのに他の構造体を直接に用いるのではなくて，いろいろな出来事の残片や破片，英語で odds and ends，フランス語で des bribes et des morceaux と呼ぶものを用いること」と述べている（レヴィ＝ストロース 1962:22,28）。ここにも表れているように，異質なものを主体的に摂取し，新しい構造体を作り上げることがブリコラージュの基本的意味であるといってよい。

(10) 先進国の動物権利論者は，1970 年代後半の動物権利運動において，イヌイットの生業が市場によって形成されており，イヌイットが近代的装備を用い，アザラシの皮を販売し，貨幣で店頭品を購入しているがゆえにその生業は「伝統的」ではないと主張したが（Wenzel 1991:7），それは市場＝枯渇資源空間の影響を自らのエコロジー的・文化的文脈の中に位置づけようとしたイヌイットの実践に対する無理解に基づくものであったと言える。

(11) Ford et al.（2007），Ford et al.（2008），Ford（2009a）（2009b）を参照。これら一連の研究の対象地は，ヌナヴト準州のイグルーリック島に位置する沿岸部のイヌイット・コミュニティであるイグルーリック（Igloolik）と，同準州バッフィン島に位置するアークティック・ベイ（Arctic Bay）である。人口は前者が 1538 人，後者が約 700 人である（Ford et al.2007:153-154）。

(12) 例えば，地域先住民会社ヌナヴト・トゥンガヴィック会社によって提供される小規模装備資金は，VHF ラジオ，携帯用ビーコン，インマージェン・スーツのような安全装備を提供している。またヌナヴト政府環境局の提供する災害補償基金は，装備が損失した狩猟事故後のスタートアップ資金をハンターに提供している。詳しくは Ford et al.（2007:156）を参照。

(13) 以下の記述は，本章注 2 に記した Golovnev のテキストによる。

(14) 本論で言及していない捕食者の問題およびトナカイ肉市場の問題について触れておく。まず捕食者の問題であるが，フェノスカンディアは，西欧においてクマ・オオヤマネコ・オオカミ・クズリなどの大型哺乳捕食者がかなり残っている最後の場所であり，トナカイはこれら捕食者の対象となる。捕食者による被害の最も大きな県であるフィンマルクでは，毎年 30〜65％の仔トナカイが捕食者に持ち去られていると見積もられており，群れによっては損失は 90％以上に上る。対策には捕食者の捕獲による数の削減や「捕食者フリーゾーン」の設定などが考えられるが，ノルウェー政府はそうした対策の代わりに，トナカイ損失の財政的補償を提供している。補償は損失が群れの 2％を超えた場合に実施され，補償額は屠殺時の動物の販売価値（大人のメスの場合には仔トナカイ 2.6 頭分の価値＋プレミアム）に定められている。しかし，補償には動物の死体など明白な直接的証拠や地方当局の意見のような間接的証拠が必要であり，証拠の提示の困難のために通常は補償を拒否される。例えば，2004-05 年には 5 万 8600 頭のトナカイが失われ，うち 4 万 7600 頭が捕食者により殺されたと主張されたが，補償は 1 万 1400 頭分，380 万 US ドルに過ぎなかった。次にトナカイ肉市場の問題であるが，もともとノルウェーにおいてトナカイ肉は高級品であり，トナカイ牧畜者の経済状態は良好であった。しかし，1978 年のトナカイ牧畜法制定以降，ノルウェー政府はノルスク・ヒュット（Norsk Kjott，ノルウェーで屠殺の 75％をコントロールする食肉農業者の協同組合）など非サーミ系の事業者による屠殺場の強力な寡占グループの創出を通じてサーミの経済的地位を弱めた。2002 年，サーミ所有企業によるトナカイ屠殺は 20％程度であるが，スウェーデンとフィンランドでは 80％である。またトナカイ肉の価格は，牧畜者の組織であるサーミ・トナカイ牧畜者連盟と政府の交渉によって毎年定められるが，市場に対する影響力を失ったサーミにとって不利な価格設定が行われてきた。これらの措置は，農業食肉生産者の利害を反映するものである（Tyler et al.2007:199-202）。

(15) "Russian Arctic Offshore Hydrocarbon Exploration: Investment Risks"

(http://www.greenpeace.org/russia/Global/russia/report/Arctic-oil/ArcticSave_English_26_apr.pdf). 以下の記述は，主にその要約および第 1 章による。
(16) 'RAIPON fights for survival', 2012 年 11 月 19 日付 Barents Observer.
(17) 注 14 の文献による (p.3)。
(18) 'Russia, world's worst oil polluter, now drilling in Arctic', CBC news.ca.

第5章

主権＝所有権レジーム

はじめに

　前章までは，北極評議会の形成過程とその特徴を検討することを通じて，北極評議会体制が，新自由主義的統治性の特徴を有する積極的適応体制として機能していることを論じた。本章で考察したいのは，現在，北極圏諸国が，気候変動という自らの行為によって生み出された自然＝社会現象の結果可能になりつつある北極海開発をめざして，国家主権により北極海を領域分割していることの歴史的な意味である。序論で述べた主権＝所有権レジームと主権価値論は，そのために導入される概念装置である。本章では主権＝所有権レジームおよび主権価値論の全体像を歴史的観点から論じ，北極評議会体制がどのような歴史的位置にあるのかを明らかにする。

　価値論とは，機能論と体制論をあわせもつ理論のことである。周知のように，マルクスの労働価値論は資本主義の運動法則を解明する機能論的な内容を有すると同時に，資本主義が労働者の搾取によって成立する経済社会であること，また労働という人間の主体的な力能が資本の運動として疎外されて現れる転倒した世界であることを批判的に明らかにするための規範的理論でもあった。近代における主権＝所有権レジームの発展・展開を時系列的にたどり，人間が地球上における自然の一部を所有するという行為をどのように正当化し根拠づけてきたのか，その変化の動因は何なのか，レジームの構成に影響を与える力は何であるのか，といった点を検証することによって，素材と体制により重層的に構成される主権＝所有権レジームの傾向的力学を把握することができる。そして主権＝所有権レジームの歴史的解明はまた，北極圏諸国が現在推し進めている北極海の領域分割の歴史的意味は何なのか，それはわれわれにどの

ような価値を提示しているのか，それは果たして何らかのしかるべき価値によって根拠づけられるものであるのか，といった問いに対して答えを与えてくれる。主権それ自体の歴史的展開が，自らの評価基準を与えるのである。

表5-1 主権＝所有権レジームの歴史的展開

	領土	領海
17-18世紀	労働主権論（再生資源空間）	公海の自由
19世紀	文明主権論（枯渇・再生資源空間）	領海制度（再生資源空間）
20世紀	資源主権論（主に枯渇資源空間）	大陸棚（枯渇資源空間） 排他的経済水域（再生資源空間）

　本章の検討に入る前に，あらかじめ主権価値論の歴史的展開像を結論的に示しておくならば，それは表5-1のように整理される。主権＝所有権レジームの基本をなすのは領土であるが，それはおおざっぱに言って17-18世紀の労働主権論，19世紀の文明主権論，20世紀後半の資源主権論と展開し，資源主権論に至って領域主権概念として領土のみならず領海をも包摂するようになった。またレジームに影響を与える中心的な資源空間も，再生資源空間から枯渇資源空間へ漸次移行してきた。一方，北極評議会の活動に直接関係のある領海分野では当初グロティウスのいわゆる公海の自由が支配的であったが，次第に領海の設定と拡大に対する国家の要求が大きくなり，公海－領海の二元的制度が確立するようになる。さらに20世紀には，資源主権の考え方の下，枯渇資源空間では大陸棚制度，再生資源空間では排他的経済水域という新しい制度が現れるようになる。

　以下本章では，第1節において近代国家形成期における主権と領土の概念を検討し，主権＝所有権レジームの2つの理念型を抽出する。第2節では労働主権から文明主権に至る領土主権概念の変遷を概観し，そして第3節では，資源主権概念の性格について考察する。以上を通じて，北極圏諸国による北極海の領域分割を歴史的に位置づける。

第1節　近代国家形成期における主権と領土の概念

　まず初めに，近代国家形成期における主権と領土の概念を，ドイツの国法学者イェリネクの主著『一般国家学』(1900) に依拠しながらみてみることにしよう。「主権は絶対的カテゴリーではなく，歴史的カテゴリーである」(イェリネク 1900:379) という歴史的観点に立つ彼の議論は，主権＝所有権レジームの歴史的展開を跡づけようとするわれわれにとって有益である（以下の記述は，イェリネク 1990 の第 13・14 章による）。

　主権の概念は近代国家の形成とともに現れたのであるが，イェリネクによれば，近代国家形成期における主権概念の特徴は，第1にその「対抗概念」としての性格にある。主権とはその歴史的起源によれば1つの政治的概念であって，数百年にわたる闘争を繰り広げた強力な諸勢力がそれを生み出した。つまり，主権概念は，国家の独立を否定する3つの勢力—教会，神聖ローマ帝国，国内の大封地所有者・社団—との闘いを通じて成立したのである。ギリシア・ローマの古代世界は主権概念とは無縁であったが，それは近代国家が直面していた国家権力と他の諸勢力との対立が欠けていたためである。第2に，初期の主権概念は，本質的に「消極的性質」を持っていた。それは，主権概念の確立者とされるフランスの経済学・法学者ボダンによる「市民と臣民との上にあって，すべての法律から解放された絶対的な権力」という主権の定義に示されている。これは国家の上位・同位・下位にあって独立した権力を主張した教皇・ライヒ・等族の支配権力の否定を意味するに過ぎない。つまりこの定義が意味するのは「国家は本質上なにかというのではなく，むしろ国家はなんでないか」ということである。このことから，当時の社会理論家にとって，消極的な主権概念をいかに積極的な内容で充たすかが大きな課題となった。「主権は，主権に敵対する非国家的勢力のすべての要求を否定する権力であるという抽象的な観念からは，主権の内容に対するいかなる積極的な結論も導きだされない」からである。それは初期の王権神授説から，最終的には国民主権の考え方に収斂されることとなる。第3に，初期の主権概念の主要な関心は人的支配に

あり、領域支配に対する関心が薄い。それはイェリネクによれば、「領土権は反射権であって権利ではない」という領土が有する根本的な性質によるものである。国家は物に対して直接命令できず、人に対する支配を通じて物に対する支配を行わざるをえない。したがって彼によれば、領土権は国家による物に対する直接的な支配（＝所有権）ではなく、人的支配の反射に過ぎないのである。

このように、イェリネクによれば、主権概念は本質的また出自的に抽象的・消極的性格のものであり、無内容であり、主権の価値論的基礎づけを欠いていたのである。またその支配権はもっぱらイムペリウムに基づくものであって、ドミニウムは主権概念の中に有機的に組み込まれているとは言いがたく、イムペリウムから生ずる派生的なものに過ぎなかった。国家が前進するためには、この消極的概念としての主権概念を積極的概念に転化させる—われわれの言葉で言えば、主権を価値論的に基礎づける—ことが必要である。この課題に取り組んだ代表的な試みが、ロックの『統治二論』(1689) とホッブズの『リヴァイアサン』(1651) である。両者がともに採用した方法は、主権を所有権、とくに自然に対する所有権と関連づけて基礎づけるという方法であった。主権の価値論的基礎づけが自然所有を通じて行われる。ここに彼らによって主権＝所有権レジームの理論化が試みられたのである。しかし、その価値論的基礎づけの方向性は、両者でまったく異なっている。いま両者の理論内容を、まずはじめに、① 自然状態つまり国家形成以前の状態における人間の自然所有のあり方、② 所有権と価値の源泉、③ 主権と所有権の関係、の3点に注目しながらみてみよう（以下両者の引用は、『統治二論』の章・節、『リヴァイアサン』の部・章を示す）。

(1) ロック

① 自然状態において、自然は人間の共有物である。そこには私的所有はなく、共有のみがある。「人間に世界を共有物として与えた神は、また、彼らに、世界を生活の最大の利益と便宜とになるように利用するための理性をも与えた。…そして、大地が自然に生みだす果実や大地が養う獣たちは、すべて、自然の自ずからなる手によって産出されたものであるから、人間に共有物として帰属し、従って、それらがそうした自然状態にある限り、それらに対して、何

人も他人を排除する私的な支配権を本来的にもちえない」(後編5-26)。ただしこの共有とは,あるコミュニティや国家の内部における共有ではなく,人類全体に帰属する共有である点に注意する必要がある[1]。

②所有権と価値の源泉は労働である。人は他の自然とは異なって自分自身の身体に対しては固有権をもつ。彼の身体の労働と手の働きは,彼に固有のものであり,これが「自己所有権」の考え方である。彼は自然に「自分の労働を混合する」ことによって,それを彼自身の所有物とする。「たとえ,大地と,すべての下級の被造物とが万人の共有物であるとしても,人は誰でも,自分自身の身体に対する固有権をもつ。…彼の身体の労働と手の働きとは,彼に固有のものであると言ってよい。従って,自然が供給し,自然が残しておいたものから彼が取りだすものは何であれ,彼はそれに自分の労働を混合し,それに彼自身のものである何ものかを加えたのであって,そのことにより,それを彼自身の所有物とするのである」(後編5-27)

③ロック的世界においては,主権は,所有権を保護するために形成される。それゆえこの世界では所有権が主権を基礎づけるのであり,その意味で所有権が主権に優先する。「政治社会が存在するのは,ただ,その成員のすべてが,その自然の権力を放棄して,保護のために政治社会が樹立した法に訴えることを拒まれない限り,それを共同体の手に委ねる場合だけなのである」(後編7-87)。

(2) ホッブズ

①自然状態において,人間は各人があらゆるものに対して,他者の身体に対してすら権利をもつ。ホッブズによれば,これは私的所有でも共有でもなく,そもそも所有権ですらない。彼はこの権利を「普遍的権利」(general right)と呼んでいるが,われわれの言葉で言いかえるならば,「排他性なき私的所有権」と規定することができよう。主権的権力は,この普遍的権利の結果もたらされる戦争状態を回避するために設立される。その際,人々は,この普遍的権利を放棄する代償として,相互契約によって獲得する所有権(つまり,排他性を有する私的所有権)を確保する (1-14, 1-15)。

②ホッブズの価値論は,例えば以下のテキストに示されている。「ある人の価値 Value すなわち値うち Worth は,他のすべてのものごとについてと同様

に，かれの価格であり，いいかえれば，かれの力の使用に対して与えられる額であり，したがって絶対的なものではなくて，相手の必要と判断に依存するものである。兵士たちの有能な指揮者は，現在のあるいは切迫した戦争のときには，おおきな価格をもつが，平和においては，そうではない。…そして，他のものごとについてと同様に，人間についても，売手ではなく買手が，その価格を決定する」(1-10)。ここでホッブズが述べていることは，第1に，価値の源泉は希少性にあるということである。第2に，その価格は，買手の評価が決定的に重要な役割を果たす。そして第3に，労働を，価値の源泉ではなく他のモノと同様に1つの商品とみなしている。労働は，ホッブズにおいては力(power)としてとらえられている。彼によれば力は1つの道具であり，それゆえ所有対象であり，モノである[2]。それは自己の所有するモノであると同時に，客体化されたパワーとして，他人の購買と使用の対象となる。ロック的世界には労働市場は存在せず，各人が自らの労働を通じて自然から獲得したモノが，売買取引の対象となる。それは自立した生産者の世界である。ホッブズはそれとは異なり，人間（のパワー）とモノが，同じ商品として，同列の市場空間のうちにおかれている。人間とモノは無差別である。

③ ホッブズにおける価値論が労働価値論ではなく希少価値論として展開されている理由は，ホッブズ的世界には生産論がなく，自然の富の享受が分配論として論じられていることにある。ホッブズ的世界では，所有権は自然の富の分配の制度として現れる。「コモン－ウェルスの栄養は，生活に役立つ諸素材の豊富と分配 Distribution にある」。「栄養の物質」は「植物，動物，鉱物」からなり，「この栄養の諸素材の分配は，自分のものとあなたのものとかれのもの，一語でいいかえれば所有権 Property を，設定することであり，それは，あらゆる種類のコモン－ウェルスにおいて，主権者権力に属している」。「分配において，第一の法は，土地そのものの分割のためのものであり，それにおいて主権者は，各人にひとつの分前をわりあてるが，それは，いかなる臣民でも，ある数の臣民たちでもなく，かれ自身が，公正と共通善に一致すると判断するところに応じて，なされるのである」(2-24)。以上の記述から明らかなように，ホッブズにおいては，主権が所有権の初期配分を行う権力として現れ，それゆえ主権が所有権に優先する[3]。

以上が両レジームの基本的相違点である。さらに両者の重要な相違点として，領土形成とその背後にある共同体の論理について，序論で述べた資源空間図式の観点からふれておきたい。ロック型では領土形成の論理が次のように展開されている。少し長いが引用する。「こうして，世界の最初の頃は，誰であっても，長い間，人類が利用するよりもはるかに大きな部分を占め，今もそうである共有地に対してすすんで労働を投下した場合には，どこにおいても，労働が所有の権利を与えた。…しかし，後になると，（人口や家畜の増加が貨幣の使用と相俟って）土地を不足させ，土地に何がしかの価値をもたらすことになった世界のある部分においては，いくつかの共同体がそれぞれの領土の境界を定め…その結果，労働と勤労とによって始まった所有権が，契約と同意によって確定されることになったのである。更に…各国は，共通の同意によって他国に対して本来的にもっていた自然の共有権への主張を放棄し，明示的な合意によって，地球のそれぞれの部分と区画とに対する所有権を確定することになった」（後編5-45）。つまり，世界の最初は全人類に属する共有地の中で個人の労働を通じてパッチワーク的に私有地が形成されるが，経済が成長し土地が不足するようになると，共同体が独自の動きを開始し，領土ないしドミニウムとしての領土主権を形成するのである。この領土形成の行為は労働価値によって支えられ確定される。

資源空間図式の観点からみると，ロック的世界は基本的に市場＝再生資源空間に属するものである。それは，所有個人主義に基づく古典的自由主義と農業生産が結合した社会であると言ってよい。ただ，ロック的世界は基本的に私的所有から成り立っているとはいえ，自然状態における資源の共有，労働力能と消費力の範囲に所有を制限するサブシスタンス経済，共同体による領土形成など，コモンズ原理的な要素もあわせもっている。古典的自由主義は，コモンズ原理と意外と相性がよいのである。それゆえロック的世界は，市場＝再生資源空間にウェイトをおきつつコモンズ＝再生資源空間にまで広がる資源空間としてイメージすることができる[4]。

一方，ホッブズにおいては，領土形成の論理ないし主権の境界形成の論理はない。そもそもホッブズには，共同体の概念がないのである。ホッブズ的世界においては，あらゆる共同体的要素の欠如した万人に対する万人の競争状態の

中から主権が生まれてくる。さらにロックにおいては土地の希少性が領土形成の契機になったが，ホッブズにおいては，もし希少性が限度を超えて高まった場合には，所有権が崩壊し「普遍的権利」への回帰が起こる。「全世界が過剰な住民をもったばあいは，すべてのなかでの最後の救済は戦争であって，それは各人に勝利か死を与える」(2-30)。その意味でホッブズ的世界は，ロック的世界よりもはるかに市場原理との，それも古典的自由主義ではなく新自由主義的市場原理との親近性を有している。また生産の論理が欠如しているホッブズ的世界にあっては，「植物，動物，鉱物」は，すべて「栄養の物質」として一括され，その間に本質的な違いはなくなる。それゆえ資源空間図式において，ホッブズ的世界は，資源次元は無差別の市場次元に広がる空間としてイメージされる。

表 5-2　主権＝所有権レジームの 2 つの理念型

	ロック型	ホッブズ型
自然状態における所有	全人類の共有	排他性なき私有（普遍的権利）
所有権の経済的機能	生産	分配
所有と価値の源泉	労働	希少性
主権と所有権の関係	所有権の優位	主権の優位
市場の論理	古典的自由主義	新自由主義
共同体の論理	あり	なし
資源空間	再生資源空間	市場空間
主権の適合領域	領土	領海

以上をまとめたものが表 5-2 である。表に明らかなように，両者は対象的な構造を有しており，「ロック型」と「ホッブズ型」とでも呼ぶべき主権＝所有権レジームの 2 つの理念型を形成している。すなわちロック型は生産を基盤とし，労働によって所有権と価値が形成され，所有権が主権を根拠づける。これに対してホッブズ型は分配を基盤とし，主権が希少性の論理に基づき所有権の配分を行う。そして，現実世界における主権価値論すなわち領域主権の価値論的基礎づけは，ロック型が陸の論理，ホッブズ型が海の論理として現れる。つまり領土主権がロック型と，そして領海主権がホッブズ型と適合的なものとして現れるのである。

168　第5章　主権＝所有権レジーム

第2節　労働主権から文明主権へ

(1)　労働主権論

　前節でみたように，17世紀の社会理論は，出現しつつあった近代国家の空虚な主権概念を実質化し，その消極性を積極性に変えることを大きな課題としていた。しかし欧州が欧州の内部にある限り，主権概念における領土主権すなわちドミニウムの位置づけは，イムペリウムに比べていまだ副次的なものにとどまったと言える。イェリネクの言う主権概念の消極的性質から積極的性質への転化には，国民主権の概念で十分だったのである。主権概念の価値論的基礎づけ，つまりドミニウムと自然所有による主権概念の構成という課題に欧州が現実世界において真に直面したのは，欧州が「新世界」に進出する過程においてであった。とくに，欧州が植民地化という形で「新世界」に与えた2つの大きなインパクト，すなわち17世紀を通じての北米入植と，19世紀後半のアフリカ争奪戦は，主権価値論の形成に大きな影響を与えた。これら植民地化による領土拡張において基本的に用いられた論理は，無主地の取得である「先占」であった。つまり，先住民・原住民が現実に存在する土地をあえて「無主地」とみなすことにより，侵略と領土拡張を正当化しようとしたのである。その正当化の論理として機能したのが，労働に主権の根拠を求めるロックの主権価値論であった。以下では，これを労働主権論と呼ぶことにする。

　欧州とくにイギリスの北米進出とインディアン駆逐の過程における先占の論理，およびそこにおいてロックの労働主権論が果たした役割については，すでに多くのことが語られているので[5]，ここでは18世紀の代表的国際法学者ヴァッテルの『諸国民の法』(1758) に基づき，労働主権論の内容を簡単に確認したい。前節のロック・ホッブズの検討と同様，① 自然状態における自然所有，② 所有権と価値の源泉，③ 主権と所有権の関係，をみる（引用は英語版の部・節による）。

　① 自然状態における自然は，全人類の共有である。「大地 the earth は全人類 mankind in general に属している。創造主により大地は共通の居住地と

して，彼らに食糧を供給するよう定められている。彼らはそこに居住し，自分たちの生活資料 subsistence のために必要なものは何でもそこから引き出す自然的権利をもつ」（Ⅰ§203）。

② 労働が所有権とドミニウムの起源である。「…しかし人類が著しく増加するようになると，大地はそのままでは養うことができなくなり，耕作なしでは住民を支えることができなくなった。そして，大地を共有し続けている遊牧民 wandering tribes からは，適切な耕作を得ることができなかった。そこで，これらの部族がどこかに居を定めて大地の一部を所有し，労働を妨げられず，彼らの勤労の収穫を奪われずに，土地を肥やし，生活資料を獲得する必要が出てきた。これが所有権 property と領土主権 dominion の起源に違いなく，またその設定を正当化するに十分な理由であった。その導入以来，全人類の共有であった権利は各人が合法的に所有するものへと個別的に制限される」（Ⅰ§203）。

③ ヴァッテルは，主権と所有権の優先性について明示的に語ってはいないが，土地を共有する遊牧部族に対する，耕作＝労働に基づく私的所有とその上に成り立つドミニウム＝国境拡張や植民地建設の正当性を繰り返し主張している。それゆえ，所有権が主権を根拠づけるというのが彼の基本的立場であると思われる。「全ての国民は，自然法によって，その分前となっている土地を耕すよう義務づけられている。そしてその居住する土地が需要を満たさない限りにおいてのみ，その国境を広げ，または他国からその援助を受けることができる。…労働を避け，狩りと家畜の群れによってのみ生活することを選ぶ国民もある。これは疑いなく，土地が耕作なしで少数の住民を養うのに十分な量を生産する世界の初期段階においては許されたかも知れない。しかし人類がかくも増大した現在，全ての国民がそのように生きることを望めば，生存は不可能である。このような怠惰な生活様式をいまだに送っている者は…もし他のより勤勉でより制限されている国民が彼らの土地の一部を所有するようになったとしても文句を言えないのである」（Ⅰ§81）[6]。

このように，ヴァッテルはロックとほぼ同様の論理で労働主権論を展開している。労働のもたらす生産力が，私的所有とそれを包括する主権を正当化するのである。

ただし、ヴァッテルとロックの間には違いもある。一番大きな相違点は、ヴァッテルにおいては生産力を重視する観点がより強くなっている点である。すなわち第1に、ヴァッテルにおいては、生産主義の観点から主権による所有権への介入が正当化される。例えば彼は次のように論じている。「主権者は自己の管轄下にある土地ができるかぎり耕されるようにする手段を無視すべきではない。主権者は、共同体であれ私人であれ、広い面積の土地を取得したが耕作しないまま放置することを許すべきではない。…市民の間への私的所有権の導入にも関わらず、国家は国の総土壌 the aggregate soil of the country が可能な限り最大の最も有利な収益をもたらすよう、最も有効な措置を行う権利を有している」(Ⅰ§78)。一般にロックは主権に対する所有権の不可侵性を主張したものと認識されているが、田中（2005:318）が指摘するように、ロックもまた所有権に対する国家規制の観念を展開している。しかしそれは政府の管轄権や司法権など、主に私的所有権の保護と調整に関するものであり、私的所有権の観念そのものと矛盾・対立するものではない。ヴァッテルの展開する、国の生産力を高めるために私的所有権に介入する主権者という観念は、ロックの労働主権論にはみられない積極的な主権論である。第2に、ヴァッテルが欧州諸国による「新世界」への領土拡張や植民地建設を正当化している点である。ロックも労働を行わず自然の富を活用していないインディアンに対する批判を再三にわたって展開しているが、北米進出によるインディアンの権利の実際の侵害、とくに武力による征服に関しては、より慎重な立場であったように思われる[7]。つまり、ロックは労働の生産性を重視する生産力主義の立場に立ちつつも総じて所有権を主権の上位におく権利論アプローチの立場を堅持しているのに対して、ヴァッテルには、生産力主義の立場から主権を重視し私的所有権を相対化しようとする功利主義の観点がしばしばみられるのである。

いずれにせよ、北米への植民の過程において確立した労働主権論は、主権価値論の原基を成す理論であるということができる。

(2) 文明主権論

本書で「文明主権論」と呼ぶ主権概念の新たな価値論的基礎づけが確立したのは、19世紀後半の帝国主義の時代である。とくに、1880年代から本格化し

た帝国主義列強による「アフリカ分割」は，文明主権論の形成に大きく寄与した。列強によるアフリカ植民地取得を正当化する論理として，「文明」の概念が前面に現れるようになったのである。それは例えば，アフリカ分割のメルクマールをなすベルリン会議（1884-1885）において，主催者であるビスマルクが開会の辞において会議の目的として述べた，「アフリカ大陸内部を通商に開き，彼ら先住民に教養を身につけさせ，有益な知識を広げるという使命と計画を推進し，奴隷制度，とりわけ黒人の売買を禁止することによって，アフリカ先住民を文明に結びつけること」[(8)]という言葉に端的に現れている。

　この時期，植民地取得を正当化する論理としてなぜ「文明」の概念が前面に出てくるようになったのか。というのは，進出の現実の過程はともかく，少なくとも学説のレベルではそれ以前の時代に文明を正当化の論理として認めた学説は見出し難いからである。先述のヴァッテルなども「アメリカの諸民族を文明化し真の宗教を教えるためとうそぶきながら，彼らを攻撃し自らの貪欲な支配 dominion の下に服従させた野心的なヨーロッパ人，この強奪者たちは，不正であると同時にばかげた口実に基づいている」（Ⅱ§7）と，文明による支配の正当化を痛烈に批判している。それがこの時期になると，国際法の学説においても，文明概念による植民地支配の正当化が当然の論理として展開されるようになる。その理由については諸説あるが[(9)]，主権価値論の観点から決定的に重要なのは，アフリカ分割においては，もはや労働主権論を適用することが困難になったという事情である。「労働」は近代が自己を何よりもまず自己自身に対して正当化しうる最も根拠ある論理である。しかし，アフリカの過酷な自然環境の下では，ヨーロッパ人が入植という形で植民地化を行うことは困難であった[(10)]。プランテーション経営にしても鉱山経営にしても，また現地の小商品生産にしても，原住民の労働力に依拠せずには植民地経営は不可能であった。つまり，自らの労働と勤労をもって「怠惰」な先住民に対する優越性を示すことができなくなったのである。そこには欧米人にとってある種の深層心理的な「うしろめたさ」がある。労働を代替しその欠如を埋め合わせる何かが要請されなければならなかった。それが，この時代に文明の概念が前面に出てきた最も根本的な理由であったと私は考える。

　文明主権論の内容を，同時代の2つのテキストから検討しよう。まず取り上

げるのは、当時の代表的な国際法のテキストの1つである Lawrence（1923）である。ローレンスは文明主権論に基づく国際社会をシステム的に分かりやすく構成している。彼はこのテキストの中で、国際法を「文明国家 civilized states の一般政体のふるまいを決定する規則」（§4）と定義し、文明主権論を次のように展開している（引用は節の番号による）。

第1に、主権国家の要件としての文明化の主張である。彼は言う。主権国家が国際法の主体となりうるには、上位権力に属さないなどの条件とともに、「諸国民のファミリーにおける成員資格 membership in the family of nations」にとって本質的な特徴である、必要な程度の文明化 necessary degree of civilization が不可欠である。国家が近代国際社会の基礎となる考えを理解できない場合には、それに参加することは不可能である。ただし、要求される文明化の正確な量を前もって定義することはできず、それを扱う権力 powers によって、理非曲直によって判断されなければならないとされる。諸国民の法が機能する領域は、文明の領域と一致する。それに受け入れられることは、よきふるまいと敬意という一種の国際的証明書を獲得することである。そして今まで野蛮とされていた国が承認を欲する場合には、直接関連する権力はそのテストを受けなければならない（§36, 44）[11]。

第2に、先占と原住民社会との関係である。彼によれば、先占はいかなる文明国家の占有部分でもなかった領土にのみ適用される。諸国民のファミリーの成員であり国際法の主体である国家の占有下にない全領土は技術的に言って無主地であり、それゆえ先占に開かれている。原住民の権利は倫理的なもので、法的なものではない。彼らの配慮ある扱いを要求するのは、国際法ではなく国際的倫理 international morality である。有効な先占は、併合と入植によって構成されるが、その権原は、国際法の主体である国家間でのみ正当でありうる。文明のルールを後進的な部族に拡大することの唯一の倫理的正当化は、彼らがそれによって、存在のより高い平面に引き上げられるということである。「優等人種」である文明国家の究極目的は、彼らの被後見人である「劣等人種」が自分自身の統治を学ぶよう教育することであるべきである（§74）。

このように、ローレンスは国際社会を「文明国家」により構成される上位構造としての国際法の領域と、文明国家と原住民社会の間で構成される下位構造

としての「国際的倫理」の領域という二層構造としてとらえている。主権は国際法の主体である文明国家にのみ認められ、原住民社会における文明国家の主権の役割は、原住民を後見し文明化を通じて自己統治を教育することにある。

もう1つのテキストは、ホブスンの『帝国主義論』(1902)である。この著作はレーニンの『資本主義の最高段階としての帝国主義』(1917)における「帝国主義の寄生性と腐朽性」の元アイディアとしても知られているが、ホブスンの議論が興味深いのは、先程述べた主権価値論における「労働」の規範的概念としての重要性を彼が認識していると思われる点である。中心となる箇所は本書の第2編「帝国主義の政治学」とくにその第4章「帝国主義と劣等人種」であるが、そこで彼は次のように述べている（以下は煩を避けるためいちいち出所を示さないが、すべて同章からの引用による）。熱帯地資源を開発することは世界の幸福のために必要であるが、怠惰で無気力な劣等人種たる原住民によっては自発的に開発されず、それゆえその開発は白人の義務である。しかし、白人はこれらの土地に植民し、ここに定住して、「自分自身の手の労働によって」天然資源を開発することができない。彼らは原住民の労働を組織し監督することができるだけである。ここに「あまり労働しないで低い生活水準で生活することをむしろ好む人々を、骨の折れる継続的労働に強制すること」をいかに正当化しうるか、という問題が生ずる。つまり「真の問題点は、熱帯地方の住民その他いわゆる劣等人種の産業的並に政治的文明の諸技術における監督と教育のために強制的な統治を行うことが、西欧諸民族にとって果たして正当と認められ得るか、また如何なる事情の下において正当と認められ得るか」ということにある。白人による原住民に対する「干渉の倫理学」が問われている、と彼は言うのである。

この問いに対してホブスンは次のように答えている。産業技術・政治・道徳において一段の進歩を遂げた諸民族が、比較的発達の遅れた諸民族にこれらを与え、彼らを援助してその物質的資源および人的資源を開発させるのは正当であり、また強制についても「教育的な力の作用」として必要であろう。また、「文明諸列強の組織的な政府」がこの役割を引き受けなければ、原住民は「私的な冒険家、奴隷商人、海賊的貿易業者、財宝漁り、利権屋」などによる「私的搾取の危険」にさらされることになる。問題は保障・動機・方法に関する条

件であり，彼はそうした条件として ① 帝国主義民族の特殊な幸福ではなく一般的幸福の実現，② 被支配民族に対する純益の付与，の2点を挙げる。そして彼は，帝国主義による現実の支配が原住民に対する徹底した土地と労働の収奪によって行われており，上記①②の条件が全く満たされていないことを指摘し，第3の条件として，支配民族への主権の信託を認可する国際機関の設立を主張するに至っている。

このように，ホブスンの問題提起は非常に明快である。また彼は，帝国主義者としての限界をもちながらも，当時の帝国主義が「文明」の美名の下に行っていた原住民に対する過酷な支配の実態を暴くことができた。労働の有する規範的概念としての意義を理解していたことが，ホブスンのそうした考察を可能にしたと思われる。

主権と労働の関連を断ち切る文明価値論の登場によって，主権＝所有権レジームにおける主権価値論の構造は著しく変化した。第1に，主権が労働という規範的価値を失ったことによって，主権概念の形式化が進んだ。文明という価値は文明国家の「ファミリー」に属していることですでに確保されており，領土取得のプロセスにおいて新たにその価値創造が要請されるものではない。この時期の国際法において先占の要件が入植・定住から「実効的占有」へと変化したこと[12]や，主権権原論が「様式論」として体系的に論じられるようになったこと[13]は，主権概念の形式化の現れであるといえる。第2に，主権が労働概念から自立化したことによって主権と労働の生産力に関する関係が逆転し，主権が生産力主義の観点から労働を教育する関係が現れるようになった。それはフーコー流に言えば，原住民に労働を調教する「生産する権力」であり，マルクス流に言えば労働を包摂する「資本の生産力」になぞらえることができるものである。所有論的に言えば，労働主権においては，所有権は自己の労働に基づくものとして現れた。文明主権においては，労働と所有が分離し，所有は，資本が労働とその生産物を取得する権利として現れるのである。

第3節 資源主権

　第二次大戦後に独立を果たした開発途上国は，資源主権という新しい主権概念を国連総会その他の場において主張するようになる。資源主権とは，国家は自国の領域内にある資源を自由に開発する権利を有するという考え方である。それは，民族自決に基づく先進国からの経済的自立と経済発展を理念とするものであり，文明主権に対する反搾取・反資本的なアンチテーゼをなすものであった。資源主権を求める開発途上国の運動は，利権や企業投資の形で開発途上国に対する既得権を有する先進国と激しく対立しつつ，1962年の国連第17回総会における「天然の富と資源に対する恒久主権」決議において集大成されることとなる。その第1条には，「天然の富と資源に対する恒久主権への人民と国民の権利は，その国民的発展と関係国人民の福祉のために行使されなければならない」と資源主権の基本理念が記されている。

　主権価値論の観点からみた資源主権の価値論的本質とは何であろうか。まず第1に言えることは，資源主権論には，所有の権原論が欠如していることである。国際社会における資源主権論の展開を支えた理念は，開発途上国の先進国からの独立であり，民族自決であり，経済的自立であり，一言で言えば自由である。これが政治的に大きな意義を有する理念であることは言うまでもない。先進国による経済的・政治的支配からの開発途上国の自由の理念が，当時の資源主権が有していた革命的なインパクトの源泉であったことは確かであり，私はその歴史的意義を高く評価する。しかし，封建体制からの自立をめざした近代国家がその出発点において主権の価値論的基礎づけを欠いていたのとちょうど同じように，資源主権の概念もまた，主権＝所有権レジームの観点からすればその価値論的基礎づけを欠いていると言わざるをえない。労働主権論は労働に基づく勤労の思想によって，文明主権論は文明すなわち労働を包摂する「資本の生産力」ないし「生産する権力」の思想によって，この間隙を埋めようとした。これに対して資源主権は，新しく独立した国家が空間的に存在する場所として，領土とその資源が要請されているにすぎない。つまり，資源主権にお

けるドミニウムは，近代国家形成期におけるそれと同様，イムペリウムの派生的概念にとどまる。言いかえれば，所有がその権原論を欠いた所有そのものとして主張されるという一種のトートロジーに陥っている。資源主権は，主権＝所有権レジームの形式的側面が最も純粋な形で現れたものである。そして，単なる民族自決ないし自由の理念をもってしては，その価値論としての無内容性を克服することはできないのである。

　主権＝所有権レジームの形式性は，本来，領海制度の特徴をなすものであった。というのは，海は耕作の対象となり得ず，ロック型の労働主権論がそもそも適用できないからである。それゆえ領海においては，ホッブズ型のレジームが適合的なものとして現れる。海洋法の歴史においては，これはいわゆる「海洋論争」として，グロティウス以来の海洋の自由に対する領有論の主張として展開されることとなった。海洋論争における領有論の根拠は，大きく２つに集約することができる。それは海洋再生可能資源の希少性と，防衛のための軍事的支配である。例えば先述のヴァッテルは，海岸付近の海洋の領有を次のように根拠づけている。第１に，魚介類や真珠・琥珀などは無尽蔵ではないため，沿岸国は，自らの居住する領土と同じように，占有できるよう自分たちの手の届くところに自然が置いてくれた利点をわがものとする。第２に，全来訪者とくに軍艦の来訪の全般的自由を認めないことは国家の安全と福祉にとって極めて重要であり，それゆえ自己の権利を保護しうる限度まで沿岸海域の領域支配 dominion を拡大することができる（Ⅰ§287, 288）。このように，領土に関してはロック型の労働主権論を説いていたヴァッテルが，海岸の領有に関しては，希少性と主権による支配というホッブズ的な論拠により領海支配を根拠づけていることが分かる。希少性の論理はグロティウスが海洋の自由の論拠の１つとして海洋資源の無尽蔵性を挙げていたことに対する反論であり，また軍事的支配の論理は，沿岸国は陸地から軍事的に支配できる範囲の海洋を領有しうるといういわゆる「着弾距離説」の流れを汲むものである。こうした論争を経て海洋領有が次第に認められるようになり，19世紀には公海－領海の二元的海洋制度が一定の確立をみる。そして領海制度は20世紀後半には大陸棚および排他的経済水域の制度として著しく拡張されることになるが，いずれにせよ主権価値論の観点からは，形式的かつ無内容な領有方式とみなさざるを得な

い。

　第2に注目すべきは資源主権の経済的機能である。自然所有が価値論的基礎づけをもたない所有そのものとして現れるということは，資源主権が，マルクスの資本論体系における「土地所有」をなすものとして，一種の「所有する権力」として現れることを意味する。これは，1970年代のエネルギー危機を，世界市場における「土地所有者階級」の確立ととらえるマサラート（1980）の見解につながるものである。彼は1960年のOPEC設立を，第三世界諸国による先駆的な「世界市場における土地所有の組織」の創設と位置づける。1962年の「恒久主権」国連総会決議に至る国際政治は，世界経済の拡大発展を掲げて天然資源の最適利用と外国投資の推進を主張する先進国と，経済的自立による主権の強化を求めて資源ナショナリズムに向かう開発途上国との闘いであった。問題は経済的自立の方向性である。開発途上国では，資本主義の発展度が低いために資本家的利害は副次的なものにとどまるのに対して，世界市場における原料生産者・輸出者としての土地所有の利害が前面に押し出される（マサラート 1980:81）。周知のように，それは具体的には，開発途上国国家による天然資源の国有化運動として，すなわち新たな「所有する権力」の創出運動として行われた。かくして，天然資源の恒久主権をめぐる国際政治は，世界市場における資本家階級と土地所有者階級の闘いとして展開された。

　第3に，資源主権をもたらす自然所有は，地域社会におけるサブシスタンス的な自然ではなく，世界市場において広範に取引される世界商品としての自然資源を対象とするものである。その中心は言うまでもなく石油・ガスといった化石燃料であり，枯渇性資源である。労働主権の時代は農業の時代であり，農地をはじめとする農業資源としての再生可能資源の時代であった。例えばヴァッテルは「全ての技能artのうち，耕作ないし農業は，国民がその生活資料subsistenceを引き出す源泉として最も有益で必要なものである。土壌の耕作によってその生産は無限に増大する。良好な気候を享受する国民にとって土壌は最も確かな資源であり，富と交易の最も確かなファンドである」（Ⅰ§77）と述べている。それが文明主権の時代には，パーム油・綿花・落花生・ココア・ゴム・煙草などの熱帯産農作物に対する需要とともに，様々な枯渇性資源に対する需要が，アフリカの支配と開発の主要な動機となって現れるようにな

る。ホブスンはこの点について，帝国主義の歴史においては「金銀，ダイヤモンド，ルビー，真珠，及びその他の宝石」という「持ち運びが出来且つ永続性のある最も圧縮された形の富」（つまり枯渇性資源）が「有色人種に対する白人支配の基礎」を築き，さらには「貴金属のほかに，ヨリ手近かでヨリ危険の少い商業上の冒険の動因として，早くから錫と銅が附け加えられ，また最近代の機械経済は，石炭および鉄鉱をば，文明国民が獲得し開発するに値する財宝の地位に引き上げた」と述べている（ホブスン 1902:164-165）。これに対して，資源主権の段階においてはじめて，石油をはじめとする枯渇性資源が，主権による自然所有の最も重要な所有対象として位置づけられるようになる。つまり，資源空間図式における枯渇資源空間が，主権＝所有権レジームのあり方を決める中心的空間として現れるのである。

　第4に，資源主権の自立性の基盤はレントの取得にある。とくに枯渇性資源，中でも石油のレントが決定的に重要である。レントとは，制限された自然力を所有することにより所有者にもたらされる超過利潤である。マルクスが『資本論』の中で述べているように，自然所有がこの超過利潤を生み出すのではない。レントはいわゆる差額地代として，最劣等地の生産条件に規定される生産性の格差が市場における需要供給の運動の中で超過利潤に転化したものである。マルクスが指摘するように，自然所有は超過利潤に転化する価値部分の創造の原因ではなく，それがレントという形態に転化することの原因なのである[14]。これまでみてきたように，労働主権は労働とそれが創造する所有権を保護し，文明主権は生産する権力として労働を調教する。一方，資源主権は，「所有する権力」として獲得したレントをもって労働とその成果を支配する。その意味で資源主権は，権原論を欠いた価値論的に無内容な主権であるばかりでなく，最も寄生的な主権でもある。マルクスによれば，市場経済において土地所有の有する寄生性は，レントが資本還元され土地が売買の対象となるということによっておおい隠される[15]。だが非譲渡性を特徴とする主権にあっては，そのような形での寄生性の隠蔽は不可能である。ただ分配のあり方だけが，すなわち世界的ないし国内的な貧富の格差という現実の中で，資源主権の獲得するレントが貧困者の福祉の向上に用いられるという可能性だけが，この寄生的性格にも関わらず資源主権を倫理的に正当化しうる。また，資源主権の

依拠する空間が主に枯渇資源空間であることは，資源主権をめぐる国際政治が，なぜ世界市場における資本家階級と労働者階級の闘いではなく，資本家階級と土地所有者階級の闘いとして現れるのか，ということの主要な理由でもある。

第5に，経済発展による天然資源の希少化，とくに化石燃料をはじめとする枯渇性資源の希少化は，制限された自然力を所有する自然所有者の経済力を強め，その獲得するレントを増大させる。その結果，民族自決と経済的自立を理念とする資源主権は，自然所有によりもたらされる超過利潤としてのレントの獲得が自己目的化する「レント主権」へと転化する。

世界史的には，レント主権の時代は1970年代の石油危機に始まり，2004年からの原油高騰期に主権価値論の新たな段階として確立されたと言ってよいであろう。主権＝所有権レジームは，これまで，労働主権論，文明主権論，資源主権論という歴史的段階を経てきた。レント主権は，レジームのさらに新しい段階—おそらく，資本主義世界経済の発展におけるその最終段階—である。レント主権の本質は，その価値論的な全くの無内容性と寄生性にある。レント主権は，世界に何ら新しい価値をもたらさない。労働主権における労働を通じた価値の創出，文明主権における人類の進歩，資源主権における途上国の自立，このような新しい価値をレント主権は生み出さない。そこにあるのは，単なる資源的富の取得に過ぎず，既存の経済成長のパターンを高々何十年か引き延ばすだけのことである。主権＝所有権レジームは，単なるストックのフローへの変換プロセスとなり果てた。

レント主権は自己言及的である。レント主権は，他の価値によって支えられるのではなく，所有それ自体が自らの所有性を支えている。それは，レントのもっている人間社会にとっての無根拠性に淵源するものである。その無根拠性は二重である。つまり，枯渇性資源とそのレントが人間の労働の生産物ではないという直接的な無根拠性と，生み出されたレントが貨幣化され，さらなる開発を引き起こし，その結果引き起こされた資源高騰が新たなレントの増分を生み出すという間接的な無根拠性である。しかしその意味では，レント主権の性格はすでに資源主権の中に内包されていた。自立や貧困の解消といった主権＝所有権レジームにとって外在的な理念によって正当化されていた資源主権が，

その外在的理念を失い，主権価値論としての本質があからさまに現れたのがレント主権である。レント主権は，資源主権の純化でありその必然的な帰結である。それゆえレント主権においては，「所有する権力」としての資源主権の不合理性があらわとなる。マルクスの言う「一群の人々が社会の剰余労働の一部分を貢ぎ物としてわがものにし，しかも生産が発展するにつれてますます大きな度合いでわがものにすることを可能にするものが，ただこれらの人々が地球にたいしてもっている所有権でしかないということ」（マルクス 1894:267）があからさまに示される。

　現在，北極圏諸国が推進しようとしている北極海開発は，レント主権の時代の本格的到来を画するものである。レント主権は，資源のレント的価値によって発生し活気づけられる。1970年代におけるレント主権の発生期，マサラートの言葉で言えば世界市場における土地所有者階級の確立期は，世界市場において，レントという経済カテゴリーが自立化したことを意味する。レントは自立する運動体となり，次々と新しいレントを生み出しながら増殖を続ける。「気候変動とは自然資源のグローバルな再配分である」というロシア気候ドクトリンの命題を念頭におけば，北極圏諸国の北極に対する主権と北極海の囲い込みの主張は，「気候変動によって自国領土ないし潜在的領土内に再配分された自然資源に対して，わが国は主権を有する」という主張として解釈できよう。それはレント主権の新しい段階を示している。なぜなら，気候変動によって，単なる資源の需給逼迫により発生するレントではない，新しいレント＝超過利潤が生み出されるからである。いまこの２つのレントを区別するために，従来型のレントを「資源レント」，気候変動によってもたらされた「再配分された自然資源」が市場を通じて生み出すレントを，「気候レント」と呼ぶことにしよう。超過利潤＝資源レント＋気候レントである。気候レントは，世界市場におけるレントの運動が気候変動という自然的過程を通じて生み出した新しいレントである。またそれは，レント主権における新たな寄生性のカテゴリーであり，レント主権の寄生的性格をよりいっそう深めるものとなっている。

　気候レントは，北極圏諸国が，気候変動を通じて世界の脆弱な地域を二重に収奪することを示す。すなわち，自然資源のグローバルな再配分を通じた収奪と，その自然資源が世界市場を通じて取引されることにより生み出されるレン

トという収奪である。逆に脆弱地域の目から見れば，これは気候変動と世界市場という2つのグローバルな現象の否定的影響にさらされることを意味する。O'Brien and Leichenko (2009) は，これを「二重の露出」(double exposure) と呼んだ。彼らによれば，二重の露出とは，「地域，部門，生態系，社会集団が気候変動の影響とグローバリゼーションの帰結の両方に直面すること」である。二重の露出においては，これらのグローバルなプロセスを通じて必ず「勝者」と「敗者」が生じ，それは時として，気候変動と経済グローバリゼーションの両方に関する「二重の勝者」(double winners) と「二重の敗者」(double losers) をもたらすことになる (O'Brien and Leichenko 2009: 324, 333)。北極評議会体制の求める気候レントが，二重の露出における二重の勝者・敗者をもたらすものであることは明らかであろう。

結論　北極評議会体制の寄生性と収奪性

　本章では，主権＝所有権レジームおよび主権価値論という分析枠組を設定し，主権価値論の歴史的変遷を通観することを通じて，北極評議会体制の歴史的意味を解明することを試みた。主権価値論とは，本来的には何の価値論的根拠を持たなかった主権が，所有権による自然支配を通じて自らを根拠づけようとする試みである。主権価値論は，労働主権から文明主権，そして資源主権へと歴史的に展開していったが，それは主権概念がしだいにその価値論的基礎づけを失い，形式化・無内容化し，所有そのものとして純化していく過程であった。本章の第1節で述べた主権＝所有権レジームの理念型で言えば，それは「ロック型」から「ホッブズ型」への移行，ないし古典的自由主義から新自由主義の理念への移行としてとらえることができる。
　北極開発とは，気候レントの収奪である。積極的適応戦略およびその国際体制である北極評議会体制は，レント主権という資源主権の極限を示す，主権価値論の新たな段階を画するものである。レント主権は，寄生性と収奪性をその本質とする。主権価値は，その原基形態である労働主権の理念から乖離すればするほど寄生的性格を強める。生産から遊離し，所有そのものからもたらされ

る権力として他人労働を支配しそれに寄生する。また，気候レントのシステムを通じて脆弱地域からの二重の収奪を行う。気候変動と市場経済の客観的・システム的な外観が，その収奪的性格を隠蔽する。

次章では，積極的適応体制をいかに克服すべきかを考察する。

第5章 注
（1） 下川（2000:113）は，プーフェンドルフの自然法論を援用して，前者の特定の共同体による共有を「積極的共有」，後者の全人類に属する共有を「消極的共有」と区別している。プーフェンドルフによれば，消極的共有とは，「すべての物が共通のものとして置かれており，誰か特定の人に属していない」「まだいかなる特定の人にも割り当てられていない」状態であり，それゆえ「誰が取ってもよい」状態である。これに対して積極的共有は，一人の人間ではなく複数の人間が所有権を持っている状態のことであり，その所有権は他の人間を正当に排除するとされる。
（2） 『リヴァイアサン』の以下の記述を参照。「ある人の力 Power とは，…善だと思われる将来のなにものかを獲得するために，かれが現在もっている道具である」（1-10）。
（3） ホッブズにおいて所有権に対する主権の優先性を示すその他の規定としては，次の点が指摘できる。第1に，所有権の形成過程からも分かるように，ホッブズ的世界においては，所有権のないところに主権はない。「共通の権力がないところには，法はなく，法がないところには，不正はない。…そこには所有 Property も支配 Dominion もなく，私のものとあなたのものの区別もなくて，各人が獲得しうるものだけが，しかもかれがそれを保持しうるかぎり，かれのものなのである」（1-13）。第2に，主権は，所有権に関するルールを設定する。「…主権者に属するのは，各人が，かれの同胞臣民のだれからもさまたげられずに，享受しうる財貨は何であり，おこないうる行為は何であるかを，かれらが知りうるような諸規則を規定する，権力のすべてである」（2-18）。第2に，私的所有権の有する排他性は，主権には及ばない。「…ある臣民がかれの土地においてもつ所有権は，他のすべての臣民をその使用から排除する権利にあり，かれらの主権者を，それが合議体であれ君主であれ，排除する権利にあるのではない」（2-24）。
（4） ただし『統治二論』の中には，すでに市場＝枯渇資源空間の要因が入り込んでいる。それは貨幣の論理である。貨幣は，再生可能資源の腐食性という限界を突破し，消費力を上回る所有と蓄積を可能にする。われわれは，この市場＝枯渇資源空間の論理が主権価値論において次第に影響力を強めていくのをみることになろう。
（5） 邦語文献では，例えば太壽堂（1998），三浦（2009）を参照。
（6） また次の記述も参照。「新世界の発見により生じた問題がある。少数であるが故に土地全体を占めることができない放浪の民 erratic nations しかいない広大な土地の一部を，ある国家が合法的に所有しうるかが問われた。…そのような広大な土地における非定住の居住は，真実の合法的所有とはみなしえない。そして本国に狭く閉じ込められた欧州諸国が，未開人がとくに必要とせず現実の継続的な利用を行っていない土地を発見した際には，その土地を合法的に所有し，植民地を建設することができた。われわれがすでにみたように，大地は人類全体に属しており，彼らに生活資料を与えるよう定められている。もし各国が最初から狩り，漁，果実の採取だけで生活するように広大な土地を所有することを決めていたら，地球は現在の住民の10分の1を維持するのにも十分ではなかったであろう。したがってインディアンをより狭い範囲に制限しても，自然の観点からはずれないのである」（Ⅰ§209）。
（7） 17世紀にはイギリス領植民地と先住民の間に度重なる戦争があり，植民者側の勝利に終わったが，ロックがこの過程をどのようにとらえていたかは難しい問題である。彼は『政府二論』に

おいて「他者との戦争状態に身を置き，他者の権利を不当に侵害する侵略者が，そうした不当な戦争によって被征服者に対する権利を手に入れることは決してできない」（後編16-176）と植民者側に批判的ともとれる見解を述べている。三浦（2009）によれば，文明国以外の世界ではまだ土着住民が使い切れない広大な「荒蕪地」が残っているから植民は合法である，とロックは考えていたようである（三浦 2009:58）。これはロックが，プーフェンドルフのいういまだ特定の集団の所有権に属していない「消極的共有」地に限り植民を認めていたことを意味するものであるが，三浦が指摘する通り，その「荒蕪地」や使い切れない土地の判定基準にはナイーブさが残る。さらに三浦は，ロックが生涯の終り近くまで政府の植民地経営と監督に積極的にかかわっていた事実から，「彼が自国の植民地と先住民の間の戦争の実態とその結果の正当性に疑問や不満を抱いていたと想像することは難しい」（三浦 2009:157）と結論づけている。私にはこの結論の妥当性は判断できないが，少なくともヴァテルほどの積極的な論調は『政府二論』には見受けられない。

(8) 以上のビスマルクの引用は，許（2012:63）による。

(9) 一般に，アフリカの植民地化（文明主権論）は，アメリカの植民地化（労働主権論）より人道的であると認識されてきたようである。例えば，本文で以下に言及する Lawrence（1923）は，遊牧民の労働と生産性の欠如を理由に領土の獲得を正当化しようとしたヴァテルの「詭弁」は，いまではほとんど重みはないと批判している（§74）。また太壽堂（1998:60-61）が，この時代の文明概念重視の理由について「原住民の取り扱いが18世紀の後半以来徐々に改善されてきたこと」に注目し，搾取と殲滅を中心とするそれまでの原住民政策を正当化するために文明の概念を持ち出すことはできなかったと指摘しているのも，同様の趣旨に基づくものであろう。しかし，これらの論者は基本的に文明をよいものとみなしている点で，私とは考えが異なる。労働主権論に基づくインディアンの迫害は非道なものであったとはいえ，そこにはまだ「労働」という一片のモラルが存在した。しかし，文明主権論に至ってモラルは消滅し，「文明」という空疎で野蛮な概念が原住民支配を正当化するために使用されるようになった，というのが私の診断である。

(10) ただ，一言でアフリカと言ってもその地理的な特徴にはかなりの多様性があり，白人による居住の難易性にも地域によって違いがある。国連は，1958年にアフリカ諸国をその経済構造からA型とB型の2つの地域に分類している。A型地域は，気候・風土が白人の定着に不適で，植民地政策も原住民保護を原則とし，輸出生産物の生産も伝統的農村内でアフリカ人自身により行われ，ヨーロッパ人はもっぱら商人としてその生産物の流通に関与するだけの地域であり，旧イギリス領西アフリカやスーダンがその典型である。B型地域は，気候・風土が白人の定着に適し，植民地政策も白人入植者優先主義をとり，輸出用生産物の生産はヨーロッパ人自身により行われ，アフリカ人は主として未熟練労働力を提供するだけの地域であり，具体的には，ローデシア・ザンビア・マラウィ・南アフリカ共和国・リベリア・ケニアなどが挙げられる。一般に，宗主国による統治形式（イギリス流の間接統治か，フランス流の同化主義か，ベルギー流の父権主義か），植民地化の経済的動機（貿易上の利点から獲得したのか，土地や鉱物資源を狙って獲得したのか），植民地経済の型（原住民の小商品生産に依拠するものか，白人入植者による大規模な鉱山・プランテーション経営か）などによって，植民地形成のあり方も様々であった（以上の記述は，星・林 1978:20-21 による）。

(11) ローレンスは，「新たな国際人の承認」は3つの異なる状況下で生じてきたとしている。第1に，他文明の国家，あるいは以前は野蛮とされていた国家が諸国民のファミリーに受け入れられる場合である。トルコ，ペルシャ，中国，日本が該当する。承認される国家は欧州モデルに従ってある程度まで文明化されている必要がある。第2に，以前は自然のままに残されていた，あるいは未開部族に残されていた地区において文明人が形成した新しい政体が独立国として認められ

る場合である。トランスヴァール，南アフリカ共和国，コンゴ自由国，リベリアが該当する。第3に，文明化された国家から政治共同体が離脱した場合であり，アメリカや中南米諸国が該当する（§44-46）。

(12) そのプロセスについては例えば太壽堂（1998:62-64）を参照。ベルリン会議の結果 1885 年に締結されたベルリン議定書が，その第6章第35条において，既得権と通商・通過の自由を保護する「権威の設立」(the establishing of authority) を先占の要件として定めたのは，その画期をなすものである。

(13) 許（2012:91）を参照。ただし許は，ベルリン議定書における「無主地」の概念の「発明」が，こうした様式化を進める要因であったと論じている。許によれば，当時の「文明」概念もまた，「無主地」概念の発明のために用いられたものである。

(14) 『資本論』における次の記述を参照。「土地所有は，超過利潤に転化する価値部分を創造するのではなく，ただ，土地所有者…がこの超過利潤を工場主のポケットから自分のポケットのなかに引き入れることを可能にするだけである。土地所有は，この超過利潤の創造の原因ではなく，それが地代という形態に転化することの原因なのであり，したがって利潤または商品価格のこの部分が土地所有者…によって修得されることの原因なのである」（マルクス 1894:64-65）。

(15) マルクス（1894:267-268）を参照。

第 6 章

積極的適応の対抗戦略

はじめに

　前章では，北極評議会体制を主権＝所有権レジームの歴史的変遷の中に位置づけることにより，その北極海開発が有する寄生的・収奪的性格を明らかにした。本章は，前章の考察をふまえ，北極評議会体制の積極的適応戦略に対抗するための，北極海の環境保全と環境再生を重視した戦略構想を構築することをめざす。環境重視の観点からする北極評議会の代替的戦略を構想する際には，北極圏における温暖化の進行という現実を認めそれをふまえた上で，温暖化により可能となる開発をいかに環境保全と両立させるか，という現実主義的な観点から構想を組み立てるという立場もあり得る。しかし，そうした現実主義は，転倒した現実主義であるように私には思える。言うまでもないことであるが，北極圏の温暖化は，地域的に孤立した現象として現れるのではない。それはグローバルな気候変動の一環として，世界各地，とくに低緯度地域における温暖化の激化をともなって現れる。北極海の氷の融解は，地球環境の崩壊を意味するのである。そうした現実から北極を切り離して，北極海の開発可能性だけを問題にする姿勢を私は理解できない。また実際のところ，今後気候変動が一層進めば，積極的適応体制の有する矛盾が問題として顕在化せざるを得ないであろう。本章では，上述のような「現実主義」の土俵に乗ることを拒否し，積極的適応体制を乗り越えるための方向性を探って行きたい。

　以下本章では，まず第 1 節において，現行の北極評議会体制が依拠する国連海洋法条約の特徴と問題点について考察する。北極海統治のための特別な国際的レジームの必要性を求める一部国際社会の声に対して，北極評議会が 2008 年のイルリサット宣言においてその必要性を否定し，国連海洋法条約に基づい

て北極海の領海的分割を進めてきたことはすでに述べた通りである。北極評議会体制の開発体制としての特質と問題点については，第2章において，とくに南極条約体制との比較という観点から分析を行っているが，本節では，これを国連海洋法条約レジームの観点から再度とらえ直して考察する。次に第2節では，国連海洋法条約が有する問題点を克服するための有力な制度編成原理として，スチュワードシップ（stewardship）の概念に注目し，その内容を立ち入って検討する。ここでめざされるのは，スチュワードシップを反主権的・反所有的な資源管理理念としてとらえ，その特徴を定式化することである。そして第3節では，そうした反主権的・反所有的なスチュワードシップ概念の下に，北極評議会体制に対する代替的な地域体制を構築するための方向性を提示する。

第1節　国連海洋法条約の構造と問題点

　国連海洋法条約は，正式名称を「海洋法に関する国際連合条約」（United Nations Convention on the Law of the Sea: UNCLOS）といい，9年にわたる第3次国連海洋法会議（1973-1982）を経て，1982年4月30日に採択され，採択後12年を経た1994年11月16日に発効した国際条約である。本条約は17部320条の本文と9つの付属書で構成され，2013年1月現在，164の国・地域と欧州連合が批准している。北極評議会の加盟国およびオブザーバーの中では，唯一米国だけが未批准である（日本は1996年に批准）。

　第二次大戦後，国連は3次にわたる海洋法会議を開催して，新しい国際海洋秩序の構築をめざしてきた。1958年に開かれた第1次海洋法会議では，領海条約，大陸棚条約，公海条約，公海生物資源保存条約のいわゆるジュネーブ海洋法4条約が採択され，国際海洋秩序の主要部分を構成するに至ったが，これらは領海の幅員問題を棚上げにするなど多くの懸案事項を抱えており，それを解決するため1960年に開催された第2次国連海洋法会議は成果なく終わった。国連海洋法条約は，その後の海洋科学技術の急速な発展による海洋の開発可能性の増大，および旧植民地の独立といった国際情勢の変化を背景に成立したも

第1節　国連海洋法条約の構造と問題点　187

ので，それまでの海洋法秩序の枠組みを大きく変えるものであった。

　国連海洋法条約の最大の特徴は，沿岸国の管轄権のおよぶ水域を一挙に拡大したことである。まず沿岸国の「主権」が及ぶ領海の幅員が，伝統的な3カイリから最大12カイリまで拡大された（第3条）。群島国は，群島の最も外側の島を基線として形成される群島水域に対する主権を認められた（第49条）。また領海に接続する水域である接続水域は，沿岸国がその領土・領海における通関上・財政上・出入国管理上・衛生上の法令違反を防止・処罰することができ，領海における沿岸国の警察権の延長とみなしうるものであるが（島田・林編2010:28），その幅が1958年の領海条約における12カイリから最大24カイリに拡張された（第33条）。さらに沿岸国は，200カイリに及ぶ排他的経済水域や大陸縁辺部の外縁に至るまでの大陸棚に対して，生物資源・非生物資源その他の開発に関する「主権的権利」を認められた（第56・77条）。排他的経済水域は世界の海洋面積の36％を占め（島田・林編2010:65），同水域の設定によって海洋の4割近くが公海から国家の管轄権の下に入ったことになる。

　このように，国連海洋法条約を通じて沿岸国の主権および主権的権利の及ぶ海域は大幅に拡大されたのであるが，この拡大を主権価値論，すなわち海洋に対する領域支配を支える根拠論の観点からみると，それは実効支配の論理から隣接性の論理への転換としてとらえることができる（Lowe1986:3）。旧海洋秩序は基本的に3カイリという狭い幅員の領海とその外部にある公海という二元的制度から構成されていたが，その理論的基盤は「着弾距離説」であり，砲弾の射程距離に基づく軍事的な支配能力が3カイリ領海の根拠となっていた。これに対して，戦後に沿岸国によって次々となされた主権拡張の主張では，隣接性の論理が主流となる。例えば，大陸棚資源の領有を主張し世界における戦後の主権拡張運動の先駆けとなった1945年のトルーマン宣言（the Truman Proclamation）は，領有の根拠を米国が大陸棚にそれまで行使してきた継続的な実効支配ではなく，単にその大陸棚が米国領土に隣接しているという事実においていた[1]。また，主にラテンアメリカ諸国によって主張され排他的経済水域の由来となったパトリモニアル海（patrimonial sea）や200カイリ領海の理論も，主権の根拠と限界を海洋の「地理的および地質学的特徴」に求めるものであった（林2008:29）。国連海洋法条約は，こうした戦後の国際社会

における新しい主権価値論への動きを中心的原理として取り入れたものである(2)。前章で述べたように，戦後の資源主権レジームは主権＝所有権レジームの形式的側面が最も純粋な形で現れたものであるが，隣接性の論理の有する形式的性格は，同論理がまさに資源主権レジームを構成する代表的な論理であることを示すものである。

ただし，国連海洋法条約を構成する4つの代表的な制度—大陸棚，排他的経済水域，深海底，公海—をより子細にみるならば，それらの中心的な編成原理が互いに異なっていることが明らかとなる。大陸棚は，領海とならんで，資源主権の有する国家主権としての完全性ないし排他性を最も純粋に表現する制度である。沿岸国は，大陸棚を探査しその天然資源を開発するため，大陸棚に対して主権的権利を行使する。対象となる天然資源は鉱物その他の非生物資源および定着性生物から成り，沿岸国の同意なしに探査・開発活動ができないという意味でこの権利は排他的である（第77条1-3）。沿岸国は，他国による大陸棚の上部水域・上空における航行の権利・自由や海底電線・パイプラインの敷設を妨げることはできないが（第78・79条），200カイリを超える大陸棚の開発に関する支払・拠出（第82条）を除いて，主権的権利の行使に対するいかなる制限も課されていない。ここでは，こうした強い排他性を有する大陸棚制度の基盤となる編成原理を，自由市場環境主義と規定することにする。序論で述べたように，自由市場環境主義とは，環境破壊の原因を自然に対する所有権と市場の欠如に求め，自然資源に対する私的所有権の設定とその売買を通じて，望ましい資源管理を行おうとする立場のことである（片山 2008:8-9）。大陸棚制度は，従来は公海であった水域を国家の排他的管轄権の下に囲い込むものであり，自由市場環境主義の有する反コモンズ的・排他的所有の理念を体現する制度であるといえる。

その意味では，排他的経済水域もまた，公海の囲い込みの制度として自由市場環境主義の理念を体現するものである。例えば，現代の標準的な国際環境法のテキストであるバーニー・ボイル（2002:734）は，排他的経済水域を「18世紀における共有地の囲い込みの現代版」と評している。しかしながら，排他的経済水域は大陸棚制度とは異なって，他国の利益や環境上の配慮に関する多くの義務を課せられている。排他的経済水域において行使される主権的権利は

主に生物資源を対象とするものであるが，沿岸国は同水域における生物資源の漁獲可能量（allowable catch）を決定し，生物資源が過度の開発によって脅かされないよう適当な保全・管理措置を通じて確保する義務を負う（第61条1・2）。沿岸国は，排他的経済水域における生物資源の最適利用（optimum utilization）の目的を促進し，自国が漁獲可能量の全てを漁獲する能力を有しない場合には，余剰分の他国による漁獲を認め，またその際には内陸国・地理的不利国の権利に特別の配慮が払われなければならない（第62・69・70条）。さらに排他的経済水域における権利・管轄権の帰属に関する紛争は，衡平の原則に基づき，当事国および「国際社会全体の利益」を考慮して解決する（第59条）。これらの規定において沿岸国は，資源を自由にできる所有者ではなく，国際法の定める管理政策を追求する管理人ないしスチュワードとしてふるまうことを義務づけられている（Lowe 1986:9）。これは排他的経済水域の編成原理が，資源主権のレジームからスチュワードシップのレジームにシフトしていることを示すものである[3]。

次に，深海底レジームの編成原理は「人類共同の遺産」（common heritage of mankind）である。人類共同の遺産とは一種の共有資源論であり，国連海洋法条約における深海底のほか，南極や宇宙空間，月その他の天体がこの概念に相当するものと一般に認識されている（稲原1995:59）。深海底とは「国の管轄権の及ぶ区域の境界の外の海底およびその下」（第1条1(1)）すなわち排他的経済水域や大陸棚の外側の海域の海底を指すが，条約によれば深海底とその鉱物資源は人類共同の遺産であり（第136条），いかなる国も主権ないし主権的権利を主張・行使してはならず，またいかなる国・自然人・法人も深海底とその資源を専有することができない（第137条1・2）。深海底における活動は，国際海底機構（the International Seabed Authority）が組織・実施・統制する（第153条）。深海底における活動は人類全体の利益のために行い，その活動から得られる利益は国際海底機構が公平かつ無差別の原則に基づいて配分する（第140条1・2）。このように，人類共同の遺産アプローチは，資源主権の否定，人類全体の利益を代表する機関による一元的管理，開発による利益の衡平な配分を通じた分配的正義の実現をその特徴としている。

最後に，公海の編成原理は「万民の共有物」（res communis）である。万

民の共有物もまた共有資源論的アプローチの一種であり，いかなる国も公海に対する主権を有効に主張できない（第89条）点で反主権的性格を有するが，自由なアクセスが保証されている点で人類共同の遺産とは異なっている。すなわち，公海においては公海の自由が行使され，公海は沿岸国・内陸国を問わず全ての国に開放される。公海の自由には，航行の自由，上空飛行の自由，海底電線・パイプラインを敷設する自由，人工島その他施設を建設する自由，漁獲を行う自由，科学的調査を行う自由が含まれる（第87条1）。

表6-1 国連海洋法条約における諸制度

制度	中心的な編成原理	対象となる主な資源空間
大陸棚	自由市場環境主義	枯渇資源空間
排他的経済水域	スチュワードシップ	再生資源空間
深海底	人類共同の遺産	枯渇資源空間
公海	万民の共有物	再生資源空間

以上をまとめたものが表6-1である。表に明らかなように，国連海洋法条約は，必ずしも相互に親和的ではない多様な理念を編成原理とする諸制度から構成される，モザイク的な構造を有している。ここから，国連海洋法条約の総体的な性格をどのように規定するのかという難しい問題が生ずる。論者の見解は，資源主権の排他性と自由市場環境主義のコモンズの囲い込みとしての性格を重視するのか，それとも資源主権に様々な義務や適用範囲外の領域が課せられているというスチュワードシップ的側面を重視するのかによって，大きく2つに分かれている。例えばOkereke（2008）は前者の立場に立ち，国連海洋法条約をノージック的な私的所有とゴティエの『合意による道徳』における協力的相互作用に基づく新自由主義的な制度と規定し，排他的経済水域と大陸棚制度を「国際協力のレジームにおける正義の市場主義的解釈の勝利を象徴するもの」と評している（Okereke 2008:3, 75）。またPontecorvo（1988:372）も，同条約を魚類や炭化水素のような資産を国際コモンズから沿岸国へ再分配する制度とみなしている。他方，Lowe（1986:9）は後者の立場に立ち，1958年のジュネーブ条約から1982年の国連海洋法条約への変化を，「絶対的専有者」から「管理者」（custodian）への所有概念の変化と特徴づけている。ま

第1節　国連海洋法条約の構造と問題点　191

た Allot（1992:766）は，国連海洋法条約の変化を海洋法の哲学一般における変化と結びつけ，それを ① 土地・海洋・大気・社会現象の自然的統合性，② 単なる所有関係ではなく参加関係としての海洋に対する人間の関係性，③ 国際公益の実現，④ 海洋管理の説明責任，の4つの公理的原則として概念化している。

　国連海洋法条約の総体的な性格規定の問題にはこれ以上立ち入らないが，おそらく現段階では同条約を一貫した理念の下に総括することはできず，同条約は上述の諸理念が相克しヘゲモニーを争う動的な構造を有しているものと考えられる。むしろ本書で問題となるのは，上述のようなモザイク構造を有する法的レジームを気候変動下の北極海という具体的文脈の中に置いた場合，国連海洋法条約のどの側面が浮き彫りにされるのかということである。北極海大陸棚における石油・ガス資源の重要性や，北極評議会におけるこれまでの政治過程から考えて，大陸棚制度を支える自由市場環境主義の理念がクローズアップされることは明らかであろう。

　実際，北極海に国連海洋法条約を適用するならば，同条約が有する環境上・衡平上の問題点が露わとなる。第1に，国連海洋法条約の大陸棚制度を規定する第6部には，資源の保全（conservation）や持続可能性の原則が全く含まれていない点である。問題を石油・ガス資源の問題に限った場合，一般に，大陸棚における同資源の開発に関連した環境上・資源上の問題は，オイルスピルなどの環境汚染，化石燃料の生産と消費による気候変動，資源枯渇による世代間衡平の3つの問題に大別される。国連海洋法条約の条文のうち，これらの問題に適用可能と思われるのは，第12部「海洋環境の保護および保全」における汚染防止に関する一般的規定（第194～196条）のみである。つまり，大陸棚の主要資源をなす非生物資源（枯渇性資源）の開発は，資源保全上の明示的な義務を何ら課せられていないのである。これは排他的経済水域における生物資源（再生可能資源）に関する規定が，沿岸国に対して，漁獲可能量と最大持続可能生産量（maximum sustainable yield: MSY）の決定（第61条1・2），生物資源開発の際に漁獲種のみならずその関連種・依存種へ及ぼす影響をも考慮する海洋資源への総合的アプローチ（第61条3），権限ある国際機関や全ての関係国との間での魚類の保全に関するデータの共有化（第61条4）な

ど，一連の保全的・持続可能的措置を求めていることと著しい対照をなす。第56条1（a）は，沿岸国の排他的経済水域における主権的権利を「海底の上部水域ならびに海底およびその下の天然資源（生物資源であるか非生物資源であるかを問わない）の探査・開発・保全および管理のための主権的権利」と定めており，一見するとこれは排他的経済水域の生物資源・非生物資源の双方に対して保全の義務を課しているようにみえるが，第56条3では，「この条に定める海底およびその下についての権利は，第6部の規定により行使する」とあり，保全が実際には生物資源に限定されている。大陸棚制度の特異性は，深海底レジームにおける鉱物資源については開発の有害な影響からの海洋環境の保護や深海底の天然資源の保護・保全（第145条a・b），および深海底資源の秩序ある安全で合理的な管理と保全原則に基づく不必要な浪費の回避（第150条b）が定められていること，また逆に，定着性の種族は生物資源であるにも関わらず大陸棚資源を構成するがゆえに排他的経済水域の定める一連の保全義務の適用外となっていること（第68条），さらに公海レジームにも生物資源の保全に関する規定があること（第117〜120条）を考慮するならば，さらに際立ったものとなる。

第2に，非生物資源の管理レジームとしての大陸棚制度における，自由市場環境主義という編成原理の正当性の問題である。すでにみたように，国連海洋法条約における領海の拡大や大陸棚・排他的経済水域の設定は，公海の主権への囲い込みによる合理的な資源開発・管理という自由市場環境主義的な理念に基づいて行われたものであった。その意味で，自由市場環境主義は資源主権の実現としての条約体制の基盤をなす理念となっている。この主権によるコモンズの囲い込みは，生物資源の場合には一定の合理性ないし正当性を有していた。というのは，万民の共有物を理念とし，生物資源に対する全ての国の船舶の自由なアクセスを認める伝統的な公海制度の下では，オープン・アクセスによる漁業資源の枯渇というハーディンのいわゆる「コモンズの悲劇」的な事態を回避し難かったからである。これに対して，非生物資源の管理レジームとしての大陸棚制度における自由市場環境主義は，少なくとも歴史的経緯としては，コモンズの悲劇とは何の関係もない。そもそも，大陸棚制度の発端となったトルーマン宣言の背景の一つには，米国内における公海海底の石油資源開発

をめぐる動きがあった。オフショアの石油開発は1920年代にはじまったとされるが、当時、一米国人がメキシコ湾の公海海底にある海底油田を開発するため海底の所有権または賃借権を取得できるかどうか米国務省に問い合わせたところ、国務省は、米国は領海外にあるメキシコ湾の海底に対し管轄権を有しないので海底の所有権ないし賃借権を付与できないと述べた。その後大陸棚の石油資源開発のもたらす膨大な利益に注目した米国の各州は、連邦政府に独断で領海を拡大する州法を制定しその資源を州の支配に置こうとした。トルーマン宣言は、国内的には、州政府が単独で領海を拡大することを禁止し、大陸棚資源の管理を連邦政府が引き受ける意思を明らかにしたものであった（高林 1968:210-213）。つまり、排他的経済水域における資源主権の排他性は、すでに行われていた民間による公海の無秩序な生物資源の開発に対する一定の歯止めとして導入されたのに対して、大陸棚の非生物資源の場合には、まず主権が設定されて、その下で初めて私企業による資源開発が可能となった。大陸棚における資源主権の排他性は、非生物資源の所有に根拠を与え、その開発を実現し促進するために導入されたのである。それゆえ、大陸棚の非生物資源における自由市場環境主義は、一定の保全的性格をも有する排他的経済水域の生物資源とは異なり、もっぱら開発のための理念として機能することになる。

　第3に、北極評議会体制が国連海洋法条約を海洋統治の基盤とすることの衡平上の問題である。前章で述べたように、資源主権の特徴はその価値論的な無内容性にある。資源主権は、本来、天然資源に対する権原論としての合理的根拠を欠いているのである。それが国際社会において受け入れられてきた大きな理由の1つは、それが旧植民地諸国の独立運動や開発途上国の南北格差是正の運動と結合して、資源主権に衡平上の正当性という根拠を与えたからである。同様の構造は、海洋においてもあてはまる。例えば、200カイリ領海を主張した初めての国際文書はチリ・エクアドル・ペルーの「サンチアゴ宣言」（1952）であるが、これらの諸国は、自国の大陸棚の不足を漁業資源の拡大で補う「補償理論」を領海拡大の論拠の1つとしていた（Barnes 2009:207）。ラテンアメリカ諸国による海洋法に関する「モンテビデオ宣言」（1970）では、「自国経済の最大発展の促進とその国民生活向上のため」に200カイリ領海が主張された（林 2008:28）。Lowe（1986）は、国連海洋法条約における沿岸国の管轄権

の拡大を，ノージックの所有理論を援用して，過去における国家の主権を通じた占有に従い境界を画定する「歴史的アプローチ」から，海岸線の長さや形状などの現状によって境界を画定する「結果状態原理」への移行と特徴づけている(4)。排他的経済水域で言えば，その設定は同時に従来の漁業大国から沿岸国への漁業資源の再分配の過程でもあった。このことはとくに遠洋漁業の発展により自国の沖合漁業が打撃を受けていたアフリカ諸国にあてはまり，1972年のヤウンデ会議では，アフリカ諸国が領海の外側に生物資源の排他的管轄権を有する経済水域を設定する権利を盛り込んだ勧告が採択され，第3次海洋法会議の議論における排他的経済水域の概念の基礎を提供した（林 2008:36, Barnes 2009:211）。しかし，基本的に「先進国クラブ」である北極評議会体制においては，国連海洋法条約のそうした富の再分配機能は存在しない。またすでに述べたように，北極海資源の開発可能性の増大は，気候変動による天然資源の再分配機能を通じてもたらされているという側面をもつ。これらの要因は南北格差の是正ではなく拡大の方向に作用するものであり，同地域における資源主権の正当性に疑念をもたらすものである(5)。

以上が北極海に国連海洋法条約を適用することの主な問題点である。北極評議会体制が開発体制ないし積極的適応体制として主権の論理と開発の論理の密接な絡み合いの上にそのレジームを構築していることはすでに第2章で論じているが，国連海洋法条約の大陸棚制度とその編成原理である自由市場環境主義は，まさに北極評議会体制のそうした姿勢と親和的な制度・理念なのである。

第2節　反所有原理としてのスチュワードシップ

前節から明らかなように，北極海統治の枠組として国連海洋法条約を用いることは，その自由市場環境主義としての弊害が前面に押し出されることとなり，様々な問題を引き起こす。それゆえ，衡平で持続可能な北極海統治を行うためには，排他的経済水域＝生物資源における資源管理の理念であるスチュワードシップを，大陸棚＝非生物資源の理念へと拡大する必要がある。その前提として，本節ではスチュワードシップの有する資源管理理念としての特徴

を，所有論の観点からより明確にすることを試みたい。

　天然資源は一般に，個々の利用者によって採取・収穫される利用単位としてのフローと，フローを継続的に生み出す源泉としてのストックから構成される(6)。国際社会における資源管理レジームは，この天然資源のフローとストックがどのような所有制度ないし主権＝所有権レジームの下におかれているのか，という観点から分類することができる。ここでは，フローないしストックが主権の排他的な管轄権の下におかれている場合を「私有」，個別国家の主権を超えて，国際社会全体（ないし地域的な国家集団）の管理下におかれている場合を「共有」と呼ぶことにする。そうすると，フロー・ストック，私有・共有の2次元からなる資源管理レジームのマトリックスが形成される。

表6-2　資源管理レジームの諸類型

編成原理	フロー	ストック
自由市場環境主義	私有	私有
人類共同の遺産	共有	共有
万民の共有物	私有	共有
スチュワードシップ	?	?

　前節で述べた国連海洋法条約の編成原理を，このマトリックスに従って特徴づけたものが表6-2である。大陸棚資源の編成原理である自由市場環境主義は，フローとストックのどちらも主権の排他的管轄権の下におく。ただし，基線から200カイリを超える大陸棚の非生物資源に関しては，生産額・生産量の一定割合の金銭支払いないし現物拠出が義務づけられており(7)，それは条約締約国に衡平に配分される（第82条）。これは，フローの一部が共有化される自由市場環境主義の一類型とみなすことができるかも知れない。一方，深海底の鉱物資源に適用される人類共同の遺産は，フローとストックの双方が共有化される編成原理である。人類共同の遺産という概念は，資源を国家の排他的な主権の下に専有することができず，また全ての者の利益のために開発しなければならないことを意味する。人類共同の遺産と万民の共有物におけるストックの共有は，主権の排他的管轄権を認めないという意味では同じであるが，前者は国際海底機構という機関の一元的管理下におかれているのに対して，後者は

資源へのオープン・アクセスを認めている点で大きく異なる。また，万民の共有物におけるフローは個別事業体による漁業活動などの形で私的に獲得され，いったん捕獲・採取されると排他的な財産となるのに対して，人類共同の遺産は，実際の採掘活動に参加しなくても全ての国にその見返りを配分することを認める点で，万民の共有物とは大きく異なっている（バーニー・ボイル 2002: 181, 184）。さらに深海底レジームは，全ての締約国が利益を得られるように，深海底の活動に関する技術および科学的知識の開発途上国への移転を促進・奨励することを謳っており（第144条），その意味でも共有レジームとして徹底している。

　これらの編成原理に対して，スチュワードシップの性格は独特である。スチュワードシップ原理によって編成されている排他的経済水域の生物資源は主権の排他的管轄権下におかれており，また捕獲・採取された資源は私的に取得されるので，その意味では自由市場環境主義と変わらないと言える。しかし，すでにみたように同水域の生物資源に対する沿岸国の主権的権利は，漁獲可能量と最大持続可能生産量の決定や漁獲可能量の余剰分の他国への分配など一連の義務をともなうものであり，これは生物資源のストックないしフローが国際社会の一定の管理下にあることを意味している。スチュワードシップは，私有と共有の両方の特徴を有する原理として機能しているのである。

　スチュワードシップは一般に，天然資源の管理・利用の文脈では，持続可能性や環境の質の保全といった観点をふまえた天然資源の「責任ある」管理や利用を意味する言葉として用いられている。例えばBarnes(2009:155,157)は，スチュワードが対象の保有・利用・管理・収入・セキュリティ・期間などに関して私的所有に類似したかなりの権利を保持していること，私的所有との違いは将来世代のために資源を維持する「保全」(conservation)と資源を害から守る「保存」(preservation)の義務が課せられることにあるとし，スチュワードシップを「長期的視野を含み，持続可能性に焦点を当てた問題の解決へ向けたアプローチであり，地球の生態系の繊細なバランスを理解し尊重する熟慮された試み」と定義している。またWorrell and Appleby (2000:268-269)は，スチュワードシップの主要な構成要素として，他者の利益を考慮した責任あるマネジメント，社会と将来世代に対する責任，固有価値ないし神への価値

に基づく他の種や自然界に対する責任，社会や神のようなより上位の権威に対する責任，といった各種責任を指摘し，スチュワードシップを「私的ニーズのみならず社会，将来世代，他の種の利害を十全にバランスよく考慮し，また社会に対する重要な対応責任 answerability を受け入れた天然資源の（保全を含む）責任ある利用」と定義している。つまり通常の一般的理解では，スチュワードシップは所有とは位相を異にする—逆に言えば私有にも共有にも適用可能な—「責任」の概念として，マネジメントの方法に関する概念として認識されていると言えよう。

しかしスチュワードシップは，それにとどまらない一連の所有論的特徴を有している。スチュワードシップは，既存の所有構造に接ぎ木される単なる管理様式ではなく，私有・共有とは異なる所有の形態なのである。まず指摘すべきは，その信託的性格である。周知のように，スチュワードシップの考え方はもともとユダヤ・キリスト教的自然観に由来する。パスモア（1974）によれば，スチュワードシップとは，世界の世話をまかされた神の代理人として実質的な責任を有する「スチュワード」＝農園管理者として人間をとらえる伝統，および自然を完成させるためにこれに協力するものとして人間をみる伝統をさす。人間はそのようなスチュワードとして自然に対して積極的に配慮し，その努力を通じてより一層実り豊かな自然を子孫に譲り渡していく責任があるものとされる（パスモア 1974:48-55）。つまり，スチュワードシップの中心的なアイディアは，他者から「委託された」(in trust) ものの世話をするということにある（Worrell and Appleby 2000:266）。このように資源を信託財産 (trust) としてとらえ，そして資源の所有者ないし管理者を「受託者」(trustee) とみなすのが，スチュワードシップの基本的な考え方である。

したがって，受託者が国家である場合には，スチュワードシップは公共信託 (public trust) と類似したものになる。しかしながら，両者には幾つかの大きな相違がある。第1に，信託の委託者の問題である。例えば米国において公共信託を宣言している代表的な州の1つであるペンシルベニア州憲法において，「ペンシルベニアの公共の天然資源は，将来世代も含めて全ての人々の共通の財産である。これらの資源の受託者として，州政府は，それらを全ての人々の利益のために保全し維持する」（第1条27節）と規定されているよう

に，通常，公共信託の委託者および受益者は社会全体ないし公衆であると認識されている。それゆえ，公共信託は所有論的には共有の一種であり，公衆が共有する資源を国家主権に委託するという形で，公共の利益の実現がめざされることになる[7]。Yannacone (1978) がスチュワードシップを「社会的所有」(social property) の一種とみなし，そこでは「財産の名目的所有者 nominal owners が公益に帰属した結果，公衆の便益・利用・享受のための財産受託者となっており，名目的所有者としての個人的権利を，自己利益ではない目的の達成に向けて他者のために行使するよう制約されている」(Yannacone 1978: 74) と論じているのも，同様の認識によるものであろう。しかし，スチュワードシップにおける委託者は，厳密には社会全体や公衆ではない。「神の代理人」というその思想的理念に示されているように，スチュワードシップの委託者は社会の外部にある。スチュワードシップでは，社会の内部にあり社会を構成する人間は，たとえそれが社会や公衆を構成する集合的存在であろうとも所有者とはみなされず，あくまで神から与えられた自然の受託者ないし管理者にとどまる。スチュワードシップは，私有とも共有とも異なる反所有的な概念なのである。

したがって第2に，スチュワードシップにあっては，人間による自然所有は，私有・共有の別に関わらず否定されている。Caldwell (1974:766-767) は，人間は土地を作れないのでそれを「自分のもの」として所有することはできないという未開人や放牧者に共通の信念，そして土地の相対的な永続性に対する人間の時空における一過性という対比に対する認識が，土地の所有や占有をトラストとみなすスチュワードシップの原則をもたらしたと論じている。そして彼は，倫理的概念としてのスチュワードシップのルーツは半ば宗教的・神秘的性格のものであるが，人間が自然の全体性に従属しているというその想定は，科学的現実とより整合的であると述べている。「人間は自然を所有することはできない」という思想は，自然管理理念としてのスチュワードシップが有する本質的特徴の1つである。

第3に，公共性の及ぶ範囲の問題がある。公共信託では，当該国家の領域内における公衆が委託者であり受益者であるという関係上，公共性の及ぶ範囲は往々にして国家主権の領域内にとどまっている。このことが典型的に現れてい

るのが，大陸棚および排他的経済水域に対する米国の態度である。米国は国連海洋法条約への署名を拒否した3ヵ月後の1983年3月10日に，200カイリの排他的経済水域を独自に設定する宣言を発した。宣言は，米国による「海底・地下・上部水域の生物・非生物双方の天然資源の探査・開発・保全・管理の目的のための主権的権利」を主張するものであるが，一方，これらの資源は国内的には，1953年に制定された「外縁大陸棚土地法」(Outer Continental Shelf Lands Act) や，漁業管理の法律である1976年の「マグヌソン漁業保全管理法」(Magnuson Fishery Conservation and Management Act) などの法律において，公共信託の原則に基づき米国民によって委託されて政府が保有する公的資源として管理されている（Jarman 1986:1-2）。このように，米国における海洋資源は，内部に対しては公共信託として公共性が保持されているが，外部に対しては主権的権利として私有性と排他性が主張されている。公共信託がこうした二面性を示すのは，それが共有的性格を有するとはいえあくまでも所有制度の一類型として存在するからである。これに対して，スチュワードシップの公共性は本来的に地球規模のものである。宇宙条約や月協定のように，人類共同の遺産という所有概念が地球外にまで拡大適用されている現状（これは極めて奇異なことに私には思われる）を考えれば，スチュワードシップは宇宙規模の概念として把握されるべきかもしれない。このスチュワードシップの公共性が有する宇宙的性格は，同概念の反所有的性格に淵源するものである。というのは，人間社会の外部に所有の源泉を求めるスチュワードシップは，人間社会よりも広い公益性に対するより広範囲の責任をもたらすからである。

　第4に，公共信託とスチュワードシップは世代間感覚が異なっている。公共信託の受託者は現在世代であり，委託者および受益者は現在世代と将来世代である。それゆえ信託の信認関係 (fiduciary relationship) は現在世代どうし，ないし現在世代と将来世代との間で結ばれる。一方，スチュワードシップにおける信託財産たる自然は，神からの委託や祖先からの相続遺産など，過去に存在する委託者から受け継いだものであり，信認関係は過去世代から現在世代への委託・受託関係を基盤としている。この点でスチュワードシップは，公共信託よりも委託者が公益目的のために設定する公益信託 (charitable trust)

に類似している。公益信託では信託設定者の明白な意図が最も重要視され（海原 1998: 56），それゆえ公益信託は現在世代に対してより拘束的である[(8)]。

　第5に，自然の利用に関するスタンスの相違である。公共信託の中心的な目的は，公衆の自然に対するアクセス権の保護にある。つまり畠山（1992）が指摘するように，公共信託は，単に海浜等が保護されるべきことを要求するにとどまらず，それが公開され，公共的利用に供されねばならないことを要求する。公共信託がめざす「公共の利益」とは「一般的で自由な利用という特殊な使用形態」であり，「公衆がそこに立ち入り，自由に使用するという一般的な利用権そのもの」なのである（畠山 1992:124）。このような公共信託の性格は，同理論の提唱者であるサックスが，公共信託の原則として「大気や水は…すべての市民が自由に利用できるようにされるべきこと」（サックス 1970: 185）と述べていることにも示されている。これに対して，スチュワードシップは自然の私有者であれ共有者であれ，自然の受託者ないし「名目的所有者」に対して保全的・持続可能的な自然利用を義務づけるものであるが，公共信託のように公共利用を義務づける観点はとくにない。これは，共有制度としての公共信託が，もっぱら分配概念として機能していることを意味すると思われる。共有の分配的性格がより明確に現れるのは，人類共同の遺産概念である。すでにみたように，人類共同の遺産たる深海底は，人類全体の利益のために開発され，その利益が衡平に分配される。分配概念としての共有の環境上の問題点は，その分配重視の観点が往々にして自然の消費や開発の促進につながることである。国連海洋法条約の場合，とくに深海底の制度には，そうした開発志向性が強く現れているといえよう。他方，スチュワードシップの由来は，それが本来的に生産の概念であることを示している。「主なる神は人を連れて来て，エデンの園に住まわせ，人がそこを耕し，守るようにされた」（創世記 2-15）。それゆえスチュワードシップには，分配から開発へという回路は存在しない。また持続可能性の実現に関しても，分配・消費過程の迂回路をとる共有に対して，スチュワードシップは生産過程に直接的に介入することによって保全と持続可能性を実現する。

　以上，スチュワードシップの所有論的特徴についてやや詳細な検討を行った。その最も重要な点は，スチュワードシップの所有論的本質はその反所有的

性格にあるということである。これまでスチュワードシップは，環境主義の観点から，人間中心主義の思想としてしばしば批判されてきた。それは，人間は自然を支配するために作られたというユダヤ・キリスト教的信念に基づいている[9]。こうした批判に対して，スチュワードシップの擁護者は，人間の「支配」の核にあるのは万物をよきものとみなす神に対する「責任」の概念であり，それゆえ，人間は自然をケアする義務を負っているというのが人間による自然支配の内容であると主張する（Attfield 1991:31）。確かに，スチュワードシップは人間中心主義としての性格を有している。しかし，スチュワードシップの人間中心主義は，反所有的人間中心主義である。自然を人間にとって役立つ単なる道具とみなし，所有の対象とし，自由に利用・処分しようとする所有的人間中心主義とはスチュワードシップは無縁である。またその一方で，人間を単なる自然の一部として自然に融解させる自然中心主義も，責任主体としての人間を否定することにつながる。つまり，人間の自然に対する「責任」は，反所有的人間中心主義の下で初めて可能となるというのが，スチュワードシップ思想の核心にあるのである。

第3節　スチュワード戦略と生態的サブシステンス権

　前節で論じてきたスチュワードシップの理念は，北極圏においてこれまで展開されてきた積極的適応戦略に対抗するための有力な思想的軸となりうる。そうしたスチュワードシップの理念を軸にすえた対抗戦略を，ここでは「スチュワード戦略」と呼ぶことにする。本節では，積極的適応戦略の対抗戦略としてのスチュワード戦略がとるべき方向性ないし原則について，幾つかの重要な論点を示したいと思う。
　第1に，開発に対する保全の優先の原則を確立することである。WWF（世界自然保護基金）は，そうした原則として「保全第一原則」（Conservation First Principle）を掲げている。保全第一原則とは，「大規模産業開発の開始ないし拡張は，その開発によって影響される自然地区を十分に代表する保護区域のネットワークが確保されるまで認められるべきではない」というものであ

る[10]。保全第一は，資源空間的に言えば，枯渇資源空間に対する再生資源空間の優位とその保全を定めるものであり，スチュワード戦略が掲げるべき重要な原則の1つである。

　保全第一原則を具体化するための有効な政策手段が，様々な自然保護区域の拡大である。実は，自然保護区域の拡大は北極評議会がその前身である AEPS の時代から取り組んでいた重要な活動の1つであり，北極圏諸国も，気候変動政策とは異なってその保全政策は北極評議会の大きな影響を受けてきた (Langhelle and Hansen 2008:333)。活動の中心を担ってきたのは，北極評議会の作業部会の1つである植物相・動物相保全作業部会 (CAFF) である。1993年，ヌクで開かれた AEPS の閣僚会合において，CAFF は北極生態系を保護するための保護区域ネットワーク計画を作成するよう要請された。その結果，1996年に発表されたのが「環極北保護区域ネットワーク」(Circumpolar Protected Area Network: CPAN) である。CPAN の目的は，保護区域制度に関する国別のギャップを同定し，「全般的な北極保全戦略の文脈の中で，北極地域のダイナミックな生物多様性を永久に維持する可能性の高い十分でよく管理された保護区域のネットワークを設立するためのイニシアティブの実施を促進すること」である (CAFF 1996:9)。1980年の段階では，CAFF の定義する北極地域およそ3200万 km^2 のうち，保護区域は180万 km^2，北極地域の5.6％であったが，その後とくに2000年代に入ってから保護区域の面積は著しく増大し，2009年現在では350万 km^2，北極地域のおよそ11％で，保護区域の数は1127ヵ所に上っている (CAFF 2010:97)。ただし，2010年に合意された生物多様性条約の愛知ターゲット目標11では，2020年までに少なくとも陸域・内陸水域の17％，沿岸域および海域の10％を自然保護システムによって保全するとしており，その目標に照らしても十分なものとは言えない。とくに海洋環境の保護に問題があり，北極保全地域の40％以上が海岸の構成要素を含むものの，現在のところそのほとんどが隣接する海洋環境を組み込んでいるとは言えない状況にある (CAFF 2010:97)。海洋生態系の保全は北極環境全体の保護にとっても，今後のオフショア石油・ガス開発を制御する上でも鍵となるものであり，早急に取り組みを拡大する必要がある。

　スチュワード戦略の第2の方向性は，保全と持続可能性の原則を，大陸棚の

非生物資源にまで拡大することである。その際に問題になるのは，枯渇性資源である非生物資源に，持続可能性の原則をどのように適用するのかということである[11]。というのは，序論でも述べたように，フローの消費にともないストックを一定量に保つことのできない枯渇性資源の場合，「持続可能な利用」を実現することが困難だからである。本章の第1節で指摘したように，国連海洋法条約における大陸棚制度は他のレジームに比べて資源保全の観点が希薄であるが，その大きな理由の1つは，枯渇資源空間における持続可能性の定義の不可能性にあるものと思われる。

この問題を克服する上で参考になるのが，デイリーによる資源の持続可能性についての考察である。デイリーによれば，再生可能資源の場合，持続可能な開発には明白な原則が存在する。第1に，資源の収穫率が再生率に等しいこと，第2に，廃棄物の排出率が生態系の自然同化能力に等しいことである。資源の再生能力と同化能力は自然資本を構成し，持続可能性とはこれらの能力を維持することを意味する。これに対して枯渇性資源の場合，これを厳密な意味で無傷のままにしておくことはできないが，その減耗率を代替的な再生可能資源の創造率の範囲に制限することによって，「準持続可能な」（quasi-sustainable）方法で資源開発を行うことが可能である。枯渇性資源の準持続可能な利用は，枯渇性資源の採取に対する投資が，再生可能な代替資源の補償的投資をともなうべきことを要求する。そのために，枯渇性資源からの純益が，毎年経常的に消費される所得要素と再生可能な代替資源に投資されるべき資本要素に分割される（Daly 1990:2, 4）。Gao（1998）は，このデイリーの「準持続可能な開発」原則の具体的適用例として，石油資源を対象とする「未来のための資源基金」（Resources for the Future Fund）の設立を提唱している。この基金は，政府と企業によって支払われるロイヤリティないしレントの一定割合を財源とし，それを再生可能な代替資源の調査と開発に充てるものである。未来のための資源基金は，枯渇性資源を再生可能資源に転換するメカニズムの1つである（Gao 1998:53）。

現在，気候変動枠組条約下における主要な持続可能性の実現策は，「共通だが差異ある責任」の原則の下に温室効果ガスの排出量を抑制する京都議定書方式である。これは地球大気を地球公共財とみなしてその衡平な利用を求めると

いう一種の共有の原理に基づくものであるが，化石燃料の消費サイドから規制をかけるこのアプローチには，化石燃料の生産者の責任が等閑視されるという問題がある。これに対して，化石燃料の「準持続可能性」を実現する上述の方策は，自己のビジネス実践に持続可能な開発の原則をいかに組み入れるかということについて，石油産業が真剣に考える必要があることを示すものである（Gao 1998:53）。前節で指摘したように，スチュワードシップとは本来的に生産に関する概念であり，生産過程に直接介入することによって保全と持続可能性をめざすものであるが，化石燃料の生産者の責任を問う準持続可能性の原則は，そうしたスチュワードシップの性質を具体化したものである。

また，Onuosa（1998:436）の言う枯渇性資源の「保守的採取」（conservative exploitation）の考え方も，準持続可能性の原則のヴァリアントの1つとみなすことができる。これは増産による短期的な収益最大化に走りがちな石油開発に対して，世代間衡平の観点から埋蔵資源の長期的・継続的利用を求めるものである[12]。1970年代の北海オフショア石油開発に際してノルウェー政府が掲げた，資源の持続的な生産と消費をめざす「ゴー・スロー政策」（go-slow policy）も，そうした考え方の現れである（Ong 2006:115）。保守的採取はまた「保全的」採取でもあり，環境に配慮しない拙速な資源開発を戒め，予防原則の徹底や情報公開と説明責任，資源レントの民主的・環境的活用などを義務づける。

第3に，以上の保全・持続可能性の原則を実現するために，国家主権が徹底的に相対化されなくてはならない。これまで，北極評議会体制に代わる「北極条約構想」と呼ぶことのできる幾つかの代替的構想が出されている。北極条約構想の主な論点には，条約の拘束性（ソフト・ローかハード・ローか），地理的範囲（地域条約か国際条約か），目的（開発か保全か）といった論点があるが，これら代替的諸構想の最大の目標は，現行の北極評議会体制における北極海沿岸諸国の国家主権優位の構造をいかに変革するか，という点にある。この観点からみると，これまで打ち出された北極条約構想は，南極条約のように北極に対する国家主権を凍結ないし否定する超国家的な構想と，北極では南極とは異なりすでに主権が確立している現状を認め，その上で主権の拘束性や相互調整を試みる構想の2つに大きく分けることができる。前者の代表が，2008

年10月8日付の「北極ガバナンスに関する欧州議会決議」であり[13]，同決議は北極の保護のために南極条約型の国際条約の採択を求めている。これは，IUCN（国際自然保護連合）が2001年に作成した報告書『環境保護のための北極の法レジーム』（Nowlan 2001）に基づくものと言われている[14]。また後者の代表が，WWFが2010年に作成した報告書『北極海洋の国際ガバナンスと規制』（Koivurova and Molenaar 2009）である。本報告書は，国家主権をベースとする現行の北極ガバナンスが規制の方式や対象・範囲に関して様々なギャップを抱えていることを具体的に指摘し，北極地域の「統合的・部門横断的な生態系をベースとする海洋管理」の実施を提唱している（Koivurova and Molenaar 2009:6-9）。

　こうした一連の北極条約構想の出現は，もはやグローバルな資源管理が既存の資源主権の枠組みでは不可能となっていることを示すものであろう。スチュワード戦略は，排他性と私有性に基づく資源主権に代わり，スチュワードシップに基づく新しい主権概念を提示する。この新しい主権概念を，ここでは，信託主権（trust sovereignty）と呼ぶことにしたい。信託主権は，主権＝所有権レジームの歴史的展開において，資源主権の次なる段階を画する理念として位置づけられるべきものである。信託主権は，地球資源を人類社会の外部にある何らかの超越的存在ないし宇宙的存在から委託された財産であるとみなし，その持続可能な保全と利用を自らに義務づける。信託主権は，公共信託や人類共同の遺産のような既存の共有原理とは異なるアプローチで資源主権を相対化する。主権の受託者としての責務は，通常の公共信託とは異なり，主権の内部だけでなく外部にも及ぶ。したがって信託主権はより全地球的ないし宇宙的である。また人類共同の遺産の理念を突き詰めると，領土内に化石燃料や鉱物資源のある国家は全てその収入を世界人類と一人当たりの基準で分け合う倫理的義務を有することになり（Posner and Weisbach 2010:137），少なくとも現状では非現実的な理念に転化してしまう。ここには，各人が生まれながらに持っている才能をも公共財としてとらえ分配的正義の対象とする，ロールズ『正義論』における格差原理と同様の困難が存在するように思われる。信託主権は，資源主権に主権価値論的な根拠がないことは認めるが，そこからただちに主権によるプラグマティックな資源管理を否定したり，収入の分与を要求し

たりするものではない。共有と分配的正義ではなく，反所有と受託責任によって資源主権を相対化しようというのが，スチュワードシップの戦略的立場である。

　Sand (2004) は，私の言う信託主権に近い考え方を展開している。彼は，スチュワードシップの観点から，ある特定の環境資源に対する国民国家の主権的権利は，所有権ではなく信認的な公的信託統治 (public trusteeship) とのアナロジーでとらえる必要があると指摘している。そして彼は，1997年のドナウ・ダム事件に際して国際司法裁判所クリストファー・G・ウィラマントリ (Christopher G. Weeramantry) 判事が述べた「地球資源のための信託統治原則」(principle of trusteeship for earth resources) や，同年に国連のコフィ・アナン事務総長が提起した国連信託統治理事会 (United Nations Trusteeship Council) の改革案，すなわち同組織を海洋・大気・宇宙のようなグローバルな環境の統合へ向けた加盟国による集団的な信託統治のためのフォーラムに改組すること，そしてこれらのグローバルな関心領域を扱う上で，信託統治理事会が市民社会と国連を繋ぐ役割を果たすべきことを提案した報告を，国際社会における主権の信託統治化へ向けた動きの例として挙げている (Sand 2004:53)。これらに示されている「地球資源の集団的な信託統治」という考え方は，北極条約構想の有力な理念的原則となり得るものである。

　最後に，積極的適応戦略に対抗するための第4の方向性として，スチュワード戦略は「サブシステンス権」(right to subsistence) を先住民の保証されるべき権利として主張する。一言で言えばサブシステンス権とは，再生資源空間に対する権利である。本書では「サブシステンス」を「生業」と訳してきたが，ここでいうサブシステンス権とは，先住民の生業を含む生存・生活の全体を保障するための良好な再生資源空間に対する権利である。その意味でより根源的な生存権であることを表現するために「サブシステンス権」とそのまま表記している。

　サブシステンス権は，良好な環境の享受を保証する環境権の一種であるが，以下に述べるような一連の特徴を有している。第1に，サブシステンス権は，枯渇資源空間に対する再生資源空間の優位性を主張する。これまでサブシステンス権という権利構想を提唱した代表的な試みはシューによるものであるが，

彼はサブシステンスという言葉を「最低限の経済的保障」すなわち「汚染されない空気，汚染されない水，十分な食料，十分な衣類，十分な住居，そして最低限の予防的公的医療」と定義し，そこから温室効果ガスの排出権を，サブシステンスを支える「生存的排出権」(rights to survival emissions) とそれを超える「奢侈的排出権」(right to luxury emissions) に分け，人々は生存的排出に対する権利を有するが，奢侈的排出に対する権利の正当性はより小さいないし皆無であると論じている (Shue 1980:23, 243)。これは南北の経済格差や国内の貧富の格差をふまえ，経済的弱者の排出を強者のそれから概念的に区別しようとするもので，気候変動問題の排出抑制策の文脈においては大きな意義を有する試みである。しかし，スチュワード戦略にとってこの議論は，サブシステンスという言葉の背後に自然環境のみならず近代資本主義によって達成された一定の生活様式が前提されている点[15]，そして生産・消費活動の結果が「排出権」という形で総括されているため，再生可能資源と枯渇性資源の区別が困難となっている点に不都合がある。スチュワード戦略の主張するサブシステンス権は，枯渇性資源よりも再生可能資源の方が，人間にとってより根源的・規定的な資源であると考える。したがって，その際のサブシステンスの意味は，むしろ「自然生態系のなかで人間社会を維持し，再生産していく仕組み」という横山正樹の定義（横山 2002:15）や，「化石燃料経済」から「生物多様性経済」への移行を念頭に置きながら「土地・食料・コモンズ・生物多様性に対する人々の権利」の確立を説くヴァンダナ・シヴァの議論 (Shiva 2008:94) に近い。以下ではシューの議論と区別するために，スチュワード戦略のサブシステンス権をとくに「生態的サブシステンス権」と呼ぶことにする。

　一方，上述の定義から明らかなように，生態的サブシステンス権は枯渇性資源に対する権利を含んでいない。第3章で詳述したように，北極における先住民の権利運動にとって，枯渇性資源に対する主権ないし所有権の要求が運動の中心的な柱を構成していた。しかし，生態的サブシステンス権は，いかなる意味においても先住民のそうした要求を根拠づけるものではない。一方，現在とくに石油・ガス資源の開発を通じて北極圏の各地でみられる枯渇性資源の開発による再生資源空間の破壊や攪乱に対しては，生態的サブシステンス権は断固

として許さない立場をとる。

　第2に，生態的サブシステンス権は，所有の権利ではなく存在の権利である。同権利は基本的人権としての性格を有し，人々の生存を保障する権利として本来的に存在の権利なのであるが，それを殊更にここで強調するのは，近代社会においては一般に，人権を所有権として解釈する強い傾向が存在するからである。この「人権の所有権化」は，近代初期の社会理論では，自己保存のために個人の無制限の所有権を認めるホッブズの「普遍的権利」の思想や，人間は自分自身を所有するというロックの「自己所有権」の思想に現れている。逆に，具体的な所有，とくに私的所有の支えを欠いている存在の権利はいわゆる社会権として認識され，自由社会における存立の根拠を失う。その根底には，人間と環境，人間と自然との関係を，人間とモノとの所有関係としてしか把握できない近代に特有の所有論的世界観がある。

　先住民関連の国際法の分野において，このような近代的所有論的世界観の弊害が端的に現れているのは，先住民文化に関する問題である。Xanthaki (2007) は，国際法は先住民の文化権 (cultural rights) をうまく扱っていないと述べ，次のように論じている。一般に国際法では，文化を「文化財」(cultural property) とみなす考え方が普及している。この観点では文化は，個人・国家・人類のために権利を創造する資本とみなされ，したがって文化権は，蓄積された文化資本に対する平等なアクセス権のような個人の権利か，「国民文化」を保護する国家の権利，あるいは人類の文化を保護する人類の権利に翻訳される。他方では，文化は「芸術的・科学的創造のプロセス」として理解され，この観点からすると，文化権はいかなる制限もなしに文化的対象を創造する個人の権利を意味することとなる。しかし，こうした「財産」（それゆえ自由に開発され売買される商品）としての自然界や文化というヨーロッパ的概念は，伝統的な先住民の世界観とは完全に両立不可能なものである。先住民にとって文化とは，人間・動植物・土地の間の継続的な関係を示すものであり，それは知識・信条・芸術・モラル・法・慣習など，生活のあらゆる相に及ぶ。また文化創造は個人的行為ではなく集団的行為である (Xanthaki 2007: 204-209)。このように，文化権の所有権的理解においては，文化を共有財産とみなし文化権をそれへの平等なアクセス権ととらえる共有論的アプローチか，

文化を個人の創造物（作品）ととらえる私有論的アプローチが採られることになる。これに対して存在の権利としての文化権は、文化を人間と自然環境との間の包括的で多面的な関係性ととらえ、その保護を主張する。そのような意味での文化権は、生態的サブシステンス権の重要な一部をなすものである。

存在の権利としての生態的サブシステンス権は、スチュワードシップの有する反所有的人間中心主義的理念が、権利として具現化したものである。単なる義務論や責任論ではなく、権利論として構築される点で、スチュワードシップは自然中心主義とは異なっている。また、その権利が所有権ではなく存在の権利として措定される点において、それは通常の人間中心主義とは袂を分かつ。「人間が自然を所有できる」という思想を否定しつつ、人間と自然の関係を権利として表現するための方途が、スチュワード戦略における生態的サブシステンス権なのである。

第3に、生態的サブシステンス権における所有論的アプローチから存在論的アプローチへの転換は、責任ないし環境正義の概念にも変化をもたらす。所有論的アプローチにおける責任は、「エージェント中心型責任」（agent-centered responsibility）である。これは組織のいかなる行動・利害・意図もその構成員である個人のそれに還元できるとする方法論的個人主義に基づく責任概念であり、そこでは「コントロール条件」（control condition）が責任のあり方と配分を決定する。コントロール条件とは、エージェントがその自発的行為と選択を通じて帰結をコントロールできる程度が彼らのその帰結に対する責任の程度を決定する、という考え方である（Vanderheiden 2008:144, 169）。北極圏の環境統治における不十分性の一因は、こうした責任概念によるものと思われる。というのは、気候変動の原因がもっぱら化石燃料の消費に帰せられている現状では、気候変動はかなりの程度まで消費エージェントによってコントロールされているように見え、逆に北極開発のエージェントはそうしたコントロール力をほとんど持っていないものと認識されるからである。これに対して、存在論的アプローチにおける責任は、「プロセス中心型責任」（process-centered responsibility）である。それは、例えば搾取工場の製品を購入する消費者のように、市場プロセスに関わる全ての成員が問題のもたらす害に対して何らかの責任を有することとなる。Vanderheiden（2008:179）は、そう

した観点から，気候変動のような環境問題に対する道義的責任は，エージェント中心型の原因責任よりプロセス中心の原因責任に基づき，国民や個人ではなくグローバルな商品連鎖に割り振るべきであると論じている。この考え方からすれば，化石燃料の商品連鎖の一部を担う生産者もまた，気候変動の責任を有する者として，化石燃料の保守的開発や再生資源経済への移行に取り組むことを義務として求められる。

第4に，生態的サブシステンス権を掲げる先住民は，気候変動による再生資源空間の攪乱の被害者として，化石燃料を消費するグローバルな国際社会に対して直接的に自己の権利の擁護を主張する。これは，生態的サブシステンス権の優れてグローバルな権利としての性格によるものである。周知のように，これまで世界各地の先住民運動において中心的な役割を果たしてきたのは自決権の概念であるが，それはもっぱら「内部的自決権」（right to internal self-determination），すなわち既存の国家の境界内における自決権に制限されてきた（Koivurova 2008:10)。例えば，2007年の国連先住民宣言においても，「先住民族は，その自決権の行使において…自らの内部的および地方的問題に関連する事柄における自律あるいは自治に対する権利を有する」（第3条）とあるように，先住民の自決権は「内部的・地方的問題に関する自律・自治の権利」に限られている。その背景には，先住民の自決権が主権要求に発展することを恐れる既存国家の意向があるものと思われるが，このことは，先住民の権利運動一般，とくに気候変動問題のようなグローバルな問題への対応を著しく阻害することとなった。北極地域に関しても，カナダのヌナヴト準州のように先住民の自決権運動が主権の獲得にまで至った例もあるが，そうした北極圏における最も野心的な内部自決権構造でさえも，グローバルな気候変動の脅威を克服することができないでいる（Heinmämäki 2009:238)。その一方では，第3章と第4章で述べたように，先住民は石油・ガスをはじめとする枯渇性資源に関する国内の開発体制に組み込まれ，資源主権に取り込まれて，生態的サブシステンスの基盤を失いつつある。

生態的サブシステンス権は，グローバルな気候変動に対して主権国家を媒介とせず直接的に対峙する権利として，こうした内部的自決権の持つ限界を克服する契機を内包している。また，生態的サブシステンス権は，北極圏の先住民

だけでなく，日本のわれわれを含め，自らの存在の基盤たる自然生態系が環境破壊によって脅かされている全ての人間が有する権利である。そのような権利として生態的サブシステンス権は，北方先住民を，国家のみならず北極圏の境界をも超えた，地域生態系を守る住民のネットワークとして国際的に再組織化する。内部的自決権は参加を求めるが，生態的サブシステンス権は連帯を求める。生態的サブシステンス権の掲げる国際連帯の原理は，資源主権を乗り越え，積極的適応体制の国益的性格を克服する上で大きな可能性を有しているのである[16]。

結論　北極の環境再生へ向けて

　以上本章では，気候変動の下に北極開発を推し進めようとする積極的適応戦略に対抗するため，スチュワードシップの理念に着目し，同理念に基づく対抗戦略＝スチュワード戦略について論じてきた。スチュワード戦略がめざすのは，北極の開発ではなくその再生である。すなわち，冷戦時代から続いてきた重金属や残留性有機汚染物質，放射能などの汚染からの再生であり，また温暖化の進行によって現在失われつつある北極の氷の再生，地球の冷却源としての北極の再生である。北極の環境再生は，北極評議会の前身である北極環境保護戦略がそもそも有していた理念であった。北極評議会は，その本来的な理念に立ち返るべきである。

　スチュワード戦略は，現在の北極評議会体制に代わる新たな北極ガバナンスの戦略構想である。それは保全第一原則，枯渇性資源の準持続可能性と保守的採取原則，信託主権，生態的サブシステンス権といった一連の原則によって北極の環境再生をめざす。スチュワード戦略は，私有とも共有とも異なる反所有原理としてのスチュワードシップの理念に基づいている。自然を人間の共有財産としてではなく，何らかの超越的存在から人間に委託された財産とみなすスチュワードシップは，本質的に宇宙的概念であり，従来の共有資源論としてのコモンズ論に代わる新たなコモンズ論を要請する。本書の最終章では，そうしたスチュワードシップの理念を支える反主権＝反所有権的なコモンズの論理が

提示される。それが「純粋コモンズ」の理論である。

第6章 注

(1) この点について，トルーマン宣言では次のように述べられている。「大陸棚の地下および海底の天然資源に対する隣接国による管轄権の行使が合理的であり正当であるという合衆国政府の見解は，これら資源の利用ないし保全の措置の有効性は沿岸からの協力と保護によるべきであるからであり，大陸棚は沿岸国の陸塊の拡張とみなすことができ，それゆえそれに付随するのが自然であるからであり，これら資源はしばしば領土内に横たわるプールないし埋蔵地の海方向への延長を形成するからであり，自己防衛がこれら資源の利用に必要な沖合の活動に対する密接な監視を維持することを沿岸国に強いるからである」（Barnes 2009:199-200 の引用による）。

(2) 国連海洋法条約では，大陸棚に関して「大陸棚に対する沿岸国の権利は，実効的なもしくは名目上の先占または明示の宣言に依存するものではない」（第77条3）と，それが実効支配の論理に基づくものではないことを明記している。同様の条文は，1958年の大陸棚条約（第2条3）にもみられる。

(3) 排他的経済水域の性格規定については諸説あるが，Barnes（2009）はこれを沿岸国の利害が海洋の自由に勝る領土的性格の強い完全主権観，海洋の自由が勝る公海的な残余公海観，領海と公海の間の「第3の種類」（a tertium genus）とみなすスチュワードシップ・アプローチの3つに整理している。そして完全主権観については，国連海洋法条約の条文から沿岸国が完全な主権を享受していないのは明らかであり，同条約も排他的経済水域を領海とは異なる「特別の法制度」と規定していること（第55条），また残余公海観については，排他的経済水域を公海の一部とみなすことは同水域を公海レジームから明示的に除外した第86条と矛盾すること，排他的経済水域の第58条には公海の自由を定めた第87条における一連の項目が含まれているが，それは航行の自由など「交通・通信権」（ius communicationes）に限られており，漁業・人工島その他施設の建設・海洋の科学的調査は除外されていることなどの理由から，スチュワードシップ・アプローチが適切であると論じている（Barnes 2009:291-297）。

(4) Lowe（1986:13）を参照。なお彼は，排他的な所有権から他国の利害を考慮した義務によって制限された所有権への所有概念のシフトと，この歴史原理から結果状態原理へのシフトをもって，国連海洋法条約が海洋資源利用の無制約の専有よりもスチュワードシップに基づく制度として特徴づけられることの根拠としている（Lowe 1986:1）。歴史原理よりも結果状態原理の方が開発途上国に有利であり，それゆえ衡平性が高いというのがその理由であるが，私見では結果状態原理は資源主権の論理であって，スチュワードシップの論理とは異なるように思われる。なお，ノージックによる歴史原理・結果状態原理の説明については，ノージック（1974）第7章を参照。

(5) また，排他的経済水域に関し沿岸国に対して課せられている様々な義務は，同水域の再分配機能に対応する代償措置として導入された側面をもつが，その意味でも，北極海資源の開発可能性の増大が気候変動による天然資源の再分配機能を通じてもたらされているという認識は，同地域における国家主権の行使をチェックする上で重要である。

(6) Ostrom（1990:30）は，ストックとしての天然資源を「資源システム」（resource system），フローとしての天然資源を「資源単位」（resource unit）と呼んでいる。資源システムの例としては，漁場，地下水脈，牧草地，灌漑水路，橋，駐車場，メインフレーム・コンピュータ，河川・湖沼・海洋などの水域が挙げられる。また資源単位は，漁場からの漁獲量，地下水脈や灌漑水路から採取した水量，橋の交通量，駐車場の利用度，コンピュータ・システムにおいて消費されるプロセッサ・ユニット，河川その他で吸収される生物的廃棄物量などである。

（7） この点，公共信託理論は法理論的にはいろいろと難しい問題を抱えているようである。海原（1998:300-301）は，公共信託の受託者は州や連邦，受益者は一般大衆で疑いないが，委託者を何人と解すべきかに定説がみられないこと，また公共信託における各州は各州民の集合的分身に過ぎず，受託者たる州と受益者たる州民の実質的な同一性から，通常の信託法における受託者と受益者との異質性が公共信託では否定されていることを疑問点として指摘している。しかし，法思想的な検討としては，本論のような理解で十分であろう。

（8） Weiss（1984）は，地球のグローバルな自然・文化資源を人類の全世代から委託された「惑星トラスト」（planetary trust）として管理する構想を提示しているが，惑星トラストの構造を分析する上で，米国において発達した公益信託法を参照することが有益であると述べている。彼は，公益信託の中心的な特徴はそれが受益者として明確に定義され同定された個人を要求せず，受託者が通常はいかなる特定の個人とも信認関係に立たないことにあると指摘し，それゆえ公益信託は直近の将来世代だけでなく，まだ生まれていない将来世代の利益をも考慮しうると論じている（Weiss 1984:505-506）。

（9） 例えば旧約聖書の次の記述を参照。「神は言われた。『我々にかたどり，我々に似せて，人を造ろう。そして海の魚，空の鳥，家畜，地の獣，地を這うものすべてを支配させよう』」（創世記1-26）。この問題については，さらに第7章第3節で論じられる。

（10） WWF Canada のウェブサイトを参照。
(http://www.wwf.ca/about_us/advocacy/conservation_first.cfm)

（11） Ong（2006）はこの問題を正面から取り扱った数少ない論文の1つであり，以下の議論もこの論考に負うところが大きい。

（12） 国連海洋法条約の大陸棚制度は，この点でも問題がある。同条約では，200カイリを超える大陸棚の非生物資源の開発に関して，沿岸国による支払・拠出と締約国への衡平な配分を定めており（第82条），これは大陸棚資源への人類共同の遺産原則の部分的適用とみなすことができる。しかし，支払額ないし拠出量は，鉱区における最初の5年間の生産ののち，6年目には生産額ないし生産量の1%，以後12年目まで毎年1%ずつ増加し，その後は7%となっており（第82条2），この規定は沿岸国に対して，生産開始5年後の収入分与が始まる前に非生物資源を開発し尽くすインセンティブを与えるものである（Ong 2006:101）。

（13） European Parliament resolution of 9 October 2008 on Arctic governance, P6_TA (2008) 0474.

（14） さらに，翌2009年4月2日の欧州議会では，既存の南極条約の方向性に沿って北極を主権に関する紛争のない平和と協力の地帯とするための国際条約採択へ向けたイニシアティブをとること，および北極における地質資源の開発に対して50年間のモラトリアムを設定することを欧州評議会と欧州委員会に対して求める共同動議「北極保護のための国際条約について」が提出されたが，投票の結果，継続審議となった（Koivurova and Molenaar 2009:83）。

（15） シューはサブシステンス権について「この権利の充足は，部分的には，国の経済発展の段階に依存している」（Shue 1980:5）と述べているが，ここでもサブシステンス権が経済発展によって充足されるとみなしている点に，彼の同権利に対する開発主義的・近代資本主義的な理解が示されている。

（16） 北極圏の先住民と小島嶼国の住民を結びつける「多くの揺るぎない声」運動（Many Strong Voices）は，そうした国際連帯の例である。

第 7 章

純粋コモンズの理論

はじめに

　本章では，北極の気候変動をめぐって行ってきた考察を，コモンズ論の立場から理論的に総括する。これまでみてきたように，北極海沿岸諸国は，気候変動によってもたらされた北極海の開発可能性の拡大を利用するため，北極評議会という「積極的適応体制」を形成し，北極海の主権的分割を進めてきた。それは，市場原理に基づく開発体制の構築である。本書ではこれを「主権＝所有権レジーム」の現代的展開として位置づけ，同レジームに対抗する反主権＝反所有権的な戦略的論理として，スチュワードシップの概念を対置した。本章では，主権＝所有権レジームを批判的にとらえ，反主権＝反所有権的な戦略としてのスチュワード戦略を支えるために，新たなコモンズのオリジナルな理論を提示したい。それが「純粋コモンズ」(pure commons) の理論である。

　通常，コモンズとは，人間によって共有されている自然対象，ないしそうした自然の共同管理制度として理解されている。以下本論でもみるように，コモンズには幾つかの類型があるが，いずれにせよ，コモンズは基本的に人間による自然の「所有制度」の一類型として理解されているのである。だが，このコモンズから所有の概念を取り去ると，所有の概念に基づくコモンズとは全く異なる人間－自然関係ないし時空が立ち現れてくる。そのようなものを私は「純粋コモンズ」と呼ぶ。

　本章の目的は，この純粋コモンズの理論を試論的に提示することである。まず第 1 節では，所有の論理に基づく従来のコモンズ論を，近代化論の観点から「市場的コモンズ論」と「共同体的コモンズ論」の 2 つに類型化し，前者の代表としてエリノア・オストロムのコモンプール資源論を，後者の代表的論者と

して室田武,多辺田政弘,井上真のコモンズ論を取り上げ,その内容を検討する。次に第2節では,そうした所有的コモンズ論に対置される反所有的コモンズ論として「純粋コモンズ」の概念を導入し,スチュワードシップを純粋コモンズの一類型として位置づける。そして第3節では,純粋コモンズの観点から,持続可能性の概念がどのように再構築されるべきかを論ずる。

第1節　近代化と所有的コモンズ論の二類型

　本章では,コモンズ論を近代化論の一種としてとらえる。そもそもコモンズの概念は,人間と自然の伝統的関係が近代化の過程において大きく変容する中で,そうした変容の反作用としてクローズアップされてきたという側面を有している。コモンズ論の背景には,人間と自然の原初的関係ないし本来あるべき関係はいかなるものであるかという問題意識がつねに存在しているが,近代化論としてのコモンズ論は,これを「近代とは何か」という問いの枠組みにおいて,「近代化は,人間－自然関係をどのように変容させたか」という観点から考察しようとするものである。

　従来の所有的コモンズ論をこのような観点から整理すると,それは大きく「市場的コモンズ論」と「共同体的コモンズ論」に類型化することができる。通常,自然資源の所有体制は,公有（国有）[1],私有,共有（共同体的所有）,非所有（オープン・アクセス）の4つに分けられるが,市場的コモンズ論とは,人間－自然関係における近代化のプロセスを,非所有から所有へ,より正確には非所有から私有への転換ととらえるコモンズ論である。一方,共同体的コモンズ論は,近代化における人間－自然関係の変容を,共有から公有・私有への転換として,共同体的所有が国家的所有と私的所有に分裂するプロセスとしてとらえる。以下,それぞれの内容をみてみよう。

(1)　市場的コモンズ論

　市場的コモンズ論の出発点をなすのは,ハーディンによる「コモンズの悲劇」（tragedy of commons）の議論である。周知のように,Hardin (1968)は牧場を例にコモンズが悲劇を生む内的論理を以下のように論じている。牧場

が万人に開放されている (open to all) とき，牧夫はこのコモンズにおいて最大限可能な家畜を養おうとする。こうした取り決めは，部族戦争や病気などのために人間と家畜の数が土地の収容力以下に抑えられている間は何世紀にもわたって機能するが，いずれそのつけを払う時が来る。各々の牧夫は，合理的存在として自己の利得の最大化を追求する。牧夫は，家畜の頭数を増加させるべきかを自問する。牧夫は，家畜の追加的1単位による正の効用である収入増加分は全て自分のものとして受け取るが，追加的過放牧の負の効用は全牧夫によってシェアされる。その結果，各牧夫は，有限の世界の中で自己の家畜を無限に増加するよう駆り立てられる。こうして，コモンズにおける自由が万人の破滅をもたらす。この悲劇を回避する方法には，コモンズを私有財産として売却する，コモンズを公的所有 (public property) としその下でコモンズに入る権利を配分する，といった選択肢がある (Hardin 1968:1244-1245)。以上の議論を近代化論からみるならば，ハーディンは近代化を，人口と生産力が低位なために自然がオープン・アクセスとして利用されている段階から，人口と生産力の増大によって自然が私的所有ないし公的所有の下におかれる段階へと転化発展するプロセスとしてとらえているとみなすことができる。つまり彼にとって近代化とは，コモンズの悲劇を解決するための方法であり，そして彼は近代化を，コモンズの悲劇を回避する唯一の方法であるという点において望ましいと考えている。

　ハーディンによる「コモンズの悲劇」論は，環境破壊の原因を自然に対する所有権と市場の欠如に求め，自然資源に対する私的所有権の設定とその売買を通じて望ましい資源管理を行おうとする自由市場環境主義の理論的・思想的源泉となったが，一方，自然の私有化（ないし公有）を絶対視するその立場は，多くの批判にさらされてきた。

　エリノア・オストロムによる「コモンプール資源」(common pool resources: CPR) の理論は，そうした「コモンズの悲劇」論を批判し，共有の重要性・可能性を主張する試みの1つである。オストロムによればCPRとは，「その規模が大きいために，潜在的な便益者を利用による便益の獲得から排除するにはコストがかかるような自然・人工の資源システム」(Ostrom 1990:30) である。言い換えれば，CPRは「ひとたびその資源が提供されれば

利用者を排除したり制限したりするのが困難」であり，そして「ある人間による資源単位の消費が，他者によるそれらの資源単位の消費を不可能にする」(Ostrom 1999:497) ような資源である。CPR の有する便益者の非排除性は公共財と共通の特徴であり，資源単位の競合性ないし控除性 subtractability は私的財と共通である。

　オストロムは CPR の概念に基づき，「コモンズの悲劇」状況を次のように定式化する。CPR によって生産された資源単位が高い価値を持っており，制度的制約が資源単位を充当する方法を制限していない場合には，個人は少しでも多くの資源単位を充当しようとする強いインセンティブに直面し，混雑やオーバーユース，そして資源自体の破壊をすら招く。CPR における便益者の排除困難性のために，資源の充当量を減少させ資源利用の長期的結果を改善するための努力にとって，フリーライダー問題が潜在的な脅威となる。その結果，CPR の共同利用者は，資源の「充当問題」(appropriation problem) に直面することになる。充当問題とは，「共同利用されている全ての CPR において，個人が独立して行動している場合には，自分たちの充当活動を調整する何らかの方法を発見できた場合よりも，より多くの資源単位を充当する潜在的なインセンティブがある」というものである (Ostrom 1999:497-498)。

　この「コモンズの悲劇」状況ないし充当問題を解決するためにハーディンが示した処方箋は，「外部機関に資源に対する管理構造を委ねること」，すなわち資源採取の排他的権利を個人に配分する私的所有，および国家が直接的な統制ないしは外部からのルールや規制の賦課を通じて資源管理に責任をもつ公的所有のどちらかの所有形態を制度化することであった (Pennington 2012:23)。これに対してオストロムは，ハーディンの言う「コモンズの悲劇」は，資源利用を規制するルールの存在しない「オープン・アクセスの悲劇」としてとらえられるべきであること，また世界各地における CPR の具体的現実をふまえつつ，資源利用者のコミュニティが，外部からの規制なしに「コモンズの悲劇」状況を回避する有効なルールを開発・進化させてきた多数の事例が存在することを指摘する。そして彼女は，CPR を安定的に維持するための条件として，① 明確に定義された境界，② 充当・支給ルールと地域条件との調和，③ 意思決定プロセスにおけるほぼ全充当者の参加を可能とする集合的選択の取り決

め，④充当者の一部ないし説明責任あるモニターによる有効なモニタリング，⑤コミュニティルールを尊重しない充当者に対する段階的懲罰，⑥安価で容易にアクセスできる紛争解決メカニズム，⑦組織権の最低限の承認（充当者が自らの制度を設計する権利を外部政府機関が侵害しないこと），⑧CPRがより大きな制度の一部の場合：多層的な入れ子事業におけるガバナンス活動の組織化，という8つの設計原則を示したのである（Ostrom 1990:90）。

以上が，オストロムによるCPR論の概略である。通常，彼女の議論は共有論的コモンズ論として，自然環境の私有化をよしとする新自由主義的な考え方を批判する立場を示すものと認識されており，中にはスティグリッツのように，彼女の議論を自然の所有そのものを否定する立場と認識する見解すらある[2]。しかしPennington（2012）が正しく指摘するように，これらの見解はすべてオストロム理論のミスリーディングである。第1に，オストロムは自然所有それ自体を否定したことは一度もない。それどころか，彼女にとって，自然に対する所有制度を確立することこそ，安定的なCPR管理の大前提なのである。それは彼女が，CPRの設計原則の第1に「明確に定義された境界」を掲げ，「CPRの境界それ自体」および「CPRから資源単位を取り出す権利を有する個人・家計」を明確に定義することにより，「アウトサイダーを排除する」必要性を主張していること（Ostrom 1990:91）に端的に表れている。

第2に，所有制度の本質を排除性に求めるオストロムは，共有を私的所有の一形態として位置づけている。彼女はマッキーンとの共著において，「共有common propertyはシェアされた私的所有shared private propertyであることを理解することが重要である」と指摘し，「共有レジームは何かに対する権利を，それを部分に分割せずに私有化する方法である」と論じている（Mackean and Ostrom 1995:6）。私有を所有と同一視するこの観点からすれば，本節の冒頭で述べた私有・共有・公有・非所有（オープン・アクセス）の4つの資源所有形態は，まず私有と非所有に大別され，そして私有の下位区分として共有・公有および「個人的所有」（individual property）とでも呼ぶべき従来型の私有形態の3つが含まれる，という図式に再整理されることになる。

第3に，オストロムは，個人的所有としての私有および公有と共有を，相互

に排他的な制度とはみなしていない。それらは1つが他を排除してあまねく適用されるべきものではなく，資源の性質に応じて使い分けられるべきものである。オストロムが否定しようとするのは，組織の概念を，システムをある方向に操作するよう設計する中央指令者と密接に結びつけてとらえようとする考え方である。彼女はこうした国家中心主義的な組織概念に対して，Holland (1995) のシステム理論を援用しつつ，「複合的適応システム」(complex adaptive system) という組織概念を対置する。彼女によれば複合的適応システムとは，自己組織化的な資源ガバナンスシステムである。それは「ルールの用語で記述される，相互作用するエージェントから成るシステム」であり，これらのエージェントが試行錯誤を通じて経験を蓄積し，「自分たちのルールを変更することによって適応する」システムと規定される。複合的適応システムは多くの活動的な要素から構成され，それらの相互作用の豊かなパターンが，新しい特性を生み出す (Ostrom 1999:520-521)。さらに，並行して存在する多数の複合的適応システムは，総体として「多極的」(polycentric) なシステムを構成する。オストロムによれば多極的システムとは，「市民が1つだけでなく，異なるスケールで多重的な統治機関を組織できるシステム」のことである。各単位は，ある特定の地理的領域のために境界を定められた機関の範囲内で，ルールを作り執行するかなりの独立性を行使する。多極的システムでは一般目的を有する政府もあれば高度に特殊化された単位もある。また，多極的システムの下にある自己組織化的資源ガバナンスシステムには，私的アソシエーションや地方政府も含まれる。このように，オストロムの議論には，私的所有の強力な保護，市民社会と自発的アソシエーションに対する強い信頼，制限された分権的な政府形態を基盤とする古典的自由主義の伝統の多くの要素が含まれている (Pennnington 2012:38)。彼女の議論はまた，中央計画者による設計主義的な社会編成を批判するハイエクの「自生的秩序」論に極めて近い位置にあると言えよう。

　以上から明らかなように，オストロムのCPR論は，私有－公有の二分法的発想を批判するという点においてハーディンの「コモンズの悲劇」論と対立しているが，近代化論としてのコモンズ論の観点からは，両者は非所有→所有（私有）という同一の構造を有していると言える。すなわち，資源の非所有状

態ないしオープン・アクセス状態と，そこから発生するフリーライダー問題に環境破壊の本質を求め，所有制度の確立を通じた資源の境界の明確化と排除性の確立により問題を解決しようとする点において，オストロムによる問題構造の把握は，ハーディンのそれと何ら変わるところはない。その意味でむしろオストロムのCPR論は，ハーディンの「コモンズの悲劇」モデルを，多極的構造を有する進化的適応モデルへと発展させたものと言うことができよう。本節において，オストロムのCPR論を「市場的コモンズ論」の一種とみなすゆえんである。

(2) 共同体的コモンズ論

人間－自然関係における近代化を自然の非所有から所有への転換ととらえるのが市場的コモンズ論であるとすれば，共同体的コモンズ論は，人間－自然関係における近代化を，共同体社会の解体と市場経済の拡大という一般社会的傾向とパラレルにとらえ，自然の共有から私有・公有（国有）への転換としてとらえる。そこでは，オープン・アクセス論は市場主義による共同体原理への偏見として後景化し，共有と私有・公有が対置される。

共同体的コモンズ論の特徴としては，以下の諸点が指摘できる。第1に，その疎外論的性格である。共同体的コモンズ論の根底にある感覚は，自然が市場や国家によって「奪われている」という感覚であり，奪われた自然をいかに取り戻すのかという疎外論的な問題設定が行われる。それゆえ，近代化を所有制度による自然に対する明確なガバナンスの確立過程とみなす市場的コモンズ論とは異なり，共同体的コモンズ論の近代化に対する態度は基本的に批判的である。共同体的コモンズ論の開祖の一人である室田武は，この点につき「一般的にいって，近代化とは，私有と国有の領域が共有の世界を両側から削り取って死滅させることを意味する」（室田 1979:188）と明快に述べている。また日本において共同体的コモンズ論の隆盛をもたらすきっかけとなった多辺田（1990）は，コモンズという言葉を，「商品化という形で私的所有や私的管理に分割されない，また同時に，国や都道府県といった広域行政の公的管理に包括されない，地域住民の『共』的管理（自治）による地域空間とその利用関係（社会関係）」と定義している（多辺田 1990:i）。

第2に，その反生産力主義的な性格である。共同体的コモンズ論は，共有か

ら私有・公有への転換を，生産力主義に立つ資本主義の要請によってもたらされたものととらえる。多辺田はこの点につき，次のように論じている。共同体は，顔の見える信頼関係を通じて生産と消費の共同コントロールを行い，そのための所有権の制限・個人的権利の一定の制限など私的欲望制御の自動調整装置を内包する「生産のコントロール主体」であった。そうした定常系の社会から生産力を解放させるためには，「『私』的あるいは『公』的権利としての所有権を導入させることによって，『共』の世界を『私有』と『公有』の世界に引き裂く必要」があり，また短期的なフローを最大化するために，ストックとしての地域資源の管理を，自制力をもつ共同体＝コモンズから「私」と「公」の領域に奪い取ることが必要であったと論じている（多辺田 1990:86-87, iv）。

　これらの議論からも明らかなように，一般に共同体的コモンズ論は市場的コモンズ論よりも，私有および市場に対する批判的な意識が強い。オストロムのCPR論における私有への批判的視点は，主として非排除性・競合性というCPRの物理的性格によってもたらされる「合理的管理」の困難性に由来するものであり[3]，私有・共有・公有は生産力的基準からは基本的にニュートラルであり優劣はない。これに対して，共同体的コモンズ論では，伝統的な共有的「共」の世界の非貨幣的・非商品経済的側面が強調され，自然の「脱商品化」が志向される。また，共有に対して私有・公有が所有制度として本来的に生産力的性格を有するものとみなされる。

　そして第3に，共同体的コモンズ論では，内部に論争をもはらみつつ，多様な「共」の世界のイメージが追求される。そうした追求の重要な試みの一つが，代表的なコモンズ論者の一人である井上真による「協治」の理論である。井上は，現実のコモンズにおける多様な所有や利用の実態，またそれによるセーフティネットとしてのローカル・コモンズの意義を正確に把握し考察するためには，「所有から利用・管理への視点の転換」，すなわち法的な所有よりも利用や管理の実態に着目する方が都合がよいとし，コモンズを「自然資源の共同管理制度，および共同管理の対象である資源そのもの」と非所有的に定義する。そして，共同体的コモンズ論が共同体の再生運動の文脈で論じられることから，その利用・管理への参加が共同体の成員に限定され，閉鎖的なものになりがちな傾向にある点を克服するため，「開かれた地元主義」と「かかわり主

義」の相互作用に基づく「協治」の概念を提示する。井上は協治を,「中央政府,地方自治体,住民,企業,NGO・NPO,地球市民など様々な主体(利害関係者)が協働(コラボレーション)して資源管理をおこなう仕組み」と定義する(井上 2004:51, 57, 89-90, 139-140)。往々にして本質論に陥りがちな所有論へのコミットメントを避けることによって,コモンズによる「共」の世界の豊かなイメージを構築しようとする点に,井上のアプローチのユニークな点があると言える。

第2節 反所有的コモンズ論としての純粋コモンズ

　前節では,所有的コモンズ論を近代化論の見地から市場的コモンズ論・共同体的コモンズ論の2つに類型化し,その基本的論理構造を明らかにした。両者とも,近代化論としての性質の違いはあれ,私有・公有の二分法的思考方法に対して共有の重要性を主張するものであり,自然管理の理論として示唆するところは大きい。とくに,共同体的コモンズ論の有する反市場論的・反生産力主義的性格は,北極開発の新自由主義的傾向を批判的に分析してきた本書の問題関心からしても,大きな魅力を有している。

　しかしながら,主権=所有権レジームに対する対抗理論ないし批判理論としての有効性という観点からみたとき,両理論ともに決定的な限界があるように思われる。というのは,両者とも共有に対置されるところの公有(国有)や,共有に対する国家介入の妥当性については批判的に検討しているのであるが,ドミニウムとしての主権概念そのものに対する批判的検討はほとんど行なわれていないからである。

　まず市場的コモンズ論の場合であるが,Pennington (2012:32-35) はオストロムのCPR論における国家の位置づけについて次のように論じている。一般にCPR論では,中央規制当局によって外部から集権的に課される規制には批判的である。第1に,中央規制当局は,管理対象となる資産の特定の性格や資源利用者が直面するインセンティブの性質についての知識をしばしば欠いている。第2に,中央から規制するという行為そのものが,適切なルール群を考

案しようとする資源利用者自身のインセンティブを掘り崩す。そして第3に，最も重要な理由として，中央計画化は，CPR問題をより有効に処理する方法を人々が学ぶ機会を奪うことである。天然資源を適切に管理するためのルール・制度・技術に関する知識は，試行錯誤的学習のダイナミックで進化的なプロセスを通じて発見される必要がある。中央規制当局による介入は，そうした模索のプロセスを往々にして阻害するのである。

このことに関連して，オストロムは，資源ナショナリズムの中で1950年代から60年代にかけて多くの開発途上国が土地や水資源を国有化したことを批判的に総括している。彼女によれば，地域の資源利用者が参入・利用を制限するため考案してきた制度が国有化によって法的根拠を失う一方で，政府はそれらの資源を有効にモニターする人員と資金を欠いていたため，CPRが法律上は政府所有レジームに転換されたが，事実上はオープン・アクセスレジームに転化してしまったという。一般に，それまで地域参加者によってコントロールされてきた資源が国有化されると，国家によるコントロールは通常より非効率的になる (Ostrom 1999:495)。

このように，オストロムのCPR論は，公有（国有）や国家の規制介入に一般に批判的である。ただしその際，環境資源管理における国家の役割そのものが否定されているわけではない。例えば国家は，フリーライダー問題克服の鍵である地域の所有権構造の法的承認，紛争処理手続の発展，科学・技術上の知識に関する情報提供などによって有益に機能することができる。また国家は，共有ないし私有するには取引費用が高すぎるCPRの所有や規制に従事する。総じて，多くの資源は「国家の促進的役割（facilitative role）をともなう分権化された共有・私有の混合構造」によって有効に管理することができるというのが，オストロムの基本的な立場である (Pennington 2012:35-37)。

つまり，オストロムらの市場的コモンズ論では，ドミニウムとしての国家主権それ自体は，むしろ肯定的にとらえられているといってよい。オストロムが指摘する途上国の資源ナショナリズムの陥穽も，資源主権と国有の混同ないし同一視に基づくものであり，資源主権の考え方そのものが否定されているわけではない。

他方，共同体的コモンズ論の場合，日本においては，自然保護運動やコモン

ズ運動が主として開発主義的な国家の公共事業による自然破壊に対抗して行われてきたという歴史的経緯もあり，国家概念の批判的検討は，主に国家の提示する「公共性」概念の批判という形を通じて行われてきた。例えば室田武は，入浜権訴訟などにおいて公共事業による自然・アメニティ破壊を正当化する役割を果たした「自然公物」概念について，「公有化，すなわち国有化へ移行することで『公共性』を強調し，共同体自治の実質的な破壊を，『公』＝『共』という印象を，文字の上でつくりだすことで隠蔽するやり方」と批判し，さらに「『公』は『私』の組織化にほかならない」と述べている（室田 1979:192-193）。このように，共同体的コモンズ論にあっては，いわゆる「お上社会」として「公」と「共」が同一視されがちな日本の政治的風土にあって，「共」の概念を「公」からいかに区別し，自立的概念として確立するかに大きな努力が払われてきたと言える。しかしそこでも，議論の主眼は国有としての「自然公物」概念の批判，あるいは共有と国有の対立を前提とした地域住民を主体とする民主的意思決定の問題におかれることが多く，国有概念から主権概念を分離摘出し，主権概念そのものを所有概念として批判的に検討することは，ほとんど行われてこなかったように思われる。

　ドミニウムとしての主権の概念は，言うまでもなく公有（国有）概念とは異なる。それは一言で言えば，人間による自然所有の一般的承認である。主権はその下で，私有・共有・公有からなる自然所有のパッチワーク的入れ子構造を形成する。これが「主権＝所有権レジーム」の基本構造である。所有的コモンズ論は，基本的にこうした構造を前提とし，その下で私有・公有に対する共有の優位や復権を主張するものであったと言える。

　私が提唱する反所有的コモンズ論としての「純粋コモンズ」は，この構造そのものを否定するための概念である。純粋コモンズは，自然の「非所有」ではなく「反所有」，すなわち単に自然の所有者がいないというだけでなく「人間は自然を所有することはできない」という自然所有の積極的否定を理念とする。その内容として，さしあたり以下の2点を指摘することができる。

　第1に，純粋コモンズ論の近代化論としての性格である。コモンズ論を近代化論の文脈において考察するというのが本章の基本的立場であるが，その際，すでにみたように，市場的コモンズ論は近代を非所有から所有（私有）へ，ま

た共同体的コモンズ論は共有から私有・公有への転換過程としてとらえていた。これに対して，純粋コモンズ論は，近代化を「反所有から所有へ」の転換としてとらえる。つまり，純粋コモンズ論における近代化とは，自然所有の積極的否定から積極的肯定への転換を意味するのである。

　近代を批判的ないし否定的にとらえる点において，純粋コモンズ論は共同体的コモンズ論と軌を一にする。しかし，その解放の戦略は正反対である。弁証法的に言えば，共同体的コモンズ論が共有の主体による「所有→疎外→再所有」というトリアーデを展望するのに対して，純粋コモンズ論が展望するのは，あえて弁証法的に表現すれば「反所有→所有→再反所有」というトリアーデである。

　それゆえ純粋コモンズ論は，伝統的自然観を「反所有」という観点から再評価する。いま様々な自然観における人間－自然関係を1つの「人間－自然モデル」としてとらえ，伝統的自然観を反所有的な人間－自然モデルとして定式化するならば，その代表的モデルとして，有機体モデル，共同体モデル，スチュワード・モデルの3つを挙げることができるであろう。有機体モデルは，人間を含む動植物，および土地や水などの自然要素が，一つの大きな有機体をなすものと考える。種はこの有機体の器官であり，個体はその細胞である。有機体モデルの反所有的性格は，その「全体性」にある。人間は自然という有機体の一部であり，そこでは所有主体としての人間の主体性それ自体が否定される。一方，共同体モデルは，自然を人間と非人間種が対等なメンバーシップをもって構成するコミュニティであると考える。非人間種に何がどこまで含まれるかは，自然観によって様々である。共同体モデルの反所有的性格は，その「平等性」にある。非人間種である自然要素は，人間と同様に何らかの「主体性」を有する存在であり，主体であるがゆえに所有対象となることを否定される。そしてスチュワード・モデルは，自然を，神ないし何らかの超越的存在によって人間社会の外部から人間に託されたものであると考える。スチュワード・モデルの反所有的性格は，その「信託性」にある。スチュワードシップの信託性については，すでに前章で詳細に論じた。

　これらの人間－自然モデルを，西欧の環境倫理における「自然中心主義－人間中心主義」という従来型の区分にあてはめるならば，有機体モデルが最も自

然中心主義的であり，スチュワード・モデルが最も人間中心主義的であると言える。しかし，純粋コモンズ論は，この3つのモデルを自然中心主義・人間中心主義という観点から対立的にとらえるのではなく，反所有的モデルとして一括し，所有的モデルに対置させる。純粋コモンズ論の見地からは，上記3モデルにおける人間の位置づけの相違は，人間－自然関係の個々のモメントにおける強調点の相違として，全体としての反所有的人間－自然モデルにおけるスペクトルの変化として現れたものなのである[4]。

第2に，純粋コモンズ論は，近代化にともなう自然所有に対する考え方の大転換の過程において大きな役割を果たしたのが「主権」の概念であると考える。もともと，人間による自然の富の享受は，純粋コモンズによる再生可能資源の享受として行われていた。この関係を破壊したのが，西欧主権国家によるアメリカ・アジア・アフリカの植民地化と土地収奪のプロセスである。第5章でみたように，主権＝所有権レジームの歴史的推移に関する考察は，主権が純粋コモンズからの土地収奪をいかに正当化してきたのか，そして主権による自然所有がいかに無根拠のものであるのかを示している。それゆえ純粋コモンズは，何よりもまず主権の概念を自らの「仮想敵」にすえ，人間による自然所有の一般的否定として，ドミニウムとしての主権概念に対抗する。

これまで，西欧主権国家による主権化に対抗する中心的な手段であったのは，自決権運動に代表される「対抗的主権化」である。これは主権国家による自然の主権化・私有化に対して，対抗的に主権化を図る（ないし主権化を強いられる）ものである。第二次大戦後に高揚した開発途上国の資源主権の運動，アメリカにおいてインディアンに対して定められている「部族主権」や一般に先住民の土地に対する権利は，その代表的な例である。

一般に，先住民の土地に対する権利は，先住民族の生活と文化を守る上で中心的な権利であると考えられている。しかし，これらの権利は，それが主権として，所有権として把握されている限り，たとえそれが共有の権利であろうとも，また先住民の権利運動においてどれほど重要であろうとも，純粋コモンズ的ではないと言わなければならない。対抗的主権化は，被侵略民がやむを得ずとらざるを得なかった戦略であった。「主権」という近代所有権的攻撃の前には，一般に，純粋コモンズはほとんど無力であるからである。コモンズは，襲

いかかる主権に対抗するため，自ら主権と所有の衣をまとわざるを得なくなる。対抗的な主権を有する所有の自然管理制度となる。

　主権と所有の概念が純粋コモンズと両立しないのは，それらの概念が，近代に特有の生産力主義によって構築されているからである。コモンズが，主権と所有の概念の上に成り立つ限り，それは主権国家による開発圧力に対して本来的な抵抗力ないし免疫力をもたない。その場合，コモンズにおける主権は，「分配上の平等」へと不断に転化する傾向をもつ。つまり，開発そのものの抑制ではなく，開発を前提とした，開発から得られる利益の平等な分配である。それは北極圏の石油・ガス開発，とくにカナダとグリーンランドおよびアラスカの開発において先住民の主権が果たしている役割に明らかである。分配上の平等はもちろん重要な正義の1つではあるが，自然−人間関係においては二次的なものであると言わざるを得ない。

　このように，純粋コモンズは，所有的コモンズ論とは異なり，自然の反所有性や反主権性に焦点を当てた概念である。もっとも，従来の所有的コモンズ論の中に，自然所有を否定するモメントが全く無かったわけではない。とくに共同体的コモンズ論には，そうした志向性をみることができる。例えば室田武は，複数の生産要素の間に技術的代替関係が存在するという経済学の仮定（この仮定を認めると，資源問題は本質的に存在しなくなる）を批判する文脈の中で，ジェヴォンズの非代替論を高く評価しつつ，「非代替の世界における資源配分の理論」のヒントは「市場や国家計画ではなく人々の協力関係に基礎をおく非所有の共同体経済の歴史の中にある」と指摘している。そして彼はそうした非代替的・非市場的資源配分のメカニズムの事例として，入会・催合・結といった日本の慣行を挙げている（室田 1979:108-111, 172-175）。また多辺田政弘は，近代化論としての「共同体解体論」に基づき伝統的な村落共同体を否定的にしか評価できなかった従来の農村社会学を批判し，村落共同体を，農業の循環システムに支えられ生産と消費・生活の場がその内部に組み込まれている「非市場的な生活基盤の共有」に基づくものであると特徴づけ，上述の室田の指摘をふまえながら，それを「共同体の成員の生活保障メカニズム」としての『共有ないし非所有領域』＝『共』の世界」と規定している。多辺田はこの概念について，例えば入会地のような伝統的慣行は「『所有』といった近代的概

念でくくれない共同体成員間および自然（資源）との相互のかかわり方」を含んでいるため，「共同体的所有」という概念で律してしまうことに無理があり，むしろ「非所有領域」と呼ぶ方がふさわしい，と説明している（多辺田 1990: 125-126）。

　ここで室田や多辺田が述べている「非所有」の概念は，自然所有の積極的否定を意味する本章の「反所有」といかなる関係にあるのか。共同体的コモンズ論の「非所有」は，主に「反市場性」ないし「脱商品化」の観点からとらえられている。その根底にあると思われる重要な理論の1つが，ポランニーの経済人類学である。周知のように，ポランニーによれば，近代化とは「本来商品ではない」土地・労働・貨幣を商品化し，社会から自律した「自己調整的市場」を形成するプロセスであり，それゆえ土地その他の脱商品化を通じてそれらを社会に「再び埋める」ことが解放の戦略となる。このポランニー理論をエコロジーに適用する（ないしポランニー理論のエコロジー的側面をクローズアップする）と，もともと自然の物質循環に埋め込まれていたが私有化と商品化・市場化によって自然から離床した経済を，再び物質循環のメカニズムの中に埋め戻すというイメージが得られる。しかし，この解放の戦略を所有論的に跡づけると，現状の市場経済は「反私有」の観点から共有論によって批判できるものの，対極にある「自然へ埋め込まれた経済」の物質循環性が，「共有」ないし所有の性質とは必ずしもそぐわなくなってくるのである。多辺田の「共有ないし非所有領域」という概念は，めざす社会像におけるこの所有と人間・自然関係の微妙な関わり合いを，「反市場性」「反私有性」としての「共有」，および「自然循環性」としての「非所有」という形でまとめようとしたものであろう。

　室田や多辺田の議論において「非所有」の概念が現れるもう1つのモメントは，自然をめぐる人間関係の側面にある。彼らの言う「非所有」概念は，資源利用の明確なルールを含んでいるから，もちろん単なるオープン・アクセスではない。しかしそれは，オストロムのCPRとも異なる概念である。というのは，市場的コモンズ論としてのCPR論の主要な関心は，所有制度による資源の境界および排除性の確立にあるのに対して，共同体的コモンズ論としての「非所有」概念の主要な関心は，「共の世界」，すなわち「自然環境を介しての人間同士の協力関係を維持するメカニズム」（多辺田 1990:126）の確立にある

からである。そうすると，共同体的コモンズがその外部とくに私有・国有との緊張関係にある場合には，その共有の理念が前面に出ることになるが，「共の世界」の内部構造そのものを問題にする場合には，境界や排除性の意味を不可避的にともなう所有制度としての「共有」の理念が不要ないしむしろ邪魔になってくる。つまりここでは，「共有」の意味が，オストロムの言う「私有としての共有」の意味に近づいているのである。その結果，共同体的コモンズ論による所有論は，上述のような分裂した構成をとることになる。

　要するに，共同体的コモンズ論における自然の循環性や「共」の世界の論理を突き詰めていくと，共有論で首尾一貫させることが困難になってくるのである。ここに「共有ないし非所有領域」概念の最大の難点があるように思われる[5]。また「共有ないし非所有領域」概念は，主権の概念を批判する上でも限界がある。というのは，この概念が他の所有形態を批判する基盤は所有の内部における非市場的な資源配分構造にあるが，同概念が主権を否定するためには，そうした非市場性を一国規模で一般化されたものとして要求しなければならない。それはやはり非現実的な想定であろう。

　これに対して純粋コモンズ論は，共同体的コモンズ論の「共有ないし非所有」領域の中から「非所有」的側面を抉り出し，「純粋コモンズ」という「反所有」＝自然所有の一般的否定の理念として確立することをめざす。「自然に埋め込まれた経済」における人間と自然の所有論的関係は，共有でもなければ非所有でもなく，反所有であると純粋コモンズ論はとらえる。そしてそのことにより，主権の概念をも批判的に考察し得る首尾一貫した理論を構成しようと試みるのである。

第3節　純粋コモンズによる持続可能性理念の再構築

　本章の最後に，これまで述べてきた純粋コモンズの理論が，持続可能性の概念にどのような含意を有するのかについて論じたい。

　持続可能性の概念の最も標準的な定義は，ブルントラント委員会の報告書『我らが共有の未来』において示された，「持続可能な開発とは，未来世代が自

らの必要を満たす能力を損ねることなく，現在世代の必要を満たすような開発」という定義である。これは，序論でも述べたように，環境保全を求める力と経済成長を求める力，および炭素資本主義ないし枯渇性資源経済を維持発展させたい力と再生資源経済の復活を求める力の中で，「持続可能性」と「開発」という双方の価値を結合する形で形成された概念であった。ただし持続可能な開発は，あくまでも持続可能性を優先する概念（気候変動問題で言えば緩和政策の推進）として，そのうちに ① 現在世代と未来世代の衡平をめざす「世代間倫理」，② 対症療法よりも環境保全の先行的対処を重視する「予防原則」，③ 現在世代間の貧富の格差の解消をめざす「世代内倫理」という原理を含んでいる。つまり，持続可能な開発の概念構成は，経済成長を追求する市場の論理に対して，保全（世代間倫理＋予防原則）と分配的平等（世代内倫理）の原理によって歯止めをかけたものと考えることができよう。

　ところが，近年，地球温暖化が進行する中で，温暖化がもたらすメリットを積極的に追求し，経済成長に役立てようとする「積極的適応戦略」が登場するようになった。その理論面における反映が，自然に対する人間の改造能力・制御能力を通じて「社会生態系」の適応能力を高め，気候変動に対処しようとする「レジリアンス学派」である。積極的適応戦略は，気候変動の防止＝緩和を前提に組み立てられた上述の持続可能性概念を解体し，市場主義的に再編することによって，さらなる経済成長を追求しようとする。北極は，積極的適応戦略の現時点における焦点である。現在，北極海沿岸諸国（ロシア，ノルウェー，デンマーク，カナダ，アメリカ）は，他3ヵ国とともに北極評議会を組織し，北極のグローバルな保全と管理を求める国際社会の動きを排除しつつ，国際海洋法に基づいて国家主権による北極海の分割を進めている。それは，主権＝所有権を前面に打ち出した新自由主義的なアプローチである。

　北極をめぐる情勢については本書においてこれまで論じてきた通りであるが，ここで問題にしたいのは，現在，積極的適応戦略が解体した持続可能性の概念を再構築することが，環境派にとっての喫緊の課題であるということである。その際，とくに重要と思われるのは，持続可能性の理念を，「開発」ではなく自然の「保全」や「再生」の理念と結びつけることである。

　そもそも持続可能性の理念は，開発の理念と本来的に結びつくものではな

い。例えば，同概念の定式化に関する最も初期の試みとされるのは世界教会協議会 (the World Council of Churches) が 1976 年に作成した報告書であるが，そこでは地球生産物の誤った分配を是正する「公正」と人類の地球への依存を指摘する「エコロジー」をキーワードに「公正で持続可能なグローバル社会」への移行が唱えられており，ここに開発の概念は含まれていない (Langhelle et al.2008:18)。また，ブルントラント委員会よりも前になされた代表的な定式化の 1 つである，IUCN・UNEP・WWF が 1980 年に作成した共同報告書『世界保全戦略』は，「生物資源の保全」すなわち重要な生態的プロセスと生命支持システムの維持，遺伝子多様性の保護，種と生態系の持続可能な利用の確保といった諸点を中心的目的に掲げており (IUCN et al.1980: VI)，ここでも開発ではなく生態系の保全をベースに戦略が組み立てられている。これらに示されているように，自然生態系の保全が持続可能性の理念形成のそもそもの出発点だったのである。それが「持続可能な開発」として開発主義的に歪められ，さらに本論で述べたように「適応的持続可能性」と呼ぶべき考え方すら現れるようになったいま，保全さらには再生を基軸とした持続可能性の概念を再構築すべき時である。

　純粋コモンズ論は，そのための有効なアプローチとなることができる。第 1 に，純粋コモンズ論は，持続可能性の概念が「所有の論理」ではなく「反所有の論理」ないし「存在の論理」として示されなければならないことを主張する。持続可能性の内容や意味については様々な議論がなされてきたが，結局のところ，この概念が果たすべき経済的機能は「資源ストックの保全」に集約されるであろう。しかしこれまでみてきたように，保全としての持続可能性の理念は，炭素資本主義の生産力主義や枯渇性資源の生産・消費を志向する力によって絶えずかき乱されてきた。純粋コモンズ論は，その原因を，持続可能性の理念が自然所有を前提とし，「所有の環境倫理」として提示されてきたことにあると考える。純粋コモンズ論では近代は自然の反所有から所有への転換としてとらえられるが，その結果，自然は数学的な自然科学と技術的操作の対象として，そして人間の経済活動に対する「資源」として認識されるようになる。人間－自然関係における所有概念の導入は，両者を「主体－客体」関係の下におく。すなわち，人間を自然の外部にあり，外部から自然を対象として操

作するエージェントにするのである。これまで提示されてきた持続可能性の理念は，保全的なそれを含めて，基本的には所有関係を前提とした理念，いわば「所有的持続可能性」として構築されてきたのである。

しかし，このような状況下では，人間－自然関係に生産力主義が侵入することは避けがたい。純粋コモンズ論における「反所有の論理」は，人間を自然の内部におき，自然を人間実存にとって不可欠の要素とする。それはまた，人間－自然関係を「存在の論理」によってとらえ直すことでもある。所有的な持続可能性の理念を反所有的な「存在的持続可能性」の理念に変革することにより，より高い次元で持続可能性を考えることができるようになる。伝統的自然観では，資源ストックの保全は強力な義務として要請される。反所有的コモンズのうち全体論的色彩が最も強く，それゆえ自然利用のモメントが最も小さい有機体モデルはさておき，共同体モデルでは，資源ストック保全の義務は人間の自然に対する消費性と共同性の矛盾を解決するための論理として機能し（動植物を捕りすぎなければ，彼らはまた与えてくれる），スチュワード・モデルの場合には，自然の信託性の実現として現れる。持続可能性のめざす資源ストックの保全は，こうした反所有＝存在の論理の下で，初めて十全に果たされるであろう。

第2に，存在的持続可能性の理念は，いかなる価値によって基礎づけられるか。一般に哲学における価値論（axiology）の文脈では，価値は「固有価値」（intrinsic value）と「道具的価値」（instrumental value）の2つに区分される[6]。功利主義や人間中心主義は後者に分類されるが，それらは人間種（に属する個人）のみが固有価値を有するものとみなし，非人間種（に属する個体）やその他の自然対象は，人間にとって手段ないし道具となるがゆえに価値を有するものとされる。このような道具的価値に基づく自然観は，明らかに，所有関係によって自然を人間の従属的地位におく所有的持続可能性と親和的である。一方，存在的持続可能性は，自然対象それ自体に何らかの自律的な価値を認める固有価値の考え方によって基礎づけられなければならない。

キャリコットは，非人間種が固有価値を有していることを認める道徳形而上学として，J有神論（J-Theism），全体論的合理主義（holistic rationalism），動能主義（conativism），生物共感論（bio-empathy）の4つを挙げ，これら

のうちJ有神論と生物共感論が非人間種の固有価値の根拠を最も有効に提供できると主張している[7]。

　旧約聖書の創世記における創世神話には，いわゆる「ヤーヴェ資料」（略号はJ）に基づく箇所（創世記2:4-4:26）と，「祭司資料」（略号はP）に基づく箇所（創世記1-2:3）の2つがある[8]。J有神論とは，このうちヤーヴェ資料に基づく箇所に現れている教義であり，祭司資料の箇所に現れている「P有神論」（P-Theism）と対比される。神の似姿として創られた人間が他の被造物を「支配」するという人間中心主義的な特徴を有するP有神論とは異なり，J有神論では，非人間種は神の被造物の一部であり，神によって創造されたがゆえにそれらは内在的な価値を有することが強調される。また人間は，被造物の征服者や主人ではなく管理人ないしスチュワードであり，他の種に対する人間の支配も，神から与えられた特権というよりもむしろ人間の堕落の徴として認識される。それゆえリン・ホワイト・Jrに代表される，ユダヤ・キリスト教的世界観が人間中心主義的であるという批判は，J有神論に対してはあてはまらない（Callicott 1989:137-139）。J有神論は，神が人間を含む被造物全体を平等にケアしていることを明らかに含意しているが，これは人間中心主義というよりもむしろ「神中心主義」（theocentrism）なのである[9]。

　生物共感論は，デイヴィッド・ヒュームやチャールズ・ダーウィンらによって提示されてきた「道徳の自然史」ないし「自然史の側からの道徳形而上学」に基づく道徳理論である。ヒュームは『人性論』（A Treatise of Human Nature）において共感を最も人間的な感情の1つとして位置づけ，人が自己利害のみならず他の存在の利害にも強い感情を抱くことは全く可能であるとした。またダーウィンは『人類の出自』（The Descent of Man）において，主に哺乳類の観察をもとに，親子の愛情のような「共感の情動」が，一種の社会感覚ないし社会本能として，自然淘汰を通じて増大すると論じた。このように，ヒューム＝ダーウィンの「道徳の自然史」は，利己主義と同様に利他主義もまた人間の始原的感情であり，利他主義も自然淘汰の理論によって基礎づけ得ること，そして自己主張や攻撃性だけでなくケア・協力・愛も種の再生産にとって必要であることを主張する。「土地倫理とは，共同体の土壌，水，植物，動物，つまりはこれらを総称した『土地』にまで拡張した場合の倫理をさす」

というアルド・レオポルドの思想（レオポルド 1949:318）は，道徳の自然史の考え方を発展させ，人間による共感や愛情の対象を自然全体に拡張したものである。こうして，自然環境における人間と非人間有機体の関係性を共同体の概念によって構成する「生物コミュニティ」（biotic community）の理念が形成される。この場合，自然に価値を与えるのは人間であるが，それは必ずしも人間中心主義であることを意味しない。非人間種はそれ自体において（in themselves）価値あるものではないかも知れないが，それ自体のために（for themselves）価値づけることが可能である（Callicott 1989:147-151）。

　キャリコットが非人間種の説得力ある固有価値論として提示するJ有神論と生物共感論の内容は，以上のようである。純粋コモンズ論の文脈で言えば，これらはそれぞれ，スチュワード・モデルと共同体モデルにおける存在的持続可能性の編成原理に相当するものとみなすことができよう。

　第3に，純粋コモンズの存在的持続可能性は，一種の「宇宙感覚」と呼ぶべきものによって支えられている。スチュワード・モデルおよびJ有神論の場合，宇宙感覚は，人間意識の外部に存在する超越的な神に道徳的なリファレンス・ポイントを求めるユダヤ・キリスト教的世界観によってもたらされている。一方，共同体モデルにおける生物共感論の場合には，人間の外部にリファレンス・ポイントを求める志向性はないが，その自然総体を対象としたコミュニティ感覚は，地球を無限の宇宙に浮かぶ「小さな青い島」ととらえるコペルニクス的宇宙観の明らかな影響を受けている。このコペルニクス的な宇宙感覚は，人間種と非人間種を血縁的存在として通時的に結びつける進化論，そして両者を相互作用する存在として共時的に結びつける生態学を，環境倫理を支える全生物的なコミュニティ感覚に高めるのである（Callicott 1989:82-83, 150）。

　その意味で純粋コモンズの宇宙感覚は，いわゆる「宇宙船地球号」（Spaceship Earth）の環境倫理に通ずるものがある。しかし，両者の焦点は大きく異なっている。宇宙船倫理の中心にある観念は，地球の有限性の認識である。それは資源の希少性に対する自覚として，所有的な持続可能性の問題関心に従っている。一方，純粋コモンズの宇宙感覚が醸成する観念は，地球生命の血縁性の認識である。他の惑星におそらく存在するであろう生命の異質性と対比させれば，地球生命は全て親類とみなされる。まだ見ぬ比較生命学の展望

が，人間および非人間有機体を含む地球生命の同胞意識を形成するのである。

第4に，純粋コモンズの宇宙感覚は，グローバル性の新しい基礎づけを行う。既存のコモンズ論の文脈においては，「グローバル化」という言葉は，主として「経済のグローバル化」と「環境のグローバル化」の2つの意味に用いられていた。経済のグローバル化では，市場原理の下でローカル・コモンズの自然的・文化的多様性を破壊し多国籍企業的な画一化（いわゆる「マクドナルド化」）を推し進めていく力にいかに抗していくかということが問題にされ，他方，環境のグローバル化では，地域における環境問題の集積としての様々な地球環境問題の発生と深刻化に対して，地域のレベルでいかに対処していくかということが問題にされる。そこから，従来のコモンズ論では，グローバル性をローカル・コモンズのスケールアップや積み上げ，ネットワーク化といった観点から構想するボトムアップ戦略が採られることが多かったと思われる。つまり，ローカル・コモンズの自然的・文化的多様性を維持することによって「経済のグローバル化」に抗しながら，「環境のグローバル化」に対処しうる主体へと自らを高めていくということが，グローバル性に関する既存コモンズ論の主要な問題意識であった。そこではグローバル性は，コモンズの多様性を単純化する画一性か，コモンズの境界を超えた環境問題の広域性として把握されているが，いずれにせよ，グローバル性の規定は否定的なものにとどまっている。

これに対して，純粋コモンズは，グローバル性を地球生命という積極的な価値として規定しようとする。それは市場原理とは違って，ローカル・コモンズの生物的・文化的多様性を破壊し画一化するものではなく，その生命力と多様性の源泉となるものである。純粋コモンズにおけるグローバル性は，単なるローカル性の積み上げではない。それは多様なローカルなものの背後に，宇宙的なもの，ユニバーサルなものを見出そうとする態度である[10]。地球生命は普遍的な価値であり，グローバルな連帯の根拠となる。ヴァンダナ・シヴァは，グローバル化のこうした契機を，彼女の言う「企業グローバリゼーション」と対置させて「地球民主主義」（Earth Democracy）と呼んでいる。地球民主主義は，「生命中心の文化」（living cultures）である。生命中心の文化は，全生命，すなわちあらゆる人間および非人間種に対する畏敬に基づく。

その下でわれわれは，宇宙の一部としてユニバーサルなアイデンティティを備え，また大地の家族の一員として，特定の土地のアイデンティティと同時に地球全体に広がるグローバルな大地のアイデンティティを有している（シヴァ 2005:250-251）。以上を資源空間的に解釈すれば，再生可能資源はグローバルな生命を育み，枯渇性資源はグローバルな生命を破壊する，ということになろう。

　第5に，純粋コモンズ論における存在的持続可能性の要件として最後に指摘したいのは，それが独自の「人間類型」をともなうものとして提示されなければならないということである[11]。純粋コモンズの人間類型とは何か。それは，「ミクロコスモス」（microcosm）である。ミクロコスモスとしての人間は，「マクロコスモス」（macrocosm）としての宇宙と対応関係にあり，両者は一つのコスモス的世界の中で交流する。人間はミクロコスモスであり，ミクロコスモスとして宇宙と繋がっているという考え方は，近代以前においては世界に普遍的に見られた人間・世界了解であった。そこには，生命としての人間は大宇宙の存在と深くかかわることによって生きており，宇宙の存在の神秘と人間の内なる生命の神秘が一つに感じられる，という直観がある（湯浅 1994:1）。そして純粋コモンズ論は，近代化による自然の反所有から所有への転換が，ミクロコスモス的人間類型からホモ・エコノミクスという近代的・功利主義的人間類型への転換をともなうものであったと考える。存在的持続可能性は，このミクロコスモスの復活をめざすのである。

　ミクロコスモスは，人間－自然関係において人間の自然的存在と意識的存在を統合する独自の形式である。一般に，環境学における人間類型構築の大きな困難の1つは，人間の客体性と主体性，すなわち人間が自然の一部であり，かつ自然において意識をもって活動する主体でもあるという二面性を，いかに統合するかという点にある。ホモ・エコノミクスは，人間－自然関係を所有関係として構築し，人間を主体性へ，自然を客体性へ純化させることによりこの問題を解決―より正確には，解消―しようとした[12]。これに対してミクロコスモスは，人間と自然の統一を，自らを宇宙に開くことによって，また宇宙を自らに取り込むことによって行う。宗教学者ミルチャ・エリアーデは，このようなミクロコスモスの実存を「開かれた実存」（open existence）と呼び，次の

ように述べている。「彼の生は, ある追加的な次元 an additional dimention を有している。すなわち彼の生は人間的であるばかりでなく, 同時に宇宙的 cosmic でもある。というのは彼の生は超人間的な構造 transhuman structure をもっているからである。…宗教的人間 homo religiosus, 特に原始人の実存は世界に向かって<開かれて>いる。生において宗教的人間は決して孤独ではない, 世界の一部が彼のなかに生きているのである」(エリアーデ 1957: 156)。かくしてミクロコスモスは, 「追加的な次元」を持つ者として, 自然に内在しつつ自然を超越する存在となる。主体と客体, 人間中心主義と自然中心主義が統一される。自然有機体の一部であり, 自然共同体の一員であり, また自然のスチュワードであるという, 人間－自然関係における人間存在の多面性が統合的に把握される。

ミクロコスモスは, 純粋コモンズ論が構想する人間解放の戦略である。存在的持続可能性の構築は, 人間がミクロコスモスとしての実存へと回帰することによって, はじめて成し遂げられるであろう。

結論　宇宙論的コモンズ論の可能性

本章でめざしたのは, 市場原理と主権＝所有権レジームを批判するために, 反主権＝反所有権的な立場を徹底した反所有的コモンズ, すなわち「純粋コモンズ」のあり方をさぐることであった。純粋コモンズ論は, 近代化の過程を, 人間の自然に対する反所有＝所有の積極的否定から積極的肯定の転換過程ととらえ, 自然の「再反所有」による市場原理と生産力主義の克服をめざす。そして純粋コモンズの検討の結果, われわれがたどり着いたのは, 「宇宙論的コモンズ論」と呼ぶべき新しいコモンズ論のビジョンであった。

宇宙論的コモンズ論は, 地球をローカルな観点からではなく, 地球の外部から, 地球をおおう宇宙の観点から相対化しようとする。市場的コモンズが所有による自然の境界策定を, 共同体的コモンズが共同管理による「共」の世界の構築をめざすのに対して, 宇宙論的コモンズ論としての純粋コモンズが実現しようとするのは, 人間と宇宙との交流である。さらに宇宙論的コモンズ論は,

ミクロコスモスという真に反近代的な，全く新しい人間類型を要請する。人間はミクロコスモスであり，ミクロコスモスとして宇宙を自らの内に含み，宇宙と照応し存在の神秘を分かち合う。

　それは荒唐無稽な考えであろうか。しかし，宗教学や文化人類学など，自然と人間の関係を根本的に考察する学問が示してきたのは，ミクロコスモスとしての実存を有する近代以前の人間が，宇宙的・コスモス的な人間－自然関係を構築してきたということである。純粋コモンズがめざすのはこのようなコスモスの再生であり，そこには宇宙的コモンズの巨大な可能性が開かれている。だがこの可能性を現実のものにするためには，所有中心の世界観，そして所有概念に基づくコモンズ論と決別しなければならないのである。

第7章　注

（1）　井上（2008:201）などが指摘するように，「公有」における「公」は，国家と公共性という2つの意味を持つ紛らわしい概念であるが，ここでは伝統的なコモンズ論の用法に従い，公有を国有の意味で用いることにする。

（2）　スティグリッツは次のように述べている。「保守派は所有権を主張するためにコモンズの悲劇を用いている…オストロムが示してきたのは，所有権に訴えることなしにコモンズの利用を規制する社会的統制メカニズムの存在である」（2009年12月9日付 New York Times，引用はPennington 2012:39-40 の指摘による）。

（3）　したがって，機能的な観点から，共有よりも私有の方が高く評価される場合もある。例えば，資源に明確な境界がある一方で，当該コミュニティの流動性が高く文化的に雑多な構成を示している場合には，共同体ルールを設定するコストが高く，そのインセンティブが不十分になる可能性がある。一般に私有が有効に機能するのは，それが資源利用者間の合意の必要を最小限にするからである。所有権が明確に定義され，有効な司法や紛争解決手続きが存在するならば，私有は有効に機能しうる（Pennington 2012:31）。

（4）　実際，この3つの反所有モデルは，同一民族の伝統的自然観に共存しているケースがしばしばみられる。例えばアメリカ・インディアン諸部族の伝統的自然観を描いたマシーセン（1979）をみると，それぞれのモデルに該当する記述には，次のような例がある（括弧内は該当ページ）。有機体モデル：「われわれがこの大地に属しているのであって，大地がわれわれに属しているのではない」（37）。共同体モデル：「空気は赤い人にとって尊ぶべきものだ。動物も，木々も，人間も，すべての生き物が同じ息吹きを分かち合っているのだから…」（7）。スチュワード・モデル：「土地は物のように売り買いできるものではなくて，われわれに託されたものだ。…創造主は今なお先住民をこの国の管理人だと見ている。われわれもそのように考えている。その世話をするのはわれわれの義務なんだ」（311-312）。

（5）　この点，所有論をあえて回避しようとする井上真の「協治」論における戦略は，確かに一理ある。さらに彼は協治を，国境を超える「インターリージョナリズム」の具現として位置づけている。彼によればインターリージョナリズムとは，「グローバルなレベルでの公共利益の保全と管理は，地域と地域との間における開かれた諸関係に基づくリージョナルなレベルでの公共利益の保全と管理のための諸機構の発展と，その重層的な積み上げによってのみ可能となる，という考

え方」であり，協治はそうしたものとして，「入れ子状態のスケール（行政村－郡－県・市－州－国家）の枠を超えて成立する」とされる（井上 2004:144, 150）。ここでは，共同体的コモンズのネットワークが主権を相対化する可能性が示されている。ただ私は，このように主権を「からめ手」から攻めるのではなく，主権の所有性を正面から問題にしたいのである。

(6) intrinsic value と instrumental value という語に，それぞれ「内在的価値」「手段的価値」という訳語が充てられる場合もある（例えば加藤編 2005 など）。おそらくその方が意味上も正確であり，また「固有価値」は文化経済学の文脈でも用いられるのでまぎらわしいが，ここではより定着していると思われる「固有価値」「道具的価値」の語を用いることにする。

(7) Callicott (1989) を参照。全体論的合理主義とは，進化論や生態学などにおいて示される客観的で合理的な自然の「法則」を善とする考え方であり，また動能主義は，動植物の動能 (conation) に基づくショーペンハウアー的な「生の意志」(will-to-live) に固有価値の根拠を求める考え方である。キャリコットは，法則そのものに内在的価値を求める全体論的合理主義は価値論として一般的・抽象的・非人称的過ぎること，動能主義はその原子論的・個人主義的存在論のために，種の保存を対象とすることができず，せいぜいそれを副次的効果としてしか期待できないことを指摘し，ともに自然の固有価値を十分に根拠づけられないとしている（Callicott 1989:154）。このように，「全体（＝法則）」に抽象化し「個」をとらえられなくなってしまう全体論的合理主義と，「個」に抽象化し「全体（＝種）」をとらえられなくなってしまう動能主義という対比には，個と全体，主体と客体の二元論を克服できない近代の問題がよく現れている。

(8) 旧約聖書のいわゆるモーセ五書は，主にヤーヴェ資料・エロヒム資料・申命記資料・祭司資料の4つの資料を用いて作成されたものとされているが，そのうちヤーヴェ資料は最も古く，前10世紀から前9世紀にかけて成立したと考えられている。一方，祭司資料はこれらの中で最も新しく，前6世紀に成立したとされる（加藤 2011:49-50）。

(9) 代表的なキリスト教自然保護思想家の一人であるジョン・ミューア (1838-1913) の著作には，神中心主義の立場からする，人間中心主義的な道具的自然観に対する厳しい批判がしばしばみられる。例えば以下の記述を参照。「利己的で思いあがったぼくら人間は，何と同情心に欠けていることか！ 他の動物の権利にまったく盲目である！…ワニやヘビに対して，確かにぼくらは本能的に不快感をもつが，彼らは決して得体の知れない悪魔ではない。彼らもこの花が咲きほこる自然のなかで，神の家族の一員として堕落を知らずに清純に日を送り，天国の天使や地上の聖人たちと同じように，神の慈愛を身に享けているのだ」（ミューア 1991:111）。

(10) 広井良典は，「グローバル」を「ローカル」と「ユニバーサル」の統合ととらえる極めて興味深いビジョンを提示している。彼によれば，もともと「ローカル」（＝地域的，個別的）に対立するのは「グローバル」ではなく「ユニバーサル」（＝宇宙的，普遍的）であり，その場合「ユニバーサル」とは，「個別の文化や民族等を超えた共通の何かを志向するもの」である。そして彼は「グローバル」を，両者の対立を止揚し，両者を包含した「個別全体的」なものと位置づけている（広井 2013:236）。

(11) ここでいう人間類型論とは，大塚久雄が社会科学における人間の問題をとらえる際の軸に据えた方法を念頭においている。彼によれば人間類型とは，「ある時代のある国民が全体として特徴的に示す思考と行動の様式，そのタイプ」（大塚 1977:13）である。人間類型は，「個々人の内部に抱かれ」ている「観念的・物質的な凝縮物の独自な類型」であり，そうした凝縮物には，人間の自然への関係と人間同士の社会関係が含まれており，この二面が「思想的に凝縮化されて」人間類型の中に入り込んでいる。つまり「諸個人の内部におけるいわば思想的凝固物を通して社会的に現われ，そして，集団全体の文化を性格づけているような，そういう人間の思想と行動の様式」（大塚 1977:17-19）が彼の言う人間類型である。人間類型論を方法意識に高め，社会科学における人間論の相対化という課題に正面から取り組んだのはマックス・ウェーバーである。大塚

は，ウェーバーの人間類型論の特徴は，それが「エートス論」という姿をとって現れてくることにあると指摘する。すなわち「人間の行動様式を…それを単に外側の社会的な現われとしてだけではなくて，そういう行動様式を内面からささえる，あるいは，押し進める意識形態，あるいは観念形態，とりわけ倫理意識の問題をも含めて人間類型論を構成しようとする」のがウェーバーのエートス論の特徴である（大塚 1977:112-113）。大塚の人間類型論やウェーバーのエートス論は，世界変革的な社会構想論を構築する上で重要な方法論を提示していると私は考えている。

(12) 近代化による人間の主体と客体への分離のメカニズムを実存主義的な観点から明らかにしたのは，ロシアのキリスト教哲学者ニコライ・ベルジャーエフ（1874-1948）による「客体化」（объективация）の思想である。片山（2012b）は，ベルジャーエフの客体化思想を援用して純粋コモンズを実存主義的に考察した試論である。

参考文献

外国語文献のうち邦訳のあるものは,(　　)内に原著の発行年を,末尾の [　　] 内に訳書の発行年を記した。ただし引用は必ずしも邦訳通りではない。

Adams, W M (1990) Green Development: Environment and Sustainability in the Third World, Routledge, London.
Adaptation Fund Board (2011) Project Level Results Framework and Baseline Guidance Document.
Adger, W Neil (2000) Institutional Adaptation to Environmental Risk under the Transition in Vietnam, Annals of the Association of American Geographers, 90(4), pp.738-758.
Adger, W Neil (2001) Scales of Governance and Environmental Justice for Adaptation and Mitigation of Climate Change, Journal of International Development, 13, pp.921-931.
Adger, W Neil (2003) Social Capital, Collective Action, and Adaptation to Climate Change, Economic Geography, Oct.79(4), pp.387-404.
Adger, W Neil, Suraje Dessai, Marisa Goulden, Mike Hulme, Irene Lorenzoni, Berkes Fikret Nelson, Johan Colding and Carl Folke (2003) Nvigating Social-Ecological Systems: Building Resilience for Complexity and Change, Cambridge University Press, New York.
Adger, W Neil, Irene Lorenzoni and Karen L O'Brien ed. (2009) Adapting to Climate Change: Thresholds, Values, Governance, Cambridge University Press, UK.
Adger, W Neil, Jouni Paavola, Saleemul Huq and M J Mace ed. (2006) Fairness in Adaptation to Climate Change, MIT Press, Cambridge, Massachusetts.
Adger, W Neil, Jouni Paavola, and Saleemul Huq (2006) Toward Justice in Adaptation to Climate Change, in Adger et al. ed. (2006).
Agrawal, Arun (2005) Environmentality: Technologies of Government and the Making of Subjects, Duke University Press, Durham.
Allott, Philip (1992) Mare Nostrum: A New International Law of the Sea, American Society of International Law, Vol.86, No.4, pp.764-787.
Anaya, S James (2005) Divergent Discourses about International Law, Indigenous Peoples, and Rights over Lands and Natural Resources: Toward a Realist Trend, Colorado Journal of International Environmental Law and Policy, Spring, pp.237-258.
Arctic Climate Impact Assessment (ACIA) (2004) Impacts of a Warming Arctic: Arctic Climate Impact Assessment, Cambridge University Press.
Arctic Human Development Report (AHDR) (2004) Arctic Human Development Report.
Attfield, Robin (1991) The Ethics of Environmental Concern, Second Edition, The University of Georgia Press, Athens.
Ayers, Jessica, Mozaharul Alam and Saleemul Huq (2010) Global adaptation governance beyond 2012: developing-country perspectives, in Biermann et al. ed. (2010).
Barnes, Richard (2009) Property Rights and Natural Resources, Hart Publishing, USA and Canada.
Beach, Hugh (1994) The Saami of Lapland, in Minority Rights Group ed. (1994), pp.147-205.

Berkhout, Frans, Constanze Haug, Roger Hildingsson, Johannes Stripple and Andrew Jordan (2010) Exploring the future: the role of scenarios and policy exercise, in Jordan et al. ed. (2010).

Biermann, Frank, Philipp Pattberg and Fariborz Zelli ed. (2010) Global Climate Governance Beyond 2012: Architecture, Agency and Adaptation, Cambridge University Press, New York.

Biermann, Frank, Fariborz Zelli, Philipp Pattberg and Harro van Assert (2010) The architecture of global climate governance: setting the stage, in Biermann et al. ed. (2010).

Blakkisrud, Helge (2006) What's to be done with the North?, in Blakkisrud and Hønnenland ed. (2006), pp.25-51.

Blakkisrud, helge and Geir Hønnenland ed. (2006) Tackling Space: Federal Politics and the Russian North, University Press of America Inc., USA.

Bureau of Minerals and Petroleum (BMP) (2009) Mineral Strategy 2009: Updated of objectives and plans for mineral exploration activities in Greenland, The Greenland Self Government Bureau of Minerals and Petroleum.

Burton, Ian (2004) Climate Change and the Adaptation Deficit, Adaptation and Impacts Research Group, Occasional Paper 1, Meteorological Service of Canada, Environment Canada.

Burton, Ian, Elliot Diringer and Joel Smith (2006) Adaptation to Climate Change: International Policy Options, Pew Center.

CAFF (2010) Arctic Biodiversity Trends 2010.

Caldwell, Lynton K (1974) Rights of Ownership or Rights of Use?- The Need for a New Conceptual Basis for Land Use Policy, William and Mary Law Review, Vol.15, Issue 4, pp.759-775.

Callicott, J Baird (1989) In Defense of the Land Ethic: Essays in Environmental Philosophy, State University of New York Press, USA.

Cannon, Terry and Detlef Müller-Mahn (2010) Vulnerability, resilience and development discourses in context of climate change, Nat Hazards, 55, pp.621-635.

Carpenter, Steve, Brian Walker, J Marty Anderies and Nick Abel (2001) From Metaphor to Measurement: Resilience of What to What?, Ecosystems, 4, pp.765-781.

Castree, Noel (2003) Commodifying what nature?, Progress in Human Geography 27, 3, pp.273-297.

Cavell, Janice and Jeff Noakes (2010) Acts of Occupation: Canada and Arctic Sovereignty, pp.1918-25, UBS Press, Canada.

Caulfield, Richard A (1992) Alaska's subsistence management regimes, Polar Record 28(164), pp.23-32.

CEC (2009) White Paper. Adapting to climate change: Towards a European framework for action.

Chaffee, Eric C (2008) Business Organizations and Tribal Self-determination: A Critical Reexamination of the Alaska Native Claims Settlement Act, Alaska Law Review, Vol.25: 107, pp.107-155.

Commission of the European Communities (CEC) (2007) Green Paper. Adapting to climate change in Europe- options for EU action.

Conley, Heather and Jamie Kraut (2010) U.S. Strategic Interests in the Arctic: An

Assessment of Current Challenges and New Opportunities for Cooperation, Center for Strategic & International Studies, Washington, D.C.

Conservation of Arctic Flora and Fauna (CAFF) (1996) Proposed Protected Areas in the Circumpolar Arctic 1996, CAFF Habitat Conservation Report No.2.

Cuming, Victoria (2011) Have developed nations broken their promise on $30bn 'fast-start' finance?, Bloomberg New Energy Finance.

Daly, Herman E (1990) Toward Some Operational Principles of Sustainable Development, Ecological Economics 2, pp.1-6.

The Danish Government (2008) Danish strategy for adaptation to a changing climate, the Danish Government.

Davies, Susanna (2009) Are Coping Strategies a Cop-Out?, in Lisa et al. ed. (2009), pp.99-116.

Denmark, Greenland and the Faroe Islands (2011) Kingdom of Denmark Strategy for the Arctic 2011-2020.

Dixon, John A and Louise A Fallon (1989) The Concept of Sustainability: Origins, Extensions, and Usefulness for Policy, Society and Natural Resources, Volume 2, pp.73-84.

Donald, R, N Lars Otto aess, Johanna Wolf and Anita Wreford (2009) Are there social limits to adaptation to climate change?, Climate Change, 93, pp.335-354.

Dovers, Stephan R and John W Handmer (1992) Uncertainty, sustainability and change, Global Environmental Change, December, pp.262-276.

Dovers, Stephan R and John W Handmer (1995) Ignorance, the Precautionary Principle, and Sustainability, Ambio, Vol.24, No.2, pp.92-97.

Emmerson, Charles (2010) The Future History of the Arctic, Public Affairs, Yew Nork.

Stokke, Olave Schram (2011) Environmental security in the Arctic: The case for multilevel governance, International Journal, Autumn 2011, pp.835-848.

Einarsbøl, Elisabeth (2005) Reindeer husbandry rights in Norway
(http://www.galdu.org/web/index.php?artihkkal=259&giella1=eng).

European Commission (2011) The Future of the European Union Solidarity Fund.

European Commission (2012) Report from the Commission. European Union Solidarity Fund Annual Report 2011.

European Environment Agency (EEA) (2008) Impacts of Europe's changing climate- 2008 indicator-based assessment, EEA.

EEA (2012) Climate change, impacts and Vulnerability in Europe 2012, EEA.

Fitzmaurice, Malgosia (2009) The New Developments Regarding the Saami Peoples of the North, International Journal on Minority and Group Rights, 16, pp.67-156.

Folke, Carl (2006) Resilience: The emergence of a perspective for social-ecological systems analyses, Global Environmental Change, 16, pp.253-267.

Folke, Carl, Steve Capenter, Thomas Elmqvist, Lance Gunderson, C S Holling and Brian Walker (2002) Resilience and Sustainable Development: Building Adaptive Capacity in a World of Transformations, Ambio, Vol.31, No.5, August, pp.437-440.

Forke, Carl, C Steve Apenter, Brian Walker, Marten Scheffer, Thomas Elmqvist, Lance Gunderson, and C S Holling (2004) Regime Shifts, Resilience, and Biodiversity in Ecosystem Management, Annual Review of Ecology, Evolution, and Systematics, Vol.35, pp.557-581.

Folke, Carl, Thomas Hahn, O Per lsson and Jon Norberg (2005) Adaptive Governance of Social-Ecological Systems, Annual Review of Environment and Resources, 30, pp.441-473.

Gunderson, Lance (1999) Resilience, Flexibility and Adaptive Management- Antidotes for Spurious Certitude?, Conservation Ecology, 3(1), pp.1-11.

Fondahl, Geil, Olga Lazebnik, Greg Poezlser and Vasily Robbek (2001) Native 'land claims', Russian style, Canadian Geographer, Winter 45, No.4, pp.545-561.

Fondahl, Gail and Greg Poelzer (2003) Aboriginal land rights in Russia at the beginning of the twenty-first century, Polar Record 39(209), pp.111-122.

Ford, James D (2009a) Vulnerability of Inuit food systems to food insecurity as a consequence of climate change: a case study from Igloolik, Nunavut, Regional Environmental Change 9, pp.83-100.

Ford, James D (2009b) Sea ice change in Arctic Canada: are there limits to Inuit adaptation?, in Adger et al. ed. (2009), pp.114-127.

Ford, J, T Pearce, B Smit, J Wandel, M Allurut, K Shappa, H Ittusujurat and K Qrunnut (2007) Reducing Vulnerability to Climate Change in the Arctic: The Case of Nunavut, Canada, Arctic, vol.60, No.2, pp.150-166.

Ford, J D, B Smit, J Wandel, M Aluurut, K Shappa, H Ittusarjuat and K Qrunnut (2008) Climate change in the Arctic: current and future vulnerability in two Inuit communities in Canada, The Geographical Journal, Vol.174, No.1, March, pp.45-62.

Freestone, David, Richard Barnes and David M Ong ed. (2006) The Law of the Sea: Progress and Prospects, Oxford University Press, Oxford.

Gao, Zhiguo (1998) Environmental Regulation of Oil and Gas in the Twentieth Century and Beyond: An Introduction and Overveiw, in Gao ed. (1998), pp.3-58.

Gao, Zhiguo ed. (1998) Environmental Regulation of Oil and Gas, Kluwer Law International, London.

Glanz, M H (1995) Assessing the impacts of climate: the issue of winners and losers in a global climate change context. in Zwerver et al. ed. (1995).

Goldman, Michael (2001) Constructing an Environmental State: Eco-Governmentality and other Transnational Practices of a 'Green' World Bank, Social Problems, Vol.48, No.4, pp.499-523.

Government of Canada (2009) Canada's Northern Strategy Our North, Our Heritage, Our Future.

Government of Canada (2010) Statement on Canada's Arctic Foreign Policy: Exercising Sovereignty and Promoting Canada's NORTHERN STRATEGY Abroad.

Graver. Hans Petter and Geir Ulfstein (2004) The Sami People's Right to Land in Norway, International Journal on Minority and Group Rights 11, pp.337-377.

Gray, Patty A (2004) The Predicament of Chukotka's Indigenous Movement: Post-Soviet Activism in the Russian Far North, Cambridge University Press, New York.

Gunderson, Lance H and C S Holling ed. (2002) Panachy: Understanding Transformations in Human and Natural Systems, Island Press, Washington, DC.

Handmer, John and Stephan Dovers (2002) A Typology of Resilience: Rethinking Institutions for Sustainable Development, in Schipper et al. (2002), pp.187-210.

Hansen, Ove Heitmann and Mette Ravn Midtgard (2008) Going North: The new petroleum

province of Norway, in Mikkelsen et al. (2008), pp.200-239.
Hardin, Garret (1968) The Tragedy of the Commons, Science, New Series, Vol.162, No.3859. (Dec.13, 1968), pp.1243-1248.
Heininen, Lassi (2012) Arctic Strategies and Politics: Inventory and Comparative Study, The Northern Research Forum & The University of Lapland, Iceland.
Heinmämäki, Leena (2009) Rethinking the Status of Indigenous Peoples in International Environmental Decision-Making: Pondering the Role of Arctic Indigenous Peoples and the Challenge of Climate Change, in Koivurova et al. ed. (2009), pp.207-262.
Heleniak, Timothy (2009) Growth Poles and Ghost Towns in the Russian Far North, in Rowe ed. (2009), pp.129-163.
Hochrainer, Stefan, Joanne Linnerooth-Bayer and M Reinhard Mechler (2010) The European Union Solidarity Fund: Its legitimacy, viability and efficiency. Mitig Adapt Stareg Glob Change 15, pp.797-810.
Holland, John H (1995) Hidden Order: How Adaptation Builds Complexity, Basic Books, New York.
Holling, C S (1973) Resilience and Stability of Ecological Systems, Annual Review of Ecology and Systematics, Vol.4, pp.1-23.
Holling, C S (1996) Engineering Resilience versus Ecological Resilience, in Schulze Peter C ed., Engineering within Ecological Constraints, National Academy Press, Washington, DC.
Holling, C S and Gary K Meffe (1995) Command and Control and Pathology of Natural Resource Management, Conservation Biology, Vol. 10, No.2, April, pp.328-337.
International Union for Conservation of Nature and Natural Resources (IUCN), United Nations Environmental Programme (UNEP) and World Wildlife Fund (WWF) (1980) World Conservation Strategy.
Jarman, Casey (1986) The Public Trust Doctrine In The Exclusive Economic Zone, Oregon Law Review, Vol.65, No.1, pp.1-33.
Jernsletten, Johnny-Leo L and Konstantin Klokov (2002) Sustainable Reindeer Husbandry, Centre for Saami Studies, University of Tromsø, Tromsø.
Jordan, Andrew, Dave Huitema, Harro van Asselt, Tim Rayner and Frans Berkhout ed. (2010) Climate Change Policy in the European Union: Confronting the Dilemmas of Mitigation and Adaptation?, Cambridge University Press, UK.
Kentch, Gavin (2012) A Corporate Culture? The Environmental Justice Challenges of the Alaska Native Claims Settlement Act, Mississippi Law Journal, Vol.81:4, pp.813-842.
Klein, Richard J T, E Schipper Lisa F and Suraje Dessai (2005) Integrating mitigation and adaptation into climate and development policy: three research questions, Environmental Science & Policy, 8, pp.579-588.
Koivuroca, Timo (2005) Environmental Protection in the Arctic and Antarctic: Can the Polar Regimes Learn From Each Other?, International Journal of Legal Information, Vol.33, iss.2, Article 5.
Koivurova, Timo (2008) From High Hopes to Disillusionment: Indigenous Peoples' Struggle to (Re)Gain Their Right to Self-Determination, International Journal on Minority and Group Rights 15, pp.1-26.
Koicurova. Timo (2010) Limits and possibilities of the Arctic Council in a rapidly changing

scene of Arctic governance, Polar Record 46(237), pp.146-156.
Koivurova, Timo, E Keskitalo, H Carina and Nigel Bankes, ed. (2009) Climate Change in the Arctic, Springer.
Koivurova, Timo and Erik J Molennar (2010) International Governance and Regulation of the Marine Arctic, WWF.
Korsmo, Fae L (1994) The Alaska Natives, in Minority Rights Group ed. (1994), pp.81-104.
Langhelle, Oluf (1999) Sustainable Development: Exploring the Ethics of Our Common Future, International Political Science Review, Vol.20, No.2, pp.129-149.
Langhelle, Oluf, Bjørn-Tore Blindheim and Olaug Øygarden (2008a) Framing oil and gas in the Arctic from a sustainable development perspective, in Mikkelsen et al. ed. (2008), pp.16-44.
Langhelle, Oluf and Ketil Fred Hansen (2008b) Perceptions of Arctic challenges: Alaska, Canada, Norway and Russia compared, in Mikkelsen et al. ed. (2008), pp.317-349.
Lawrence, Thomas Joseph (1923) The Principles of International Law, Sixth Edition, D.C.Heath & CO., Publishiers, Boston.
Leichenko, Robin M and Karen L O'Brien (2008) Environmental Change and Globalization: Double Exposures, Oxford University Press, New York.
Linde, Eva (2009) Consultation or Consent? Indigenous People's Participatory Rights with regard to the Exploration of Natural Resources according the UN Declaration on the Rights of Indigenous People, Thesis for the degree of Masters of Law(LL.M) Graduate Department of Law, University of Toronto.
Lowe, A V (1986) Reflections on the Waters: Changing Conceptions of Property Rights in the Law of the Sea, International Journal of Estuarine and Coastal Law, Vol.1, No.1, pp.1-14.
Ludwig, D, D D Jones and C S Holling (1978) Qualitative Analysis of Insect Outbreak Systems: The Spruce Budworm and Forest, The Journal of Animal Ecology, Vol.47, No.1, pp.315-332.
Ludwig, D, B Walker and C S Holling (1997) Sustainability, stability, and resilience, Ecology and Society.
Luke, Timothy W (1995) On Environmentality: Geo-Power and Eco-Knowledge in the Discourses of Contemporary Environmentalism, Cultural Critique, No.31. The Politics of Systems and Environments, Part II, pp.57-81.
Luke, Timothy W (1999) Environmentality as Green Governmentality, in Éric Darier ed., Discourses of the Environment, Blackwell Publishers, UK.
Lyck, Lise and Jørgen Taagholt (1987) Greenland- Its Economy and Resources, Arctic Vol. 40, No.1, March, pp.50-59.
McKean, M and E Ostrom (1995) Common property regimes in the forest: just a relic from the past?, Unasylva, 46(180), pp.3-15.
Malette, Sebastien (2009) Foucault for the Next Century: Eco-Governmentality, in Binkley, Sam and Capetillo, Jorge ed., A Foucault for the 21st Century: Governmentality, Biopolitics and Discipline in the New Millennium, Cambridge Scholars Publishing, UK.
Manus, Peter (2005) Sovereignty, Self-determination, and Environment-based Cultures: The Emerging Voice of Indigenous Peoples in International Law, bepress Legal Series. bepress Legal Series.Working Paper 802. (http://law.bepress.com/expresso/eps/802)

Mason, Aldene Meis, Robert Anderson and Leo-Paul Dana (2008) Oil and gas activities at the Mackenzie Delta, in Canada's Northwest Territories, in Mikkelsen et al. ed. (2008), pp.173-199.
McGee, Jack B (2010) Subsistence Hunting and Fishing in Alaska: Does ANILCA's Rural Subsistence Priority Really Conflict with the Alaska Constitution?, Alaska Law Review,Vol. 27:2, pp.221-255.
Mikkelsen, Aslaug and Oluf Langhelle ed. (2008) Arctic Oil and Gas: Sustainability at Risk?, Routledge, London.
Mikkelsen, Aslaug, Sharman Haley and Olaug Øygarden (2008) Expanding oil and gas activities on the North Slope of Alaska, in Mikkelsen et al. ed. (2008), pp.139-172.
Minde, Henry (2001) Sami Land Rights In Norway: A Test Case for Indigenous Peoples, International Journal on Minority and Group Rights, 8, pp.107-125.
Ministry of Agriculture and Forestry of Finland (MAFF) (2005) Finland' National Strategy for Adaptation to Climate Change, MAFF.
Ministry of Justice (2005) The Finnmark Act- A Guide
(http://www.galdu.org/govat/doc/brochure_finnmark_act.pdf#search=%27finnmark+act+a+guide%27).
Minority Rights Group ed. (1994) Polar Peoples: self-determination and development, Minority Rights Publications, London.
Mol, Authur P J (2001) Globalization and Environmental Reform: The Ecological Modernization of the Global Economy, Massachusetts Institute of Technology, Cambridge.
The National Intelligence Council (NIC) (2009) Russia: The Impact of Climate Change to 2030 A Commissioned Research Report.
Nellemann C, I Vistnes, P Jordhøy, S O trand and A Newton (2003) Progressive impact of piecemeal infrastructure development on wild reindeer, Biological Conservation 113, pp.307-317.
Norwegian Ministry of Foreign Affairs (2006) The Norwegian Government's High North Strategy.
Norwegian Ministry of Foreign Affairs (2009) New Building Blocks in the North: The next step in the Government's High North Strategy.
Novikova, Aleksandra, Anna Korppoo and Maria Sharmina (2009) Russian Pledges vs. Business-As-Usual: Implementing Energy Efficiency Policies Can Curb Carmon Emissions, The Finnish Institute of International Affairs Working Paper 61, Helsinki.
Nowlan, Linda (2001) Arctic Legal Regime for Environmental Protection, IUCN Environmental Policy and Law Paper No.44.
Nunavut Tunngavik Incorporated (2004) Tukisittiarniqsaujumaviit?: A Plain Language Guide to the Nunavut Land Claims Agreement, Nunavut Tunngavik Incorporated, Nunavut.
Nuttal, Mark (1994) Greenland: Emergence of an Inuit Homeland, in Minority Rights Group ed. (1994), pp.1-28.
Nuttal, Mark (2008) Self-Rule in Greenland: Towards the World's First Independent Inuit State?, Indigenous Affairs 3-4, pp.64-70.
O'Brien, Karen L and Robin M Leichenko (2009) Double Exposure: Assessing the Impacts of Climate Change within the Context of Economic Globalization, in Schipper et al. ed.

(2009).
OECD (2008) Economic Aspects of Adaptation to Climate Change: Costs, Benefits and Policy Instruments, OECD, Paris.
Okereke, Chukwumerije (2008) Global Justice and Neoliberal Environmental Governance: Ethics, sustainable development and international co-operation, Routledge, London.
Ong, David M (2006) Towards an International Law for the Conservation of Offshore Hydrocarbon Resources within the Continental Shelf?, in Freestone et al. ed. (2006), pp.93-119.
Onuosa, Stanley Nwabuishi (1998) Sustainable Development of Petroleum Resources: The Rumpus and Resolution, in Gao ed. (1998), pp.433-450.
Ostrom, Elinor (1990) Governing the Commons: The Evolution of Institutions for Collective Action, Cambridge University Press, New York.
Ostrom, Elinor (1999) Coping with Tragedies of the Commons, Annual Review of Political Science, 2, pp.493-535.
Ostrom, Elinor (2012) The Future of the Commons: Beyond Market Failure and Government Regulaton, The Institute of Economic Affairs, London.
Øverland, Indra (2009) Indigenous Rights in the Russian North, in Rowe ed. (2009), pp.165-185.
Øverland, Indra and B Helge lakkisrud (2006) The Evolution of Federal Indigenous Policy in the Post-Soviet North, in Blakkisrud and Honnenland ed. (2006), pp.163-192.
Partnership for European Environmental Research (PEER) (2009) Europe Adapts to Climate Change: Comparing National Adaptation Strategies, PEER Report No.1.
Pelling, Mark (2011) Adaptation to Climate Change: from resilience to transformation, Routledge, London.
Pennington, Mark (2012) Elinor Ostrom, common-pool resources and the classical liberal tradition, in Ostrom (2012), pp.21-47.
Persson, Åsa (2011) Institutionalising climate adaptation finance under the UNFCCC and beyond: Could an adaptation 'market' emerge?, Stockholm Environment Institute Working Paper No.2011-03.
Peterson, Garry, Craig R Allen and C S Holling (1998) Ecological Resilience, Biodiversity, and Scale, Ecosystems, 1, pp.6-18.
Petersen, Nikolaj (2009) The Arctic as a New Arena for Danish Foreign Policy: The Ilulissat Initiative and its Implication, Danish Foreign Policy Yearbook 2009, pp.35-78.
Pielke, Roger Jr, Gwyn Prins, Steve Rayner and Daniel Sarewitz (2007) Lifting the taboo on adaptation, Nature, Vol.445, 8 February, pp.597-598.
Poole, Graham (1990) Fisheries policy and economic development in Greenland in the 1980s, Polar Record 26(157), pp.109-118.
Pontecorvo, Giulio (1988) The enclosure of the marine commons: Adjustment and redistribution in world fisheries, Marine Policy, October, pp.361-372.
Posner, Eric A and David Weisbach (2010) Climate Change Justice, Princeton University Press, Princeton.
Rayner, Tim and Andrew Jordan (2010) Adapting to a changing climate: an emerging European Union Policy?, in Jordan et al. ed. (2010).
Reinert, Erik S (2006) The economics of reindeer herding: Saami entrepreneurship between

cyclical sustainability and the powers of state and oligopolies, British Food Journal, Vol.108, No.7, pp.522-540.
Reinert, E S, I Aslaksen, I M G Eira, S D Mathiesen, H Reinert and E I Turi (2009) Adapting to climate change in Sami reindeer herding: the nation-state as problem and solution, in Adger et al. ed. (2009), pp.417-432.
Rowe, Elana Wilson ed. (2009) Russia and the North, University of Ottawa Press, Ottawa.
Rutherford, Stehanie (2007) Green governmentality: insights and opportunities in the study of nature's rule, Progress in Human Geography, 31(3), pp.291-307.
Sacks, Jeremy David (1995) Culture, Cash or Calories: Interpreting Alaska Native Subsistence Rights, Alaska Law Review, Vol.12:2, pp.247-291.
Sand, Peter H (2004) Sovereignty Bounded: Public Trusteeship for Common Pool Resources?, Global Environmental Politics, Vol.4, No.1, pp.47-71.
Schipper, E Lisa F and Ian Burton ed. (2009) Adaptation to Climate Change, Earthscan, London.
Schneider, H Stephen and Janica Lane (2006) Dangers and Thresholds in Climate Change and the Implication for Justice, in Adger et al. ed. (2006).
Shiva, Vandana (2008) Soil Not Oil: Environmental Justice in a Time of Climate Crisis, South End Press, New York.
Shue, Henry (1996) Basic Rights: Subsistence, Affluence, and U.S. Foreign Policy, Second Edition, Prinston University Press, Prinston.
Skinner, Ramona Ellen (1997) Alaska Native Policy in the Twentieth Century, Garland Publishing, Inc., New York.
Smit, B, I Burton, R J T Klein and R Street (1999) The Science of Adaptation: A Framework for Assessment, Mitigation and Adaptation Strategies for Global Change 4, pp.199-213.
Statistics Greenland (2012) Greenland in Figures, Statistics Greenland.
Statistics Norway (2010) Sami Statistics 2010, Statistics Norway.
Stokke, Olav Schram (2007) A legal regime for the Arctic? Interplay with the Law of the Sea Convention, Marine Policy, Vol.31, No.4, pp.402-408.
Stokke, Olave Schram and Geir Honneland ed. (2010) International Cooperation and Arctic Governance: Regime effectiveness and northern region building, Routledge.
Tyler, N J C, J M Turi, M A Sundset, S Bull, M N Sara, E Reinert, N Oskal, C Nellemann, J J McCarthy, S D Mathiesen, M L Martello, O H Magga, G K Hovesrud, I Hanssen-Bauer, N I Eira and R W Corell (2007) Saami reindeer pastoralism under climate change: Applying a generalized framework for vulnerability studies to a sub-arctic social-ecological system, Global Environmental Change 17, pp.191-206.
Thompson, Niobe (2008) Settlers on the Edge: Identity and Modernization on Russia's Arctic Frontier, UBC Press, Canada.
Ulfsterin, Geir (2004) Indigenous Peoples' Right to Land, Max Planck Yearbook of United Nations Law, Vol.8, pp.1-48.
United Nations Development Group (2008) Guidelines on Indigenous Peoples' Issue.
Vanderheiden, Steve (2008) Atmospheric Justice: A Political Theory of Climate Change, Oxford University Press, Oxford.
De Vattel, Emer (1758) The Law of Nations, Liberty Fund, Inc, USA.

Verhaag, Melissa A (2003) It Is Not Too Late: The Need for a Comprehensive International Treaty to Protect the Arctic Environment, Georgetown International Environmental Law Review 15,3, pp.555-579.
Walker, Brian (2012) Resilience, adaptation and transformation in light of arctic changes, The Cirle, The WWF Global Arctic Programme, No.1, pp.6-10.
Watson, Molly (2009) An Arctic Treaty: A Solution to the International Dispute over the Polar Region, Ocean and Coastal Law Journal, Vol.14:2, pp.307-334.
Weiss, Edith Brown (1984) The Planetary Trust: Conservation and Intergenerational Equity, Ecology Law Quarterly, Vol.11, No.4, pp.495-581.
Wenzel, George (1991) Animal Rights, Human Rights: Ecology, Economy and Ideology in the Canadian Arctic, University of Toronto Press, Toronto.
Worrell, Richard and Michael Appleby (2000) Stewardship of Natural Resources: Definition, Ethical and Practical Aspects, Journal of Agricultural and Environmental Ethics 12, pp.263-277.
Xanthaki, Alexandra (2007) Indigenous Rights and United Nations Standards: Self-Determination, Culture and Land, Cambridge University Press, UK.
Yannacone, Victor John (1978) Property and Stewardship- Private Property Plus Public Interest Equals Social Property, South Dakota Law Review, Vol.23, Winter, pp.71-148.
Young, Oran R. (1998) Creating Regimes: Arctic Accords and International Governance, Cornell University Press, US.
Zwerver S, R S A R van Rompaey, M T J Kok and M M Berk ed. (1995) Climate Change Research: Evaluation and Policy Implications. Elsevier Science, Amsterdam.

Росгидромет (2005) Стратегический Прогноз Изменений Климата Российской Федераций на Период до 2010-2015гг. и их Влияния на Отрасли Экономики России, Москва.

IGES (財団法人地球環境戦略研究機関) (2009)『地球温暖化対策と資金調達—地球環境税を中心に』中央法規。
IGES 気候変動グループ (2010)『測定・報告・検証 (MRV) —気候変動次期枠組みへ向けた議論の潮流と展望—』IGES。
IPCC 編 (2001)『IPCC 地球温暖化第三次レポート 気候変化 2001』気象庁・環境省・経済産業省監修, 中央法規 [2002]。
IPCC 編 (2007)『IPCC 地球温暖化第四次レポート 気候変動 2007』文部科学省・経済産業省・気象庁・環境省翻訳, 中央法規 [2009]。
安達祐子 (2007)「ロシア地下資源法の改正の背景」『「スラブ・ユーラシア学の構築」研究報告集』北海道大学スラブ研究センター, pp.23-27。
イェリネク (1900)『一般国家学』芦部信喜・小林孝輔・和田英夫他訳, 学陽書房 [1974]。
池島大策 (2000)『南極条約体制と国際法—領土, 資源, 環境をめぐる利害の調整』, 慶應大学出版会。
稲原康平 (1995)『宇宙開発の国際法構造』信山社。
井上真 (2004)『コモンズの思想を求めて』岩波書店。
井上真 (2008)「コモンズ論の遺産と展開」井上編 (2008) 第 13 章所収。
井上真編 (2008)『コモンズ論の挑戦』新曜社。
井上敏昭 (2009)「アラスカ先住民と石油開発」岸上編 (2009) 所収 (第13章)。
イリイチ, I (1982)『ジェンダー』玉野井芳郎訳, 岩波現代選書 [1984]。

参考文献

海原文雄（1998）『英米信託法概論』有信堂.
FoE Japan (2011)『気候ファイナンス―新しい資金の流れが，途上国を救えるか』FoE Japan.
エリアーデ，ミルチャ（1957）『聖と俗』風間敏夫訳，法政大学出版局［1969］.
大塚久雄（1977）『社会科学における人間』岩波新書.
小田英郎（1976）『現代世界史15　アフリカ現代史III』山川出版社.
片山博文（2008a）『自由市場とコモンズ―環境財政論序説』時潮社.
片山博文（2008b）「国際炭素市場とロシア移行経済」池本修一・岩崎一郎・杉浦史和編著『グローバリゼーションと体制移行の経済学』文眞堂，第6章所収.
片山博文（2010）「ロシアの気候ドクトリンと気候変動戦略」『ロシアNIS調査月報』2010年4月号，pp.1-13.
片山博文（2012a）「気候変動における積極的適応戦略とレジリアンス」『桜美林大学産業研究所年報』第30号，pp.55-85.
片山博文（2012b）「ベルジャーエフと純粋コモンズ」『地球宇宙平和研究所所報』第7号，pp.67-82.
加藤隆（2011）『旧約聖書の誕生』ちくま学芸文庫.
加藤尚武編（2005）『環境と倫理［新版］』有斐閣アルマ.
鎌田遵（2009）『ネイティブ・アメリカン―先住民社会の現在』岩波新書.
環境と開発に関する世界委員会（1987）『地球の未来を守るために』大来佐武郎監修，福武書店［1987］.
許淑娟（2012）『領域権原論―領域支配の実効性と正当性』東京大学出版会.
岸上伸啓（2007）『カナダ・イヌイットの食文化と社会変化』世界文化社.
岸上伸啓編著（2009）『開発と先住民』明石書店.
郡宏・森田善久(2011)『生物リズムと力学系』共立出版.
金野雄五（2008）「最近のロシア経済情勢～ロシア政府系ファンドの新展開～」みずほ総合研究所『みずほ欧州インサイト』2008年6月10日号.
佐々木史郎（2009）「極東ロシア南部における森林開発と先住民族―沿海地方のウデヘの事例から」，岸上編著（2009）第4章所収.
サックス，J L（1970）『環境の保護―市民のための法的戦略―』山川洋一郎・高橋一修訳，岩波書店［1974］.
シヴァ，ヴァンダナ（2005）『アース・デモクラシー　地球と生命の多様性に根ざした民主主義』山本規雄訳，明石書店［2007］.
島田征夫・林司宣編（2010）『国際海洋法』有信堂.
下川潔（2000）『ジョン・ロックの自由主義政治哲学』名古屋大学出版会.
JOGMEC（石油天然ガス・金属鉱物資源機構）（2012）『世界の鉱業の趨勢　2012』JOGMEC.
鈴木優美（2010）『デンマークの光と影　福祉社会とネオリベラリズム』リベルタ出版.
ダイヤー，グウィン（2008）『地球温暖化戦争』平賀秀明訳，新潮社［2009］.
太壽堂鼎（1998）『領土帰属の国際法』東信堂.
高倉浩樹（2012）『極北の牧畜民サハ―進化とミクロ適応をめぐるシベリア民族誌』昭和堂.
高倉浩樹編（2012）『極寒のシベリアに生きる―トナカイと氷と先住民』新泉社.
高橋美野梨（2011）「北極利権問題とデンマーク―「地理的中立」に基づく外交的リーダーシップをめぐって―」『境界研究』No.2, pp.85-117.
高林秀雄（1968）『領海制度の研究　第二版』有信堂.
田中正司（2005）『新増補　ジョン・ロック研究』御茶の水書房.
谷口貴都（1999）『ローマ所有権譲渡法の研究』成文堂.
田畑伸一郎（2008）「経済の石油・ガスへの依存」田畑伸一郎編『石油・ガスとロシア経済』北海道大学出版会，第4章所収.

多辺田政弘（1990）『コモンズの経済学』学陽書房。
玉野井芳郎（1978）『エコノミーとエコロジー』みすず書房。
デイリー，ハーマン・E（1996）『持続可能な発展の経済学』新田功・蔵本忍・大森正之訳，みすず書房［2005］。
戸崎純・横山正樹編（2002）『環境を平和学する！―「持続可能な開発」からサブシステンス志向へ―』法律文化社。
德永昌弘（2009）「ロシアの環境ガバナンス―『閉ざされた』エコロジー的近代化の道―」『国民経済雑誌』神戸大学経済経営学会，第199巻第1号。
ノージック，ロバート（1974）『アナーキー・国家・ユートピア』嶋津格訳，木鐸社［2000］。
畠山武道（1992）『アメリカの環境保護法』北海道大学図書刊行会。
林司宣（2008）『現代海洋法の生成と課題』信山社。
バーニー，パトリシア／ボイル，アラン（2002）『国際環境法』慶應義塾大学出版会［2007］。
パスモア，J（1974）『自然に対する人間の責任』間瀬啓允訳，岩波現代選書［1979］。
フーコー，ミシェル（2004）『生政治の誕生』慎改康之訳，筑摩書房［2008］。
日臺健雄（2010）「ロシアにおける『安定化基金』の成立と再編―第2期プーチン政権内部の経済政策をめぐる路線対立との関連から―」RRC Working Paper Series No.22，一橋大学経済研究所ロシア研究センター。
広井良典（2013）『人口減少社会という希望 コミュニティ経済の生成と地球倫理』朝日新聞出版。
フォーシス，ジェームス（1992）『シベリア先住民の歴史―ロシアの北方アジア植民地』森本和男訳，彩流社［1998］。
藤田尚則（2012）『アメリカ・インディアン法研究（Ⅰ）―インディアン政策史―』北樹出版。
ブレマー，イアン（2010）『自由市場の終焉―国家資本主義とどう闘うか』有賀裕子訳，日本経済新聞出版社［2011］。
プリゴジン，イリヤ（1997）『確実性の終焉』安孫子誠也・谷口佳津宏訳，みすず書房［1997］。
星昭・林晃史（1978）『現代世界史13 アフリカ現代史Ⅰ』山川出版社。
ホッブズ（1651）『リヴァイアサン（一）（二）』水田洋訳，岩波文庫［1992］。
ホブスン（1902）『帝国主義論（下）』矢内原忠雄訳，岩波文庫［1952］。
マサラート，M（1980）『エネルギーの政治経済学』村岡俊三・佐藤秀夫訳，有斐閣選書R。
マシーセン，ピーター（1979）『インディアン・カントリー―土地と文化についての主張―（上）』澤西康史訳，中央アート出版社［2003］。
マルクス（1894）『資本論（8）』岡崎次郎訳，国民文庫［1972］。
三浦永光（2009）『ジョン・ロックとアメリカ先住民―自由主義と植民地支配』御茶の水書房。
ミューア，ジョン（1991）『1000マイルウォーク 緑へ』熊谷鉱司訳，立風書房［1994］。
室田武（1979）『エネルギーとエントロピーの経済学』東経選書。
本村真澄（2005）「ロシア：地下資源法の改定の動きについて」JOGMEC『石油・天然ガスレビュー』2005年1月20日付 No.342, pp.79-81。
湯浅泰雄（1994）『身体の宇宙性―東洋と西洋―』岩波書店。
横山正樹（2002）「暴力は本来性（サブシステンス）を奪う」戸崎・横山編（2002）第1章所収。
レヴィ＝ストロース（1962）『野生の思考』大橋保夫訳，みすず書房［1976］。
レーニン（1917）『帝国主義』宇高基輔訳，岩波文庫［1956］。
レオポルド，アルド（1949）『野生のうたが聞こえる』新島義昭訳，講談社学術文庫［1997］。
ロック（1689）『統治二論』加藤節訳，岩波文庫［2010］。
ロビンズ，エイモリー（1977）『ソフト・エネルギー・パス』室田泰弘・槌屋治紀訳，時事通信社［1979］。

ロンボルグ，ビョルン（1998）『環境危機をあおってはいけない：地球環境のホントの実態』山形浩生訳，文藝春秋社［2003］。
ロンボルグ，ビョルン（2004）『500億ドルでできること』小林紀子訳，バジリコ［2008］。
ロンボルグ，ビョルン（2007）『地球と一緒に頭も冷やせ！：温暖化問題を問い直す』山形浩生訳，ソフトバンククリエイティブ［2008］。
渡辺裕（2009）「カムチャツカにおける先住民族と開発―社会主義経済とトナカイ遊牧」，岸上編著（2009）第3章所収。

あとがき

　私は勤務校である桜美林大学において，2012年9月からモスクワで学外研修を行う機会を得た。本書はその成果である。
　自分にとって，モスクワでの研修において得られた最も大きな経験の1つは，キリスト教的実存主義者ニコライ・ベルジャーエフの哲学を知ったことであった。もともと私はロシアのコスミズムに大きな興味を抱いており，モスクワ滞在中に，そうした分野の本を読んでみたいと思っていた。ベルジャーエフは現在のロシア国内でもよく読まれているようで，「ビブリオ・グローブス」や「モスクワ」といった市内の大きな本屋には，ベルジャーエフの著作専用の棚が設けられていた。そこでまずはベルジャーエフから，と彼の本を買い集め，『人間の奴隷状態と自由について』から読み始めて，続いて彼の主著である『創造の意味』へと読み進めた。それは私にとって決定的な経験であった。私はベルジャーエフの展開する実存主義のロジックにしびれ，時として戦慄するような喜びを味わった。そして彼の「客体化」の思想から，本書の「純粋コモンズ」のイデエを得たのである。
　本書が論じている直接的な対象は北極であるが，私の主要な関心はコモンズ論にある。北極は，私のコモンズ論にインスピレーションを与えてくれた現実であるが，私は決して北極の専門家ではないし，また今後，北極の専門家になるつもりもない。そもそも私は，北極に行ったことすらないのだ。北極の専門家を名乗ることすら，おこがましいと思っている。
　その意味で，本書における私の立ち位置は，寺山修司の言う「旅に行かない旅人」に似ている。旅に行かない旅人にあっては，風景には旅行者が不在であり，旅行者には風景が不在である。「残留者は，二つの不在を自分の想像力の中で出会わせる。それは偶然を組みあわせていく謎ときのたのしみであり，迷路あそびの解剖学であり，統一的に世界を理解するための手段なのだ」（寺山修司『旅の詩集』光文社，1973年，p.102）。したがって，北極論としての本

書は想像の産物にすぎないが，それでも本書が「本当の旅人」の何がしかの役に立てれば，これほど嬉しいことはない。

　本書の出版にあたっては，文眞堂の前野社長に無理なお願いを聞いていただき，本当にありがたく思っている。学外研修に際しては，一橋大学経済研究所の岩﨑一郎教授に大変お世話になった。彼の変わらぬ友情に感謝する。桜美林大学三到図書館の職員のみなさんには，多分野にわたる資料集めに献身的にご協力いただいた。本書の内容の一部は，法政大学名誉教授の岡田裕之先生が主宰する世界経済研究会において発表させていただき，有益なコメントをいただいた。なお，本書カバーの写真は，研究者仲間である佐藤嘉寿子さんの御息女りらさんが撮影したものである。センスあふれる写真を下さったことにお礼を申し上げたい。

　本書は，2014年度桜美林大学学術出版助成の支援を得たものである。ここに記して謝する。

2014年1月

片山博文

索引

略語・頭字語

ACAP（北極圏汚染物質行動計画作業部会） 48
ACIA（北極気候影響評価書） 50, 70
AEPS（北極環境保護戦略） 50
AF（京都議定書適応基金） 38
AMAP（北極圏監視評価プログラム作業部会） 48, 65
ANCSA（アラスカ先住民権益処理法） 82
ANILCA（アラスカ国有地保護法） 89
APG（先住民パイプライン・グループ） 99
ASRC（アークティック・スロープ地域会社） 84, 88, 95
CAFF（植物相・動物相保全作業部会） 48, 202
CPAN（環極北保護区域ネットワーク） 202
CPR（コモンプール資源） 216
EPPR（緊急事態回避・準備および反応作業部会） 48
GEF（地球環境ファシリティ） 38
IASC（国際北極科学委員会） 49
IPCC（気候変動政府間パネル） 20
IRA（インディアン再組織法） 86, 119
IRC（イヌヴィアルイト地域会社） 98, 119
IUCN（国際自然保護連合） 205, 231
LDCF（後発開発国基金） 38
NAPA（国別適応行動計画） 38
NSA（ヌナヴト居住地域） 97
NWMB（ヌナヴト野生生物管理委員会） 98
PAME（北極圏海洋環境保護作業部会） 48
POPs（残留性有機汚染物質） 65
RAIPON（ロシア北方民族協会） 154
SCCF（気候変動特別基金） 38
SDFI（政府直接権益） 103
SDWG（持続可能な開発作業部会） 48
SPA（戦略的優先項目） 39
TFSDU（持続可能な開発と利用タスクフォース） 52

UNCLOS（国連海洋法条約） 186
UNEP（国連環境計画） 37, 231
WWF（世界自然保護基金） 201, 205, 231

あ行

ILO169号条約 79, 102, 121
アークティック・スロープ地域会社 →ASRC
あざらし条約 63
アナーキーな自然 130
アラスカ国有地保護法 →ANILCA
アラスカ先住民基金 83
アラスカ先住民権益処理法 →ANCSA
アラスカ先住民連盟 82
アラスカ法人モデル 82
アリュート国際協会 47
安定化基金 107
安定性 123
イェリネク 162
イナリ宣言 53
イヌイット 95, 139, 158
　　──環極北会議 87
　　──極域評議会 47
イヌヴィアルイト地域会社 →IRC
井上真 221
イムペリウム 12, 163
EU連帯基金 43
イルリサット宣言 52, 72
インディアン再組織法 →IRA
インディアン自決・教育援助法 86
ヴァッテル 168
ヴァンダナ・シヴァ 207, 235
ウェンゼル 140
宇宙感覚 234
宇宙船地球号 234
宇宙論的コモンズ論 237
美しい群れ 149
エコロジー的近代化 2, 16

索　引　257

エージェント中心型責任　209
エリアーデ　236
オイルスピル　153
応益原理　40, 43
応能原理　40, 43
多くの揺るぎない声　213
オストロム　214
オタワ宣言　46
驚き　128
オブザーバー　47
オプシチナ　112, 121
　──法　108
オープン・アクセス　196, 215
温暖化懐疑論　24
温暖化容認論　24

か行

海洋狩猟型生業　139
海洋の自由　58, 176
海洋論争　176
囲い込み　55, 65, 188
神中心主義　233, 239
カラーリット　91
環境統治性　12
環極北保護区域ネットワーク　→CPAN
カントリー・フード　141
管理終結政策　86
緩和　2, 20, 70
　──中心・消極的適応戦略　21, 133
　──中心・積極的適応戦略　22
　──中心戦略　20
　──的持続可能性　134
企業形式の一般化　86
気候ドクトリン　23
気候変動政府間パネル　→IPCC
気候変動特別基金　→SCCF
気候変動の損得対照表　27, 36
気候レント　180
キャリコット　232
協治　221
共同体的コモンズ　220
共同体的所有　215
共同体モデル　225
京都議定書適応基金　→AF

共有　1, 16, 163, 168, 182, 189, 195, 215
　──ないし非所有領域　227
漁獲可能量　189
緊急事態回避・準備および反応作業部会　→EPPR
近代化する権力　117
グウィッチン　88
　──国際評議会　47
　──包括土地権益協定　95
クークピック村落会社　84
国別適応行動計画　→NAPA
グリーン気候基金　40
グリーンランド自治政府法　93
クレイマント　62
グローバル性　235
計画的適応　32
権原　15, 175
権利保証法　108
公益信託　199, 213
公海　161, 188
　──の自由　190
工学的レジリアンス　127, 152
公共信託　197, 213
交替方式　108
公的適応　32
後発開発国基金　→LDCF
鉱物資源条約　63
鉱物資源法　93
公有　215, 238
功利主義　30, 42
枯渇資源空間　5, 54, 78, 161, 202, 206
国際海底機構　189
国際自然保護連合　→IUCN
国際人権規約の自由権規約　77
国際北極科学委員会　→IASC
国有　215
国連海洋法条約　54, 186
国連環境計画　→UNEP
国連先住民宣言　79
個人的所有　218
ゴー・スロー政策　204
国家資本主義　23
古典的自由主義　9, 87, 166, 219
コペンハーゲン合意　39

コペンハーゲン・コンセンサス　41
コモンズ環境主義　1
コモンズ原理　1, 166
コモンズ＝再生資源空間　6, 140, 166
コモンズの悲劇　192, 215
コモンプール資源　→CPR
固有価値　232, 239
混交経済　140
コントロール条件　209

さ行

再帰的近代化　3
再生資源空間　5, 54, 78, 161, 202, 206
最大持続可能生産量　7, 191
最大持続可能伐採量　7
サックス　200
サブシステンス権　206
サーミ　101, 148
　　――議会　105, 120
　　――評議会　47, 105
　　――法　105, 120
サレハルド宣言　53
サンチアゴ宣言　193
残留性有機汚染物質　→POPs
シイーダ　150
J 神論　232
ジェームス湾および北ケベック協定　95, 119
自決権　76, 86, 210
資源空間　4
　　――図式　6
資源主権　76, 175, 188, 205, 211
資源レント　180
試行錯誤　136
試行無錯誤　136
自己所有権　164
市場化する権力　117
市場原理　1, 85, 118, 167, 235
市場＝枯渇資源空間　6, 140, 153
市場＝再生資源空間　166
市場的コモンズ　215
自生的秩序　1, 219
自然公物　224
自然資源のグローバルな再配分　25, 180
自然中心主義　201, 209, 225

自然の商品化　6
持続可能性　7, 135, 229
持続可能な開発　8, 50, 52, 135
　　――作業部会　→SDWG
　　――と利用タスクフォース　→TFSDU
自治モデル　81, 104
実効支配の論理　187
私的適応　32
社会生態系　132
社会生態系レジリアンス　133, 146
奢侈的排出権　207
シュー　206
私有　1, 7, 195, 215
自由市場環境主義　1, 188, 216
充当問題　217
主権　13, 75, 162, 187
　　――価値論　15, 161, 187
　　――＝所有権レジーム　13, 160, 224
　　――的権利　79, 187
　　――的自決権　77
　　――モデル　81, 88, 91, 98
準持続可能性　203
純粋コモンズ　16, 214
消極的適応戦略　20
常時参加者　47
植物相・動物相保全作業部会　→CAFF
食物分配　139
所有権社会　2, 42
所有する権力　177
所有的コモンズ論　215
所有的持続可能性　232
所有的人間中心主義　201
自律的適応　32
指令・統制　127
深海底　189
進化する自然　131
人権　75
　　――的自決権　77
　　――の所有権化　208
人口シーリング　113
新自由主義　9, 30, 37, 87, 95, 167
　　――的統治性　9, 31, 138, 146
信託主権　205
人類共同の遺産　189

索引　259

スチュワードシップ　186, 189, 194
スチュワード戦略　201
スチュワード・モデル　225
ストーティング　103
スモール・イズ・ビューティフル　130
生業　89, 108, 123, 140, 156
　──権　77
生産する権力　174
生産力主義　2, 128, 156, 170, 221, 227, 232
脆弱性　21, 137, 145, 157
生存的排出権　207
生態系ベースの管理計画　60
生態系レジリアンス　127, 146, 152
生態的サブシステンス権　207
政府直接権益　→SDFI
生物共感論　232
生物コミュニティ　234
生物資源　75, 189, 231
　──条約　63
政府年金基金─グローバル　104
生命系　5
生命中心の文化　235
世界教会協議会　231
世界自然保護基金　→WWF
責任原理　40, 43
石油活動法　103
世代間衡平　134, 204
世代間倫理　8, 230
世代内倫理　8, 137, 230
積極的適応戦略　2, 20, 230
積極的適応体制　4, 46
セルフ・ルール　91
先行的レジリアンス　137
先住少数民族　108
先住性　113
先住民　47, 69, 74, 171, 206, 226
　──パイプライン・グループ　→APG
先占　15, 18, 168, 172
全体論的合理主義　232, 239
戦略的資源基盤　59
戦略的優先項目　→SPA
戦略の論理　11
ソフト・エネルギー・パス　5
ソフト・ロー　64

ソ連型法人モデル　115
存在的持続可能性　232
存在の権利　208
村落会社　83
村落優先性　89

た行

対抗的主権化　226
ダイヤー　42
平らな自然　130
大陸棚　54, 72, 188
ダーウィン　233
多極的システム　219
多辺田政弘　220
多様化戦略　150
ダラム大学　72
単一国家型統治方式　100
炭素資本主義　147
地域イヌイット連盟　97
地域会社　83
地下資源法　107
地球環境ファシリティ　→GEF
地球生命　234
地球民主主義　235
蓄積戦略　150
着弾距離説　176, 187
ツー・トラック・アプローチ　67
デイリー　8, 203
適応　2, 20, 37, 122
　──者　41, 122, 138, 147
　──中心・消極的適応戦略　21
　──中心・積極的適応戦略　22, 134
　──中心戦略　20
　──的持続可能性　134
　──能力　42, 131, 145, 157
　──ファイナンス　38
適時性　36
転換力　135
店頭購入食料　141
伝統的自然利用法　112
伝統的自然利用領域　112
伝統的食料　141
天然の富と資源に対する恒久主権　76, 175
同化政策　86

260　索引

道具的価値　232
凍結　62
統治性　9
道徳の自然史　233
動能主義　232, 239
ドーヴァーズ　134
ドーズ法　86
トナカイ革命　147
トナカイ資本主義　148
トナカイ牧畜委員会　102
トナカイ牧畜型生業　147
トナカイ牧畜法　102, 151
ドミニウム　12, 163, 169, 176, 222
「共」の世界　221
ドヨン　88
トルーマン宣言　187, 212

な行

内陸狩猟・漁撈型生業　123, 156
内部的自決権　210
ナナ地域会社　88
南極条約地域　63
南極条約体制　62
二重の露出　181
200カイリ領海　187
人間中心主義　8, 201, 209, 225, 233, 239
人間類型　236, 239
ヌナヴト居住地域　→NSA
ヌナヴト・トゥンガヴィク会社　97
ヌナヴト土地権益協定　97
ヌナヴト野生生物管理委員会　→NWMB
ノージック　194, 212
ノルウェー・リサーチ・カウンシル　60

は行

ハイエク　1, 219
排他性　14, 164, 188
排他的経済水域　54, 188
ハイ・ノース　57, 73
バーガー　87, 99
馬牛飼育型生業　123, 156
パスモア　197
ハーディン　215
パトリモニアル海　187

ハード・ロー　64
バランスの自然　130
反国家主義　11
反所有　198, 206, 224
　　──的コモンズ論　224
　　──的人間中心主義　201, 209
ハンス島　72
ハンター・サポート・プログラム　141
ハンドマー　134
反応的レジリアンス　137
万民の共有物　189
P有神論　233
被害者　40, 122, 138, 210
非所有　215
非生物資源　75, 192, 203
ピッチフォーク分岐　125
ヒューム　233
費用負担原理　40
フィンマルク・エステート　105
フィンマルク法　104
フォード　142
フォルケ　132, 157
複合的適応システム　219
フーコー　9, 86, 138
不合意の合意　64
普遍的権利　164
ブリコラージュ　140, 157
ブルントラント委員会　8, 130, 134, 229
プロセス中心型責任　209
文化権　208
分配上の平等　227
文明主権　170
ヘゲモニー的概念　9
ベルジャーエフ　240
ペンシルベニア州憲法　197
法人イデオロギー　85
法人モデル　81
北西航路　72
保守的採取　204
補助金レント相殺制度　93
保全第一原則　201
ボダン　162
北極海沿岸諸国　52
北極海会議　52

索引　261

北極海航路　73
北極環境保護戦略　→AEPS
北極気候影響評価書　→ACIA
北極圏アサバスカ評議会　47
北極圏汚染物質行動計画作業部会　→ACAP
北極圏海洋環境保護作業部会　→PAME
北極圏監視評価プログラム作業部会　→AMAP
北極圏諸国　47
北極主権　54, 56
北極条約構想　54, 204
北極評議会　4, 45, 181, 185
ホッブズ　163, 176, 182
北方地理バイアス　113
ホブスン　173
ホーム・ルール　91
ホモ・エコノミクス　86, 138, 236
ポランニー　228
ホリング　123

ま行

マクロコスモス　16, 236
マッケンジー・ガスプロジェクト　99
マサラート　177
マドリッド議定書　63
マラケシュ基金　38
マルクス　177
ミクロコスモス　16, 236
南の食料　142
ミューア　239
無知　134
ムルマンスク演説　49
室田武　220
儲からない北　107
儲かる北　107
モンテビデオ宣言　193

や行

ヤウンデ会議　194
有機体モデル　225

油濁汚染　153
ユダヤ・キリスト教的自然観　197, 234
様式論　15, 174
予防原則　21, 42, 130, 135, 230

ら行

ラスムセン　37
ランド・フリーズ　82
領域主権　13
領海　161, 176, 187
猟師・わな猟師機関　98
利用するか失うか　54, 67
領土高権　14
隣接性の論理　187
リン・ホワイト・Jr　233
レオポルド　234
レジリアンス　123
　——学派　123, 156
　——連盟　156
レジリアントな自然　130
劣等人種　173
連帯原理　40, 43
レント　94, 100, 115, 178
　——主権　179
連邦国家型統治方式　90
労働主権　168
ロシア型法人モデル　116
ロシア北方民族協会　→RAIPON
ロシア連邦の北極地帯　58
露出感応性　145
ロスギドロメット　26
ロック　163, 168, 182
ロモノソフ海嶺　72
ロールズ　30, 205
ローレンス　172, 183
ロンボルグ　37, 41

わ行

惑星トラスト　213

著者紹介

片山 博文（かたやま・ひろふみ）

1963年生まれ。東京大学文学部ロシア語・ロシア文学科卒業。一橋大学大学院経済学研究科博士後期課程単位取得退学。現在，桜美林大学リベラルアーツ学群教授。専門は環境経済学，比較経済体制論。

主な著書・論文に『自由市場とコモンズ―環境財政論序説』（時潮社，2008年），「国際炭素市場とロシア移行経済」池本修一・岩﨑一郎・杉浦史和編著『グローバリゼーションと体制移行の経済学』（文眞堂，2008年）所収，など。

北極をめぐる気候変動の政治学―反所有的コモンズ論の試み

2014年6月10日　第1版第1刷発行　　　　　　　検印省略

著　者　片　山　博　文

発行者　前　野　　　弘

発行所　株式会社　文　眞　堂
東京都新宿区早稲田鶴巻町533
電話 03（3202）8480
FAX 03（3203）2638
http://www.bunshin-do.co.jp
郵便番号(162-0041)振替00120-2-96437

印刷・モリモト印刷　製本・イマヰ製本
© 2014
定価はカバー裏に表示してあります
ISBN978-4-8309-4824-4　C3031